SPSS
Guia Prático para Pesquisadores

ADRIANO LEAL BRUNI

SPSS
Guia Prático para Pesquisadores

SÃO PAULO
EDITORA ATLAS S.A. – 2012

© 2012 by Editora Atlas S.A.

1. ed. 2012 (2 impressões)

Capa: Marcio Henrique Medina
Composição: Formato Serviços de Editoração Ltda.

Dados Internacionais de Catalogação na Publicação (CIP)
(Câmara Brasileira do Livro, SP, Brasil)

Bruni, Adriano Leal
SPSS: guia prático para pesquisadores / Adriano Leal Bruni - - São Paulo:
Atlas, 2012.

Bibliografia.
ISBN 978-85-224-7465-3

1. Ciências sociais – Métodos estatísticos – Programa de computador 2. Dissertações acadêmicas 3. Estatísticas 4. Pesquisa 5. SPSS (Programa de computador) I. Título.

09-02394
CDD-519.5

Índice para catálogo sistemático:

1. SPSS ou PASW aplicado à pesquisa acadêmica : Análise de dados em ciências sociais : Programa de computador : Programa para análises estatísticas 519.5

TODOS OS DIREITOS RESERVADOS – É proibida a reprodução total ou parcial, de qualquer forma ou por qualquer meio. A violação dos direitos de autor (Lei nº 9.610/98) é crime estabelecido pelo artigo 184 do Código Penal.

Depósito legal na Biblioteca Nacional conforme Lei nº 10.994, de 14 de dezembro de 2004.

Impresso no Brasil/*Printed in Brazil*

Editora Atlas S.A.
Rua Conselheiro Nébias, 1384
Campos Elísios
01203 904 São Paulo SP
011 3357 9144
atlas.com.br

Sumário

Prefácio, ix

1 DESVENDANDO A ESTATÍSTICA E O USO DO SPSS, 1
Objetivos do capítulo, 1
Definições e conceitos sobre Estatística, 1
Dados, casos, variáveis e informações, 2
Conhecendo o SPSS, 6
    A importância da estrutura dos dados no SPSS, 17
Arquivos de dados e de relatórios, 18
Conhecendo a base de dados carros.sav, 20
Manipulando a base de dados carros.sav, 23
Exercícios, 24

2 EXPLORANDO OS DADOS, 28
Objetivos do capítulo, 28
Ordenando e contando os dados, 28
Cruzando frequências de variáveis diferentes, 31
Agrupando em classes, 34
Criando matematicamente novas variáveis, 46
Selecionando partes de bases de dados, 48
Dividindo bases de dados, 52
Ponderando dados em bases com tabulações de frequências, 57
Consolidando os dados, 59
Incorporando novas informações, 62
Exercícios, 67

3 CONSTRUINDO E INTERPRETANDO GRÁFICOS, 72

Objetivos do capítulo, 72
Lendo as informações das figuras, 72
Gráfico de caule e folha, 73
Histograma, 75
Diagrama ou gráfico caixa de dados, 76
Gráfico ou diagrama de dispersão, 79
Exercícios, 81

4 CALCULANDO E INTERPRETANDO MEDIDAS ESTATÍSTICAS, 85

Objetivos do capítulo, 85
Medidas de posição central, 85
Medidas de dispersão, 86
   Desvio padrão e variância amostrais, 88
Medidas de ordenamento, 88
Medidas de forma da distribuição, 89
   Medidas estatísticas no SPSS, 96
Exercícios, 102

5 ESTIMANDO E TESTANDO HIPÓTESES, 106

Objetivos do capítulo, 106
Teoria elementar da amostragem, 106
Inferência estatística e estimação, 107
Estimativa pontual e intervalar, 109
Distribuições amostrais e o teorema do limite central, 110
   A distribuição normal, 113
   Usando a distribuição normal para identificar valores extremos (*outliers*) no
      SPSS, 118
A lei dos grandes números, 120
Entendendo o erro inferencial, 123
Estimação ou inferência da média de uma população, 124
Intervalos de confiança unilaterais, 131
   Estimação ou inferência da média de uma população com o SPSS, 132
Determinação do tamanho da amostra, 135
   Determinação do tamanho da amostra com o SPSS, 143
Exercícios, 143

6 APLICANDO TESTES PARAMÉTRICOS DE HIPÓTESES, 147

Objetivos do capítulo, 147
Estimação e hipóteses, 147
Alegações sobre parâmetros populacionais *versus* estimativas amostrais, 149
Os procedimentos algébricos para os testes de hipóteses sem o SPSS, 153

Testes de hipóteses no SPSS, 164
Tipos de erros associados aos testes de hipóteses, 170
Teste de uma amostra para médias, 171
Teste de uma amostra para médias no SPSS, 172
Testes com duas amostras, 174
Teste de Igualdade de Médias Populacionais no SPSS, 181
Exercícios, 185

7 USANDO TESTES NÃO PARAMÉTRICOS DE HIPÓTESES, 188
Objetivos do capítulo, 188
Populações com distribuições variadas e amostras pequenas, 188
Teste de Kolmogorov-Smirnov, 190
Passos com o SPSS, 190
Teste do qui-quadrado, 192
Passos sem o SPSS, 192
Passos com o SPSS, 194
Teste do qui-quadrado para independência ou associação, 196
Passos sem o SPSS, 196
Passos com o SPSS, 198
Cuidados com o teste do qui-quadrado, 199
Teste dos sinais, 201
Passos sem o SPSS, 201
Passos com o SPSS, 202
Teste de Wilcoxon, 205
Passos sem o SPSS, 205
Passos com o SPSS, 206
Teste de Mann-Whitney, 209
Passos sem o SPSS, 209
Passos com o SPSS, 210
Teste da Mediana, 212
Passos sem o SPSS, 212
Passos com o SPSS, 214
Teste de Kruskal-Wallis, 216
Passos sem o SPSS, 216
Passos com o SPSS, 217
Exercícios, 219

8 APLICANDO ANÁLISE DE CORRELAÇÃO E REGRESSÃO, 224
Objetivos do capítulo, 224
Definindo regressão e correlação, 224
Análise de regressão, 226
Modelos matemáticos *versus* modelos estatísticos, 226

Regressão linear simples, 228
Análise de correlação, 230
O coeficiente de determinação, 232
Testes de hipóteses aplicados aos modelos de regressão e correlação, 234
Erro padrão da estimativa, 234
Erro padrão do coeficiente angular, 235
Intervalo de confiança do coeficiente angular, 235
Teste de hipótese para a nulidade do coeficiente angular, 235
Erro padrão do coeficiente linear, 237
Intervalo de confiança do coeficiente linear, 237
Teste de hipótese para a nulidade do coeficiente linear, 237
Erro padrão do coeficiente de correlação, 237
Intervalo de confiança do coeficiente de correlação, 238
Teste de hipótese para a nulidade do coeficiente de correlação, 238
Intervalo de confiança para a projeção, 238
Análise de variância, 239
Cuidados necessários na análise de regressão e correlação, 240
Entendendo o comportamento das variáveis no diagrama de dispersão, 241
Analisando correlação com o SPSS, 244
Analisando regressão e correlação com o SPSS, 246
Exercícios, 249

Respostas, 253

Referências, 271

ENCONTRANDO O SPSS NA WEB

Uma versão de demonstração do aplicativo SPSS pode ser baixada gratuitamente da Internet. O *site* (<www.MinhasAulas.com.br> fornece as instruções sobre como baixar a versão do *software* em seu computador.

SPSS ⟶ PASW ⟶ SPSS

Entre os anos de 2009 e 2010 o aplicativo SPSS foi renomeado para PASW. Posteriormente, voltou a se chamar SPSS.

Prefácio

Este livro apresenta conceitos iniciais de estatística para uso em atividades de pesquisa com o apoio do pacote estatístico SPSS, iniciais de *Statistical Package for Social Sciences*, que consiste em um dos mais empregados *softwares* para análises estatísticas. Com uma interface bastante amigável, com versões mais recentes em ambiente Windows, o SPSS se tornou um recurso referencial na análise de dados em ciências sociais.

A venda da empresa SPSS para a IBM no ano de 2009 motivou a alteração do nome do aplicativo, permitindo uma melhor distinção entre a empresa e o pacote de análise de dados. Com a venda, o aplicativo SPSS (*Statistical Package for Social Sciences*) foi renomeado para PASW (*Predictive Analytics Software*). Posteriormente, o nome original voltou a ser usado.

O conteúdo aqui apresentado complementa as explicações e as aplicações didáticas construídas em nosso primeiro livro de Métodos Quantitativos, intitulado *Estatística aplicada à gestão empresarial*, também publicado pela Editora Atlas.[1] Parte dos ensinamentos e textos aqui apresentados foi extraída do nosso primeiro texto.

Buscamos explorar os principais conceitos da Estatística que entendemos ser os mais usualmente trabalhados em atividades de pesquisa, exemplificados por meio da construção de tabelas e gráficos, dos usos da estatística descritiva e inferencial, envolvendo estimação e testes de hipóteses paramétricos e não paramétricos. Por fim, fazemos uma abordagem introdutória ao uso das análises de regressão e correlação.

---

[1] Para saber mais sobre os nossos livros, visite o *site* <www.MinhasAulas.com.br>, que, além de apresentar todos os livros, disponibiliza uma grande quantidade de recursos didáticos de apoio, como bases de dados, *slides*, tabelas, exercícios extras, dicas de filmes para uso em aulas e muitos outros.

Por se tratar de um texto inicial, não exploramos os outros muitos recursos disponibilizados pelo SPSS, como os outros tantos e variados testes não paramétricos de hipóteses, bem como todo o fantástico uso da estatística multivariada, possível graças aos inúmeros recursos e funções do SPSS. Quem sabe, em um futuro próximo, poderemos apresentar outro livro, mais robusto, com novas aplicações da Estatística no SPSS.

Falando sobre o livro, é preciso destacar que o texto se inicia no seu Capítulo 1 com a discussão dos objetivos da Estatística, seguida da apresentação do SPSS, suas principais características e operações.

Posteriormente, o Capítulo 2 aborda o uso da estatística exploratória, com tabulações de frequências e operações com variáveis no SPSS.

O Capítulo 3 discute o uso dos gráficos, úteis e importantes para a análise preliminar de variáveis e bases de dados. Basicamente, três tipos principais de gráficos são explorados: o histograma, o *boxplot* e o diagrama de dispersão.

O Capítulo 4 apresenta as principais medidas trabalhadas em Estatística e agrupadas sob a forma de medidas de posição central, dispersão, ordenamento e forma.

O Capítulo 5 discute os procedimentos inferenciais e os testes de hipóteses, discutindo os procedimentos de estimação e os aspectos iniciais associados à construção de hipóteses.

O Capítulo 6 aborda os testes paramétricos de hipóteses, discutindo testes de uma amostra para médias e duas amostras.

O Capítulo 7 discute a questão dos testes não paramétricos, apresentando os testes do qui-quadrado, dos sinais, de Wilcoxon, de Mann-Whitney, da mediana e de Kruskal-Wallis.

O Capítulo 8 discute a análise de correlação e regressão. São explorados tópicos relativos à análise dos coeficientes de correlação e de determinação, bem como os relativos à análise de modelos de ajuste linear.

Para poder explorar os conceitos do livro, diversas bases de dados estão disponíveis para *download* no *site* do livro (<www.MinhasAulas.com.br>). As bases de dados estão apresentadas a seguir. A extensão **.sav** corresponde aos arquivos de base de dados do SPSS.

BASE DE DADOS	DESCRIÇÃO
alunos.sav	Traz uma relação de notas verdadeiras de meus alunos em turmas passadas de Estatística 1 e 2 no curso de graduação em Administração de Empresas. A base de dados apresenta nove variáveis: aluno (nome do aluno), genero (gênero do aluno, 0 feminino e 1 masculino), prova_1, 2 e 3 (Notas nas três provas regulares), trabalho (Nota no trabalho em gupo), conceito (Conceito final do aluno na disciplina), disc (Nome da disciplina, 0 Estatística 1 e 1 Estatística 2) e turno (Turno da disciplina, 0 Vespertino e 1 Noturno).

BASE DE DADOS	DESCRIÇÃO
atividades_fisicas.sav	Traz informações sobre uma amostra formada por 100 alunos ou ex-alunos de uma instituição de ensino superior. As informações coletadas objetivaram entender hábitos saudáveis ou não dos alunos. A base de dados é formada por nove variáveis: idade (Idade em anos completos), gênero (Gênero, assumindo código 0 para Feminino e código 1 para Masculino), altura (Altura em cm), peso (Peso em kg), fumo (Fumante, código 0 para Não Fumante e 1 para Fumante), condiçao (Opinião sobre a própria condição física, considerando 1 – Má, 2 – Fraca, 3 – Regular, 4 – Boa e 5 – Ótima), nota (Nota final no curso de graduação), salario (Salário mensal) e pratica (Prática regular de atividades físicas, com códigos: 0 – não pratica, 1 – 1 a 2 vezes por semana, 2 – 3 a 4 vezes por semana, 3 – 5 ou mais vezes por semana).
aprendiz.sav	Base de dados usada em alguns exemplos do livro. Traz 19 casos fictícios de aluno com sete variáveis, apresentadas como Matrícula (matrícula do aluno), Aluno (Nome do aluno), Sexo (Sexo do aluno), Turno (Turno das aulas), Idade (Idade do aluno), Teste (Nota no teste) e Prova (Nota na prova).
aprendiz_novos_casos.sav	Apresenta casos adicionais para a base aprendiz.sav.
aprendiz_nota_trabalho_missing.sav	Traz novas informações sobre para o arquivo aprendiz.sav.
aprendiz_nota_trabalho.sav	Traz novas informações sobre para o arquivo aprendiz.sav.
carros.sav	Adaptada a partir da base de dados cars.sav, disponibilizada originalmente pelo SPSS. Contém 200 casos, que correspondem a diferentes automóveis. As 11 variáveis do arquivo são: modelo (código de identificação do modelo do veículo), consumo (consumo de combustível em milhas por galão), cilindradas (volume de cilindradas em polegadas cúbicas), hps (potência do motor em HPs), peso (peso de cada veículo em libras), tempo (tempo de aceleração entre 0 e 60 mph em segundos), ano (de fabricação do veículo), origem (país de origem, com códigos 1 para EUA, 2 para Europa e 3 para Japão), cilindros (número de cilindros), montadora (fabricante do veículo, com códigos 1 para Calhambeque, 2 para Possante, 3 para Reluzente, 4 para Veloz e 5 para Fobica), versao (versão do veículo, com códigos 0 para Sedan e 1 para Hatch).
carros_novos_casos.sav	Apresenta casos adicionais para a base carros.sav.
carros_novas_informacoes_montadoras.sav	Traz novas informações sobre as montadoras da base carros.sav.
center_praia.sav	Apresenta 12 casos de lojas. Apenas duas variáveis formam a base de dados: segmento (segmento de atuação da loja) e area (área da loja em metros quadrados).
emparelhados.sav	Apresenta informações sobre experimento com 40 caprinos que buscou verificar se o consumo de determinada ração provocaria um ganho substancial de peso. Quatro variáveis estão contidas na base de dados: Individuo (Identificação do indivíduo), Subamostra (Identificação da subamostra), PesoAntes, (Peso antes da ração (em kg)), PesoDepois (Peso após a ração (em kg)).

BASE DE DADOS	DESCRIÇÃO
ensino_publico.sav	Traz uma tabela de frequências com informações do ensino público. A base de dados é formada por cinco variáveis: ano (Ano), freq (Frequência), serie (Série escolar), status (Status de aprovação, com códigos 1 Aprovado, 2 Evadido, 3 Reprovado), gestao (Gestão da escola, com códigos 0 estadualizada e 1 municipalizada).
filmes.sav	Apresenta dados de uma amostra formada por 36 filmes exibidos nos cinemas. As informações estão representadas em 36 casos e seis variáveis, denominadas Filme (Título do filme), Ano (Ano de lançamento), Gasto_milhoes (Gasto com o filme em US$ milhões), Fatur_milhoes (Faturamento com o filme em US$ milhões), Duracao_min (Duração do filme em minutos) e Nota_do_Publico (Nota média atribuída pelo público).
filmes_infantis.sav	Corresponde a amostra com dados sobre 50 filmes infantis, trazendo cinco variáveis diferentes: titulo (Título do filme), empresa (Empresa produtora), Durac_min (Duração do filme em minutos), Fumo_segs (Uso de fumo no filme em segundos) e Alcool_segs (Uso de álcool no filme em segundos).
func.sav	Apresenta uma base de dados com informações sobre dez funcionários fictícios. As oito variáveis são: funcionário (nome do funcionário), filial (filial da empresa, com códigos 1 norte e 2 sul), altura (altura dos funcionários), idade (idade do funcionário), salario (salário do funcionário), faltas (número de faltas no mês passado), gênero (gênero do funcionário, com códigos 0 feminino e 1 masculino) e estado (nome do estado de origem do funcionário, com códigos 1 sp, 2 rj e 3 rs).
funcionarios.sav	Também apresenta outra base de dados com informações sobre dez funcionários fictícios. As sete variáveis da base de dados são: funcionário (nome do funcionário), filial (nome da filial em que o funcionário trabalha, com códigos 1 norte e 2 sul), altura (altura do funcionário em m), idade (idade do funcionário em anos completos), salario (salário do funcionário em $), faltas (número de faltas do funcionário no mês anterior), gênero (gênero do funcionário, com códigos 0 feminino e 1 masculino).
jardim_de_infancia.sav	Apresenta dados de um grupo de 53 crianças diferentes. As sete variáveis do arquivo são: individuo (Identificação da criança), idade (Idade em meses), sexo (Sexo da criança), freq_jard_inf (informação sobre se a criança frequentou ou não o jardim de infância), classe_social (Classe social da criança), teste_def_verb (Resultado do teste psicológico de definição verbal), teste_nomeação (Resultado do teste psicológico de nomeação).
TocaMais.sav	Traz uma fictícia base de dados de loja de CDs com 20 casos. As quatro variáveis da base são: Número, Gênero (códigos 1 Samba, 2 *Rock*, 3 MPB, 4 Outros), Gravadora (códigos 1 Bom Som, 2 Musical e 3 Barulhinho) e Vendas.

BASE DE DADOS	DESCRIÇÃO
vestibularIES.sav	Carrega uma série de dados contendo 1.162 casos e 17 variáveis referentes aos candidatos ao concurso vestibular de uma Instituição de Ensino Superior, com provas feitas em 30/06/2002. As 17 variáveis são: inscric (Número de inscrição do candidato), curso1 (Curso em primeira opção), turno1 (Turno da primeira opção), curso2 (Curso em segunda opção), turno2 (Turno da segunda opção), lingua (Língua escolhida), sexo (Sexo do candidato), idade (Idade em 30/06/2002), ordem (Ordem na relação de aprovação), aprovado (Aprovado entre os 60 primeiros), nota_por (Nota em Português), nota_red (Nota em Redação), nota_ing (Nota em Inglês), nota_mat (Nota em Matemática), nota_hum (Nota em Humanas), nota_nat (Nota em Naturais), pontos (Pontos no concurso vestibular).

O *site* <www.MinhasAulas.com.br> traz inúmeros outros exemplos e exercícios voltados ao processo de aprendizagem da Estatística. Para os professores, dentre os arquivos para *download* encontram-se diversos conjuntos de *slides* que poderão ser utilizados nas aulas com o livro. De forma adicional, o leitor, aluno ou professor poderá encontrar inúmeros recursos dos meus outros livros, publicados pela Editora Atlas.

Continuo sempre à disposição dos leitores para o esclarecimento de quaisquer dúvidas necessárias. Meu *e-mail* é <albruni@minhasaulas.com.br> e o endereço do *site* dos livros é www.MinhasAulas.com.br. No *site* dos livros, estou sempre disponibilizando novos recursos didáticos e complementares.

São Paulo, maio de 2009
Adriano Leal Bruni

www.MinhasAulas.com.br

O *site* do livro (<www.MinhasAulas.com.br>) apresenta uma grande variedade de recursos complementares, como planilhas do Excel, exercícios eletrônicos, textos extras, atividades adicionais de aprendizagem, *slides* e soluções integrais de questões e exercícios. No *site* o leitor também poderá encontrar todas as bases aqui apresentadas.

1

Desvendando a Estatística
e o Uso do SPSS

*"A felicidade não se resume na ausência de problemas,
mas sim na sua capacidade de lidar com eles."*

Einstein

OBJETIVOS DO CAPÍTULO

Este Capítulo 1 busca conceituar a Estatística e apresentar o pacote SPSS, uma importante ferramenta para a análise de dados em Ciências Sociais.

A Estatística pode ser compreendida como o conjunto de técnicas que tem por objetivo primordial possibilitar a análise e a interpretação das informações contidas em diferentes conjuntos de dados. O capítulo apresenta os conceitos básicos associados à Estatística, seus objetivos, utilidades e funções, destacando o propósito maior de analisar dados com o objetivo de extrair informações. Os dados, por sua vez, podem ser apresentados sob a forma de variáveis e casos. A depender da classificação das variáveis, diferentes são os procedimentos sugeridos para a síntese dos dados em informações.

Posteriormente, o capítulo apresenta o SPSS, um dos mais empregados pacotes ou *softwares* para análises estatísticas. O capítulo discute suas principais características funcionais, destacando a caracterização de dados e variáveis.

DEFINIÇÕES E CONCEITOS SOBRE ESTATÍSTICA

A Estatística pode ser formalmente conceituada como a ciência que tem por objetivo a coleção, a análise e a interpretação de dados qualitativos ou numéricos a respeito de fenômenos coletivos ou de massa. Também é propósito da Estatística a indução de leis a que fenômenos cabalmente obedecem, além da representação numérica e comparativa, em tabelas ou gráficos, dos resultados da análise desses fenômenos.

Acredita-se que o termo *estatística* tenha sido primeiramente empregado para designar o conjunto de dados referentes a assuntos do Estado, geralmente com finalidade de controle fiscal ou de segurança nacional. Por esse motivo, o uso da palavra, segundo estudiosos, teria a sua origem na expressão latina *status,* que significa Estado, podendo assumir diferentes significações, dependendo de como é utilizado. Objeto de longas polêmicas, o termo *estatística* até hoje é controvertido. Existem dúvidas se ele deriva, de fato, de *Estado*, entidade política, ou de *estado*, modo de ser.

De forma mais recente, a Estatística sofreu importantes contribuições através do avanço da tecnologia dos computadores, permitindo aplicações cada vez mais sofisticadas. Atualmente, seria possível distinguir duas concepções para a palavra *Estatística*:

a) no plural, a palavra *estatísticas* indica qualquer coleção consistente de dados numéricos, reunidos com a finalidade de fornecer informações acerca de um objetivo. Assim, por exemplo, as estatísticas demográficas referem-se aos dados numéricos sobre nascimentos, falecimentos, matrimônios, desquites etc. As estatísticas econômicas consistem em dados numéricos relacionados com emprego, produção, preço, vendas e com outras atividades ligadas aos vários setores da vida econômica;

b) no singular, a expressão *Estatística* indica a atividade humana especializada ou um corpo de técnicas, ou, ainda, uma metodologia desenvolvida para a coleta, a classificação, a apresentação, a análise e a interpretação de dados quantitativos e a utilização desses dados para a tomada de decisões.

Atualmente, pode-se definir Estatística como a ciência que se preocupa com a organização, descrição, análise, e interpretação de dados. Ou seja, por meio da análise de dados brutos, a Estatística preocupa-se com a extração de informações – que permitem o processo posterior de tomada de decisões.

DADOS, CASOS, VARIÁVEIS E INFORMAÇÕES

O objeto de trabalho da estatística é formado pelo conjunto de dados que serão analisados. Dados são apresentados para diferentes casos, nos quais diferentes variáveis são coletadas.

Os casos representam os elementos para os quais os valores expostos foram extraídos. Os casos são também chamados de indivíduos e correspondem aos objetos descritos por um conjunto de dados. Casos ou indivíduos podem ser pessoas, animais, objetos, questionários etc. Convencionalmente, nas tabelas das bases de dados os casos costumam ser apresentados em linhas.

Por outro lado, as variáveis representam as características dos indivíduos ou casos. Uma variável pode assumir valores diferentes para indivíduos distintos. Convencionalmente, costumam ser expostas nas bases de dados em diferentes colunas. Veja a ilustração da base fictícia exposta na Figura 1.1.

	Código	Modelo	Ano	Cilindradas	Preço
1	Carango	2005	4.000	$ 4
2	Fobica	2004	6.000	$ 5
3	Calhambeque	2005	5.000	$ 3

Figura 1.1 *Base de dados de automóveis fictícia.*

A depender dos dados coletados, as variáveis podem ser classificadas de diferentes formas. Se a informação contida refere-se a uma categoria, como sexo: masculino ou feminino, ou nome: Márcio, Juliana, Diogo e outros, diz-se que essa variável é qualitativa. Variáveis qualitativas não podem ser operadas matematicamente ou comparadas. Não é possível responder, por exemplo, o que é maior, masculino ou feminino, ou qual é a média entre Márcio, Juliana e Diogo.

As variáveis qualitativas podem ser subclassificadas em nominais – que não permitem comparações – e ordinais – que permitem comparações. Como exemplo de variável nominal podem-se apresentar o gênero do indivíduo ou o seu próprio nome. Não é possível estabelecer uma gradação, definindo qual o prioritário ou mais importante: masculino ou feminino, João ou Maria.

Variáveis qualitativas ordinais, por outro lado, permitem comparações. Como exemplo de variáveis ordinais podem-se apresentar a atribuição do *status* alto, médio ou baixo para um indivíduo. Embora nenhuma razão quantitativa possa ser estabelecida entre o indivíduo alto e o baixo, como, por exemplo, quantas vezes o alto é maior que o baixo ou o médio, comparações de intensidade e ordenamento podem ser feitas.

Outro exemplo de variáveis qualitativas ordinais costuma ser fornecido pelo uso de escalas de intensidade, conforme ilustrado na Figura 1.2. Para uma pergunta, o respondente poderia dar a intensidade na resposta.

> [5] Sempre [4] Quase sempre [3] Às vezes [2] Quase nunca [1] Nunca
>
> [5] Completamente [4] Quase completamente [3] Normalmente [2] Quase nunca [1] Nunca
>
> [5] Muito satisfeito [4] Um pouco satisfeito [3] Neutro [2] Um pouco insatisfeito [1] Muito insatisfeito

Figura 1.2 *Exemplos de escalas de intensidade.*

Um exemplo comum de escalas de intensidade é apresentado por meio de escalas de Likert, em que, em resposta a determinada afirmação, o respondente deve dizer se concorda totalmente ou discorda totalmente, possibilitando ainda o uso de alternativas intermediárias.

Variáveis quantitativas, como idade, renda e outras, permitem comparações e operações matemáticas. Por exemplo, é possível dizer que quem possui 26 anos possui o dobro da idade de quem possui 13 anos. Ou que a média da renda de quem ganha $ 10,00 e quem ganha $ 12,00 é igual a $ 11,00.

As variáveis quantitativas podem ser subclassificadas em discretas ou contínuas. Variáveis discretas são aquelas resultantes de contagens e apresentadas sob a forma de números inteiros. Exemplos: número de filhos de um casal, quantidade de voos feitos por uma aeronave. Variáveis contínuas são aquelas que podem assumir qualquer valor em determinado intervalo. Exemplos: peso (pode ser representado com a precisão desejada, como 3 kg, 3,12 kg, 3,1215655663 kg), comprimento e outras. Note que muitas variáveis contínuas podem ser apresentadas sob a forma de números inteiros, como a idade de um indivíduo apresentada em anos. Porém, essa mesma idade poderia ser exposta de forma fracionária, como 12,4563 anos. Assim, não poderia ser entendida como uma variável discreta.

VALORES EXTREMOS E VALORES AUSENTES

A análise de dados, na prática, costuma ser marcada pela presença de situações que trazem desafios ao processo de extração de informações. Alguns destes desafios dizem respeito a valores ausentes – atributos que não foram ou não puderam ser coletados para determinados casos e variáveis – e valores extremos – valores destoantes dos demais elementos analisados que interferem de forma negativa na obtenção de medidas sobre as variáveis estudadas.

É importante destacar, também, que nem toda variável expressa sob a forma de números é uma variável quantitativa. Por exemplo, o número de matrícula de um estudante em uma escola nada mais é do que a representação simplificada dos dados daquele aluno específico no sistema da instituição. Assim, embora apresentada sob a forma de número, a matrícula do aluno é uma variável qualitativa.

Em outro exemplo, um pesquisador poderia atribuir os códigos numéricos 1 e 2 para respondentes homens e mulheres, respectivamente. Assim, embora a base de dados para essa resposta fosse apresentada com valores numéricos, esses números estariam representando atributos, que não poderiam sofrer operações algébricas.

Destaca-se que, em relação à informação contida, esta aumenta na direção da variável qualitativa nominal em relação à variável quantitativa. Variáveis quantitativas são marcadas pela presença de maior informação.

Para ilustrar, imagine a situação de um pesquisador que deseja estudar o uso semanal da Internet por alunos de uma escola do ensino fundamental. Diferentes perguntas poderiam ser feitas aos alunos. Veja os exemplos apresentados a seguir na Figura 1.3.

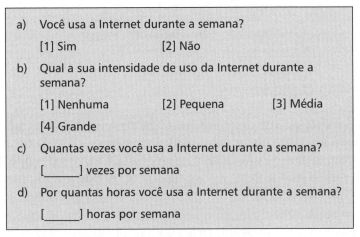

Figura 1.3 *Diferentes perguntas.*

A primeira pergunta (a) é qualitativa nominal. Apenas duas categorias de respostas seriam obtidas: se o entrevistado usa ou não a Internet. A informação contida nesta resposta seria muito baixa.

A segunda pergunta (b) é qualitativa ordinal. Nessa situação, quatro categorias de respostas seriam obtidas. O entrevistado deveria declarar sua intensidade de uso, que poderia ser nenhuma, pequena, média ou grande. Naturalmente, o entrevistado nesta situação poderia ter dúvidas na interpretação dos atributos. O que a intensidade média representa especificamente, por exemplo? Se eu uso *x* horas por semana, isso revela uma intensidade pequena, média ou grande? Porém, a informação contida em uma variável qualitativa ordinal seria maior que a contida em uma variável nominal. Agora, uma gradação da intensidade do uso poderia ser estabelecida.

A terceira pergunta (c) aborda o número de vezes que o entrevistado usa a Internet durante a semana. Nessa situação, é uma variável quantitativa discreta. A informação contida na variável será maior que nas duas situações anteriores. Não existirão dúvidas de interpretação de atributos, como no caso anterior.

A quarta pergunta (d) aborda quantas horas o entrevistado usa a Internet durante a semana. É uma variável quantitativa contínua. A informação contida será máxima em relação às quatro perguntas propostas.

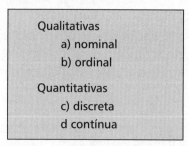

Figura 1.4 *Classificação das variáveis.*

CONHECENDO O SPSS

O SPSS consiste em um dos mais empregados *softwares* para análises estatísticas. Com uma interface bastante amigável, com versões mais recentes em ambiente Windows, tornou-se um recurso referencial na análise de dados em ciências sociais. Uma versão para teste do *software* pode ser obtida gratuitamente por meio de *download* feito a partir do *site* da empresa, <www.spss.com>.[1]

Após o SPSS ter sido instalado no computador, deve-se executá-lo. Após executar o programa, a tela inicial solicita o que o usuário deseja fazer. Usuários inexperientes e com fluência em língua inglesa podem executar o tutorial do SPSS, acessível por meio da alternativa *Run the tutorial*. Porém, de modo geral, a primeira tela solicita qual a forma de inserção de dados que se desejará empregar.

---

[1] Outra forma mais fácil para acessar o arquivo de instalação do SPSS consiste em usar o *site* <www.MinhasAulas.com.br>. Após entrar no *site* <www.MinhasAulas.com.br>, clique na miniatura da capa do livro *SPSS aplicado à pesquisa acadêmica* e veja como instalar a versão de demonstração do SPSS no seu computador.

Desvendando a Estatística e o Uso do SPSS   7

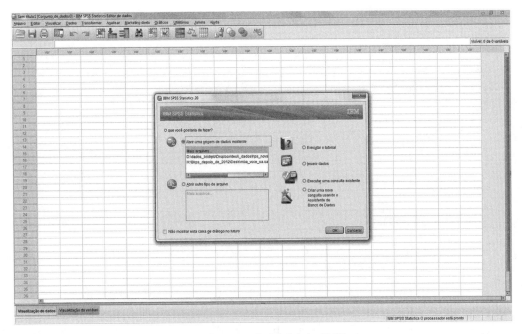

Figura 1.5   *Tela inicial do SPSS.*

Uma alternativa consiste na digitação dos dados no SPSS, o que pode ser feito por meio da segunda opção disponível na tela do *software*: *Inserir dados*.

Para apresentar o uso inicial do SPSS em análises estatísticas, foi construída uma base de dados fictícia, denominada **aprendiz.sav** e que exibe as notas obtidas por um grupo de jovens alunos.[2]

Porém, sugere-se que leitores ou alunos iniciantes digitem a base diretamente no SPSS e configurem as variáveis conforme solicitado. Uma alternativa intermediária envolveria carregar o arquivo **aprendiz_sem_rotulos.sav**,[3] atribuindo, posteriormente, os rótulos dos nomes das variáveis e dos dados.

AVISO IMPORTANTE
Todas as bases de dados do livro estão no seguinte endereço eletrônico:
www.MinhasAulas.com.br

---

[2]   O arquivo está disponível no *site* <www.MinhasAulas.com.br>.
[3]   O arquivo está disponível no *site* <www.MinhasAulas.com.br>.

Matrícula	Aluno	Sexo	Turno	Idade	Teste	Prova
1	Ana	0	0	7	8	5
2	Carlos	1	1	7	2	7
3	Carolina	0	1	15	9	6
4	Cláudio	1	0	9	7	5
5	Diego	1	0	6	2	4
6	Fabiana	0	0	8	5	3
7	Fernanda	0	1	8	8	4
8	Giovana	0	0	7	10	5
9	Hugo	1	0	6	5	5
10	Janaína	0	1	6	7	5
11	Joana	0	0	8	6	8
12	José	1	0	6	9	4
13	Tamara	0	0	5	10	9
14	Luciana	0	1	6	2	4
15	Luiz	1	1	8	4	7
16	Marcos	1	1	6	2	7
17	Maria	0	1	8	8	7
18	Pedro	1	1	6	4	5
19	Tiago	1	1	7	6	5

Figura 1.6 *Dados fictícios de um grupo de alunos (aprendiz.sav).*

Sete variáveis são apresentadas[4] para os 19 casos analisados:

Matrícula: corresponde ao código de identificação do aluno.

Aluno: refere-se ao nome do aluno.

Sexo: diz respeito ao sexo do aluno. Nesse caso, os sexos estão representados por uma variável binária, sendo 0 correspondente ao sexo feminino e 1 correspondente ao sexo masculino.

Turno: corresponde ao turno do aluno. Igualmente representado por uma variável binária: 0 corresponde a matutino e 1 corresponde a vespertino.

Idade: refere-se à idade do aluno.

Teste: corresponde à nota obtida pelo aluno na primeira avaliação.

Prova: corresponde à nota obtida pelo aluno na segunda avaliação.

---

[4] Embora a base **aprendiz.sav** esteja disponível de forma completa no *site* www.MinhasAulas.com.br, sugere-se que, em um primeiro contato com o *software*, o usuário digite integralmente todos os dados, verificando na prática o funcionamento do SPSS.

Após selecionar a opção *Inserir dados*, o usuário tem acesso à digitação dos dados no SPSS.

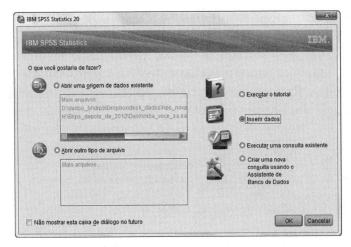

Figura 1.7   *Selecionando opção para digitar os dados.*

A Figura 1.8 ilustra o uso do SPSS para o abastecimento dos dados.

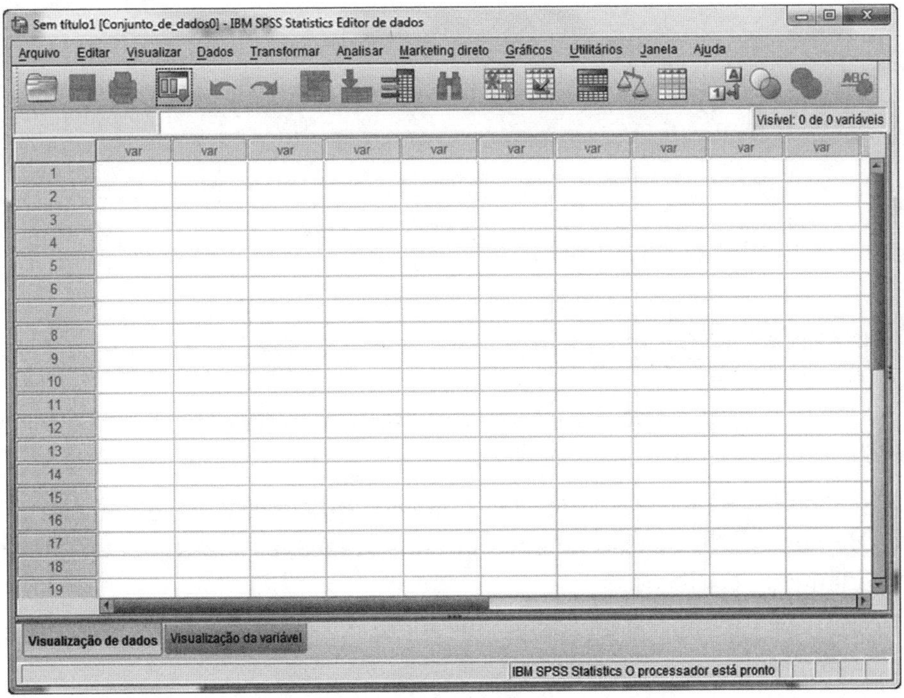

Figura 1.8   *Janela para a digitação dos dados.*

Embora, aparentemente, o SPSS seja uma reprodução de uma planilha eletrônica, como o *Microsoft Excel*, na prática, o seu funcionamento é bastante diferente. Enquanto planilhas permitem operações e inserção de cálculos e funções diretamente na área de dados, o SPSS trata de forma bastante diferente os dados e os relatórios obtidos a partir da análise dos dados.

A área de dados, apresentada na Figura 1.8, divide-se em duas guias: *Visualização de dados* – onde os dados propriamente ditos são inseridos e visualizados –, e *Visualização da variável* – onde as variáveis podem ser especificadas e ter rótulos atribuídos à denominação da variável e aos dados (Figura 1.9).

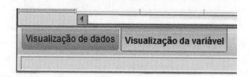

Figura 1.9   *Guias para digitação e visualição de dados e visualização de variáveis.*

A primeira etapa para a inserção de uma base de dados no SPSS refere-se à configuração das variáveis, o que pode ser feito na opção *Visualização da variável*, representada na Figura 1.10.

Figura 1.10   *Janela para a configuração das variáveis.*

A opção *Visualização da variável* permite especificar as variáveis que formarão a base de dados. Em relação ao exemplo dos alunos, as sete variáveis precisam ser devidamente codificadas.

Nome: corresponde a um código que representa o nome da variável que será trabalhada.

Tipo: representa o tipo de formatação da variável. O SPSS permite que as variáveis sejam codificadas de diferentes formas, conforme apresentado na Figura 1.11.

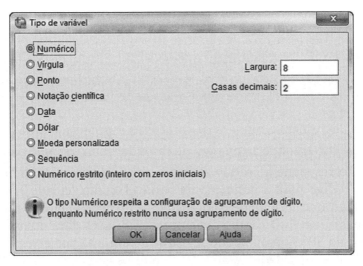

Figura 1.11 *Configuração do tipo de variável.*

Uma descrição de cada um dos tipos de variáveis do SPSS pode ser vista na Figura 1.12.

Tipo	Descrição
Numérico	Configura a variável como um número, permitindo ajustar a largura da variável em número de caracteres (*Largura*, no caso igual a 8) e o número de casas decimais (*Casas decimais*, no caso igual a 2).
Vírgula	Ajusta o separador de casas decimais de ponto para vírgula ou vice--versa. Também possibilita configurar a largura e as casas decimais.
Ponto	Ajusta o separador de casas decimais de ponto para vírgula ou vice--versa. Também possibilita configurar a largura e as casas decimais.
Notação científica	Apresenta o número em notação científica, multiplicado por um expoente de 10. Também possibilita configurar a largura e as casas decimais.
Data	Ajusta a configuração de datas no SPSS. Diferentes alternativas encontram-se disponíveis.
Dólar	Ajusta a apresentação de moedas. Também possibilita configurar a largura e as casas decimais.
Moeda personalizada	Também ajusta a configuração da apresentação de moedas, possibilitando diferentes configurações customizáveis.
Sequência	Configura a variável como um *string*, uma sequência não necessariamente numérica de caracteres, podendo apresentar números, textos ou símbolos. Permite ajustar o número de caracteres da variável.

Figura 1.12 *Tipos de variáveis no SPSS.*

CUIDADO COM A CONFIGURAÇÃO SEQUÊNCIA

A configuração de uma variável como *string* impede muitos dos processamentos posteriormente desejados com o uso do SPSS. Mesmo a utilização da variável como agrupadora pode se tornar inviável. Assim, é preciso tomar cuidado ao definir uma variável como *string*.

Largura: representa o número de caracteres especificado para a variável.

Decimais: corresponde ao número de casas decimais definido para a variável.

Rótulo: corresponde ao rótulo atribuído para a variável. O campo *Name* estabelece um código para a definição da variável, como "cidade", por exemplo. No campo *Label*, o usuário pode colocar um rótulo mais longo, como "Cidade de origem do passageiro". O campo *Label* traz facilidades para a configuração de questionários no SPSS, já que pode registrar a pergunta por extenso, como, por exemplo, "Qual a sua cidade natal?". Os relatórios gerados pelo SPSS trazem os rótulos, quando definidos anteriormente pelo usuário, o que facilita a leitura dos relatórios gerados.

Valores: corresponde aos rótulos atribuídos para os dados contidos na variável. É um dos recursos mais simples do SPSS, mas que muito facilita a vida dos seus usuários. Evita digitações extensas, passíveis de maiores erros, por meio da digitação ou importação de códigos. Por exemplo, no lugar de escrever, por extenso, "masculino" ou "feminino", o pesquisador poderia atribuir o código 1 para "masculino" e 0 para "feminino". Assim, bastaria digitar ou importar valores 0 e 1. Posteriormente, rótulos poderiam ser atribuídos aos códigos, criando-se dicionários de variáveis. Veja o exemplo para a base **aprendiz.sav**, apresentada na Figura 1.13.

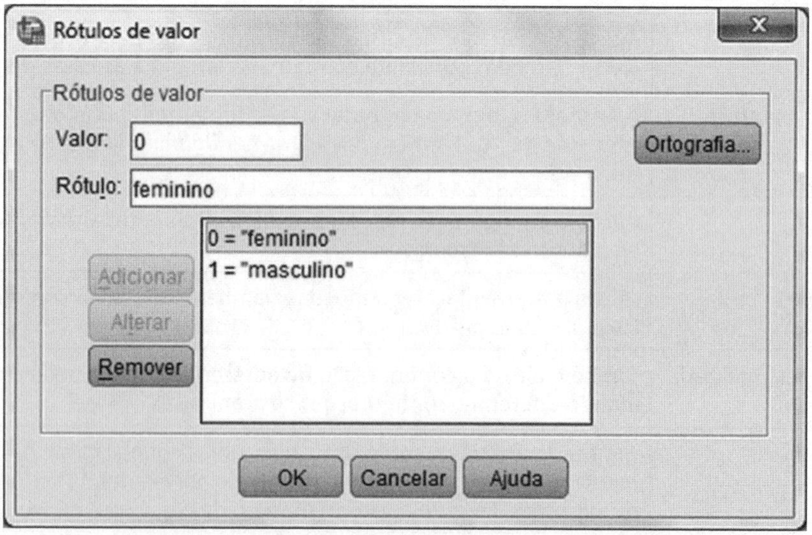

Figura 1.13 *Atribuição de rótulos aos dados.*

Na Figura 1.13, nota-se a atribuição dos rótulos para os dados da variável Sexo. Ao valor 0, associou-se o rótulo "feminino". Ao valor 1, associou-se o rótulo "masculino".

A guia *Visualização de dados* do SPSS pode apresentar os rótulos ou os códigos. Para apresentar os rótulos, deve-se usar o menu *Visualizar*, ativando-se a opção *Rótulos de valor*. Veja a representação da Figura 1.14.

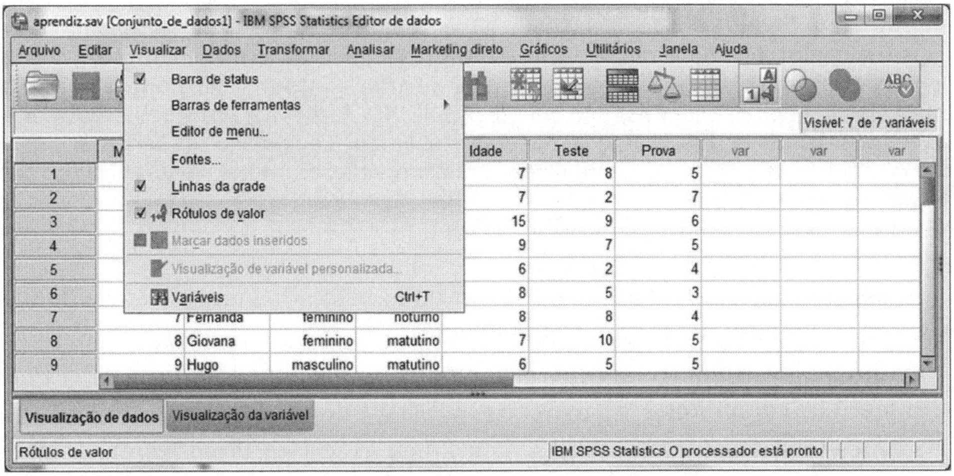

Figura 1.14   *Visualização dos rótulos das variáveis (aprendiz.sav).*

Por outro lado, para apresentar os códigos, deve-se usar o mesmo menu *Visualizar*, porém desativando-se a opção *Rótulos de valor*. Veja a representação da Figura 1.15.

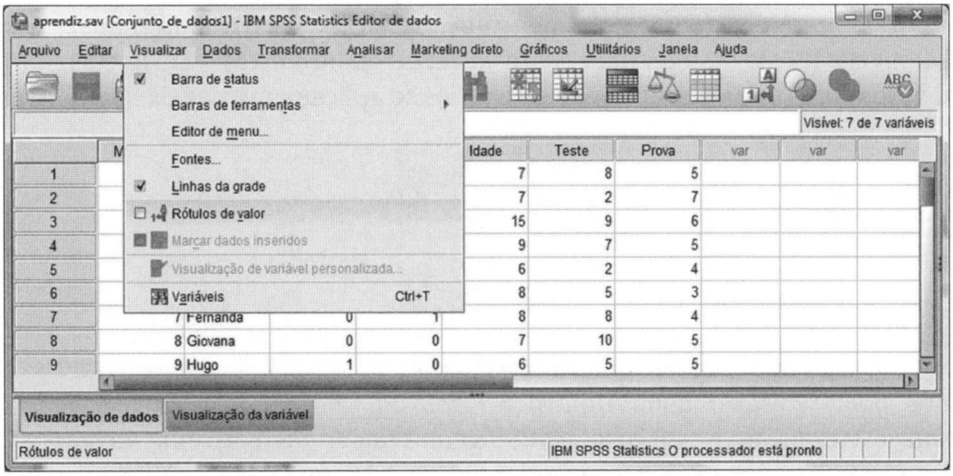

Figura 1.15   *Visualização dos códigos das variáveis (aprendiz.sav).*

Mais uma vez, é importante destacar que os relatórios gerados pelo SPSS trazem os rótulos, quando definidos anteriormente pelo usuário, o que facilita a leitura dos relatórios gerados.

> **A IMPORTÂNCIA DO USO DE CÓDIGOS NUMÉRICOS**
>
> Uma das principais características de uso do SPSS refere-se à possibilidade do uso de códigos numéricos para representar categorias ou variáveis de agrupamento. Assim, caso precisássemos incorporar a variável Gênero em uma base de dados, não precisaríamos ficar escrevendo masculino ou feminino. Além de demorado, estaríamos correndo riscos, já que computadores são sensíveis às diferentes grafias da palavra. Assim, feminino seria diferente de Feminino, que também seria diferente de FEMININO. Para evitar erros desnecessários e economizar tempo, o mais fácil seria, por exemplo, atribuir código 0 (ou 1) para Feminino e código 1 (ou 0) para Masculino, atribuindo, posteriormente, os rótulos na guia *Visualização da variável*, coluna *Valores*.

Ausente: configura o tratamento a ser dado pelo SPSS na existência de valores ausentes na base de dados (*missing values*).

Colunas: representa a largura da coluna da variável na *Visualização de dados* em número de caracteres.

Alinhar: corresponde ao alinhamento da variável na *Visualização de dados*. Três alternativas estão disponíveis: esquerda, centro e direita.

Medir: refere-se à escala de mensuração da variável. Três alternativas estão disponíveis: Escala ou intervalar (para variáveis quantitativas ou discretas), Ordinal e Nominal (estas duas últimas categorias se aplicam a variáveis qualitativas).

Caso o usuário deseje conferir a configuração das variáveis presentes no arquivo, pode-se usar o menu *Arquivo > Exibir informações do arquivo de dados > Arquivo de trabalho*. Nesse caso, o SPSS gerará um arquivo de saída ou *output file* com as informações sobre a variável. A Figura 1.16 apresenta a solicitação de informações sobre a base aprendiz.sav.

Desvendando a Estatística e o Uso do SPSS 15

Figura 1.16 *Inspecionando a configuração das variáveis (aprendiz.sav).*

O arquivo de saída com as informações de cada uma das variáveis está apresentado na Figura 1.18. Ele é apresentado em um arquivo diferente do empregado na base de dados, o que ressalta uma característica importante do funcionamento do SPSS: todas as análises são apresentadas em um arquivo independente, com extensão .spv. Os arquivos com extensão .sav registram apenas os dados. Todos os relatórios são gerados em arquivos de *output* ou saída, com extensão .spv.

Os arquivos de saída ou *output* são apresentados em duas janelas verticais. A primeira apresenta o sumário dos relatórios gerados pelo SPSS. A segunda janela apresenta os relatórios propriamente ditos. Os dois arquivos diferentes podem ser vistos na Figura 1.17.

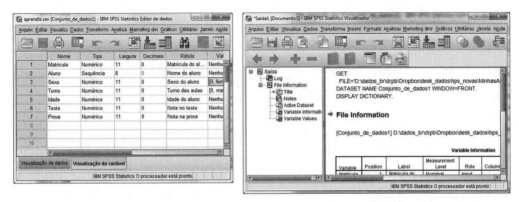

Arquivo de base de dados (.sav)   Arquivo de relatórios ou *outputs* (.spv)

Figura 1.17 *Diferentes tipos de arquivos do SPSS (aprendiz.sav).*

É importante destacar que as análises feitas pelo SPSS sempre geram arquivos de saída ou *outputs*, completamente diferentes das bases analisadas. As bases de dados são sempre preservadas. Os arquivos de saída, bem como os de sintaxe, serão comentados com maior profundidade na próxima subseção deste capítulo.

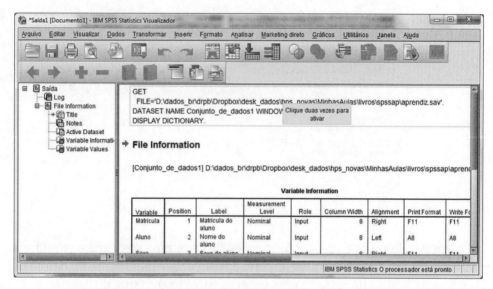

Figura 1.18   *Arquivo de saída ou* output *gerado pelo SPSS*.

As configurações de cada uma das variáveis estão apresentadas na Figura 1.19. As configurações incluem o código da variável (*variable*), sua posição (*position*), seu rótulo (*label*), nível de mensuração (*measurement level*), largura da coluna (*column width*) e alinhamento (*alignment*).

Variable Information

Variable	Position	Label	Measurement Level	Column Width	Alignment	Print Format	Write Format
Matrícula	1	Matrícula do aluno	Scale	8	Right	F11	F11
Aluno	2	Nome do aluno	Nominal	8	Left	A8	A8
Sexo	3	Sexo do aluno	Nominal	8	Right	F11	F11
Turno	4	Turno das aulas	Nominal	8	Right	F11	F11
Idade	5	Idade do aluno	Scale	8	Right	F11	F11
Teste	6	Nota no teste	Scale	8	Right	F11	F11
Prova	7	Nota na prova	Scale	8	Right	F11	F11

Variables in the working file

Figura 1.19   *Configurações das variáveis*.

Além das informações sobre as variáveis, o SPSS igualmente fornece informações referentes aos rótulos atribuídos aos dados. Veja a ilustração da Figura 1.20.

Variable Values

Value		Label
Sexo	0	feminino
	1	masculino
Turno	0	matutino
	1	noturno

Figura 1.20 *Rótulos dos dados.*

A IMPORTÂNCIA DA ESTRUTURA DOS DADOS NO SPSS

O SPSS exige, sempre, que os dados a serem processados tenham sempre a organização apresentada na Figura 1.21. As colunas sempre correspondem às variáveis analisadas e os casos são representados nas diferentes linhas.

	Variável 1	Variável 2	Variável 3
Caso 1			
Caso 2			
Caso 3		*Dados*	
...			
Caso 4			

Figura 1.21 *Estrutura das bases de dados no SPSS.*

Assim, caso configurações diferentes de estrutura de dados sejam porventura apresentadas, é preciso ajustá-las à estrutura exigida pelo SPSS.

Para ilustrar, considere o exemplo de um pesquisador que coletou dados de três amostras diferentes de empresas, apresentadas a seguir. Os números se referem à quantidade de funcionários de cada uma das empresas.

Tipo de empresa	Quantidades de funcionários
Pública nacional	1.200, 3.500, 2.600
Privada nacional	1.400, 2.520
Privada estrangeira	6.800, 7.500, 1.650

Para poder analisar os dados no SPSS, seria preciso ajustar os valores na estrutura formal de dados do SPSS. O primeiro passo envolveria codificar a variável qualitativa Tipo de empresa. Poderiam ser atribuídos os seguintes códigos: 1 – Pública nacional, 2 – Privada nacional, 3 – Privada estrangeira. A seguir, as duas variáveis Tipo de empresa e Quantidade de funcionários seriam criadas no SPSS, com a posterior digitação dos seus respectivos dados. Veja a Figura 1.22.

Empresa	Tipo de empresa	Quantidade de funcionários
1	1	1.200
2	1	3.500
3	1	2.600
4	2	1.400
5	2	2.520
6	3	6.800
7	3	7.500
8	3	1.650

Figura 1.22   *Base de dados preparada para o SPSS.*

ARQUIVOS DE DADOS E DE RELATÓRIOS

O uso do SPSS requer a identificação dos diferentes tipos de arquivos usados pelo programa. Conforme já mencionado, as instruções executadas pelo SPSS sempre geram arquivos de saída ou *outputs* (extensão **.spv**) diferentes das bases analisadas (extensão **.sav**).

O primeiro tipo de arquivo trabalhado pelo SPSS apresenta extensão **.sav**. Para ilustrar, considere o exemplo do arquivo **carros.sav**,[5] que traz uma base de dados fictícia e que será explorada ao longo deste livro.

---

[5] O arquivo está disponível no *site* <www.MinhasAulas.com.br>.

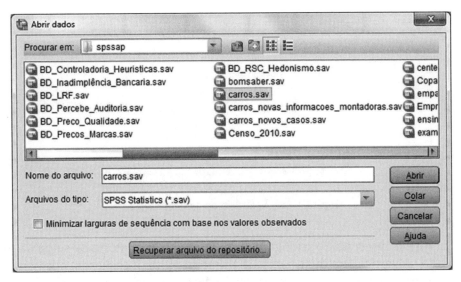

Figura 1.23 Abrindo base de dados com o SPSS.

Arquivos com extensão **.sav** correspondem às bases de dados analisadas, com as guias *Visualização de dados* e *Visualização da variável*, conforme ilustrado na Figura 1.24.

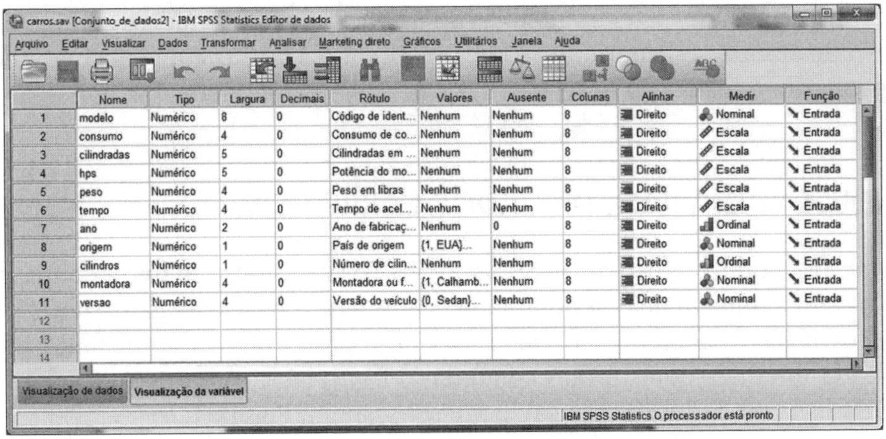

Figura 1.24 Janela com arquivo .sav (carros.sav).

Após a execução de qualquer comando, o SPSS gera um relatório de saída ou *output file*, com a instrução solicitada. O arquivo apresenta a extensão **.spo** e é trabalhado no programa SPSS Viewer, enquanto os arquivos de dados com extensão **.sav** são trabalhados no programa SPSS Data Editor. Um exemplo de relatório de saída está apresentado na Figura 1.25.

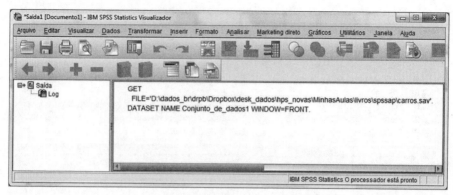

Figura 1.25   *Relatório de saída do SPSS.*

Conforme apresentado na Figura 1.25, a janela do relatório de saída do SPSS é dividido na vertical em duas partes. A primeira parte, à esquerda, apresenta um índice, com a estrutura das análises solicitadas. A segunda parte, à direita, apresenta as tabulações e análises feitas. Caso o arquivo seja mantido aberto, as análises posteriores solicitadas pelo usuário serão gradualmente adicionadas ao final do relatório. Caso o arquivo de saída seja fechado, um novo arquivo será criado quando o SPSS precisar gerar novos *outputs* ou saídas.

Outro tipo de arquivo trabalhado por usuários mais experientes do SPSS são os arquivos de sintaxe, do tipo **.sps**. Arquivos de sintaxe correspondem a instruções, isto é, programas, que executam no SPSS as operações solicitadas. Para gerar um arquivo de sintaxe, o usuário deve clicar sobre a opção *Paste* na caixa de diálogo que configura a instrução desejada.

CONHECENDO A BASE DE DADOS CARROS.SAV

Para possibilitar o uso do SPSS ao longo dos exemplos do livro, construímos uma base de dados fictícia denominada carros.sav. A base é formada por 11 diferentes variáveis e referentes a 200 casos que representam compras feitas na loja para cada uma das quais foram coletadas 11 variáveis. A apresentação de uma parte da base de dados **carros.sav** pode ser vista na Figura 1.26.

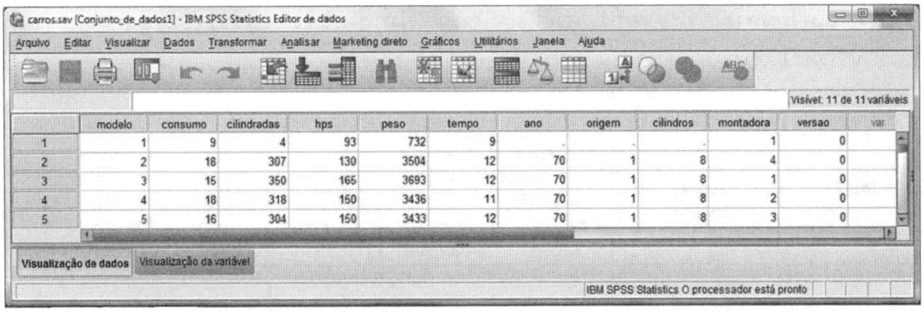

Figura 1.26 *Base de dados carros.sav* (Visualização de dados).

Arquivos de bases de dados, com extensão **.sav** como a base **carros.sav** apresentam duas guias diferentes: *Visualização de dados*, apresentado na Figura 1.26; e *Visualização da variável*, apresentada na Figura 1.27.

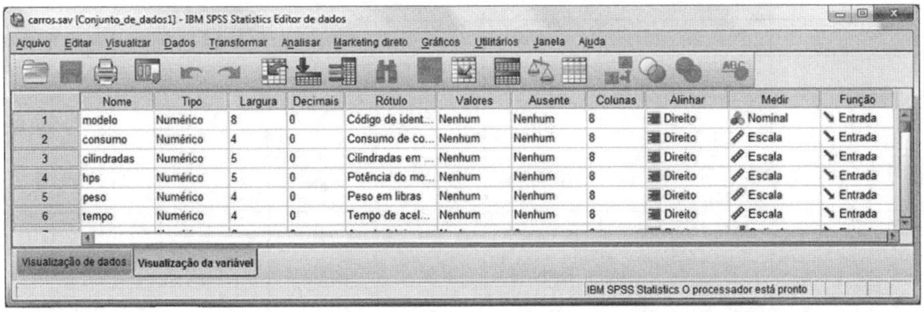

Figura 1.27 *Base de dados carros.sav* (Visualização da variável).

Para conhecer a caracterização das variáveis da base de dados **carros.sav**, pode-se usar o menu *Arquivo > Exibir informações do arquivo de dados > Arquivo de trabalho*, conforme apresenta a Figura 1.28.

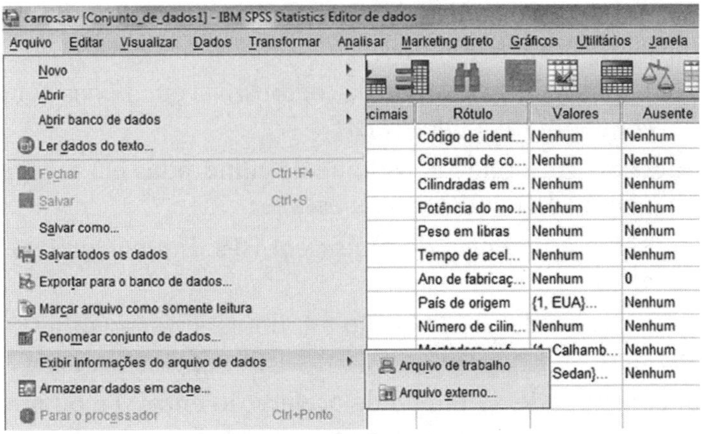

Figura 1.28 *Exibindo informações sobre o arquivo.*

As onze variáveis apresentadas na base de dados **carros.sav** estão representadas na Figura 1.29.

Variable (variável)	Position (posição)	Label (rótulo)	Measurement Level (nível de mensuração)	Column Width (largura da coluna)	Alignment (alinhamento)	Print Format (formato de impressão)	Write Format (formato de escrita)	Missing Values (valores ausentes)
modelo	1	Código de identificação do modelo do veículo	Nominal	8	Right	F8	F8	
consumo	2	Consumo de combustível em milhas por galão	Scale	8	Right	F4	F4	
cilindradas	3	Cilindradas em polegadas cúbicas	Scale	8	Right	F5	F5	
hps	4	Potência do motor em HPs	Scale	8	Right	F5	F5	
peso	5	Peso em libras	Scale	8	Right	F4	F4	
tempo	6	Tempo de aceleração entre 0 e 60 mph em segundos	Scale	8	Right	F4	F4	
ano	7	Ano de fabricação	Ordinal	8	Right	F2	F2	0
origem	8	País de origem	Nominal	8	Right	F1	F1	
cilindros	9	Número de cilindros	Ordinal	8	Right	F1	F1	
montadora	10	Montadora ou fabricante	Scale	8	Right	F4	F4	
versao	11	Versão do veículo	Scale	8	Right	F4	F4	

Figura 1.29   *Descrição das variáveis da base de dados carros.sav.*

As onze variáveis do arquivo **carros.sav** são:

modelo: apresenta o código de identificação do modelo do veículo. É uma variável qualitativa nominal;

consumo: apresenta o consumo de combustível em milhas por galão. É uma variável quantitativa ou escalar;

cilindradas: corresponde ao volume de cilindradas em polegadas cúbicas. É uma variável quantitativa ou escalar;

hps: apresenta a potência do motor em HPs. É uma variável quantitativa ou escalar;

peso: traz o peso de cada veículo em libras. É uma variável quantitativa ou escalar;

tempo: corresponde ao tempo de aceleração entre 0 e 60 mph em segundos. É uma variável quantitativa ou escalar;

ano: apresenta o ano de fabricação do veículo. Neste livro, é tratada como uma variável quantitativa ordinal;

origem: traz o país de origem. É uma variável qualitativa nominal. Três códigos e origens são considerados: 1 para EUA, 2 para Europa e 3 para Japão;

cilindros: apresenta o número de cilindros. Neste livro, é tratada como uma variável quantitativa ordinal;

montadora: contém a montadora ou fabricante do veículo. É uma variável qualitativa nominal. Cinco códigos e montadoras estão presentes: 1 para Calhambeque, 2 para Possante, 3 para Reluzente, 4 para Veloz e 5 para Fobica;

versao: apresenta a versão do veículo. É uma variável qualitativa nominal. Dois possíveis códigos são considerados: 0 para *Sedan* e 1 para *Hatch*.

MANIPULANDO A BASE DE DADOS CARROS.SAV

O conhecimento preliminar de uma base de dados caracteriza o uso da Análise Exploratória. O objetivo da análise exploratória de dados consiste em fornecer um primeiro *insight* sobre os dados a serem analisados.[6]

Uma exploração inicial da base de dados e de suas variáveis poderia investigar os extremos superiores e inferiores da base de dados. Para isso, poderíamos ordenar os dados, investigando seu início e seu fim.

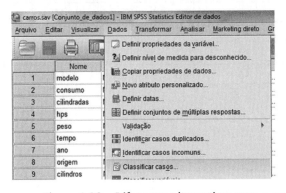 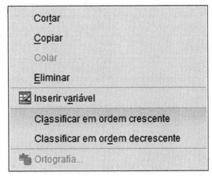

Figura 1.30   *Diferentes alternativas para o ordenamento dos dados (carros.sav).*

A Figura 1.30 apresenta duas diferentes alternativas para o ordenamento de variáveis. A primeira opção corresponde ao uso do menu *Dados > Classificar Ca-*

---

[6] Os Capítulos 2 e 3 do livro continuam a apresentação da Análise Exploratória, discutindo a construção de tabelas de frequência e o uso de gráficos.

24 SPSS: Guia Prático para Pesquisadores • Bruni

sos. A segunda alternativa corresponde ao uso do botão direito do *mouse*, clicando quando este se encontrar sobre o nome da variável na guia *Visualização de dados*.

Além de facilitar a visualização ordenada dos dados, a construção do rol permite evidenciar um dos maiores problemas da Estatística: a presença de valores extremos ou *outliers*. Valores extremos distorcem a maior parte das medidas estatísticas obtidas e serão discutidos com maior profundidade mais adiante.

EXERCÍCIOS

[1] Crie a base de dados **func.sav** com o apoio do SPSS, atribuindo todos os rótulos de dados. Para isso, considere as informações da tabela seguinte. Use os códigos sugeridos para filial e gênero. Posteriormente, execute e calcule o que se pede a seguir.

Funcionário	Filial (0 S, 1 N)	Altura	Idade	Salário	Faltas	Gênero (0 F, 1 M)
Alice	Sul	1,65	35	35	2	Fem
Ana	Norte	1,56	20	20	2	Fem
Augusto	Norte	1,70		30	0	Masc
Diana	Norte	1,61	39	50	5	Fem
Hugo	Sul	1,75	25	30	3	
José	Sul	1,83	37	40	0	Masc
Luiz	Sul	1,75	60	80	2	Masc
Marcos	Norte	1,72	40	55	3	Masc
Maria	Sul	1,72	22		1	Fem
Pedro	Norte	1,71	44	60	2	Masc

Classifique a variável:

[a] Filial

[b] Salário

[c] Gênero

Calcule o que se pede a seguir.

[d] Qual a menor altura?

[e] Qual o nome do funcionário mais baixo?

[f] Qual a maior altura?

[g] Qual o nome do funcionário mais alto?

[h] Qual o maior salário?

[i] Qual o nome do funcionário que tem o maior salário?

[j] Qual a altura do funcionário que tem o maior número de faltas?

[2] Os dados a seguir apresentam as vendas da Toca Mais Loja de Música. Crie uma base no SPSS para as informações da tabela seguinte. Posteriormente, responda ao que se pede.

Número	Gênero	Gravadora	Vendas
1	1 – Samba	3 – Barulhinho	25
2	3 – MPB	2 – Musical	27
3	2 – Rock	2 – Musical	31
4	2 – Rock	1 – Bom som	29
5	1 – Samba	1 – Bom som	14
6	2 – Rock	2 – Musical	5
7	3 – MPB	2 – Musical	67
8	4 – Outros	3 – Barulhinho	11
9	2 – Rock	1 – Bom som	78
10	1 – Samba	3 – Barulhinho	33
11	3 – MPB	3 – Barulhinho	41
12	2 – Rock	2 – Musical	3
13	4 – Outros	1 – Bom som	5
14	3 – MPB	2 – Musical	9
15	3 – MPB	3 – Barulhinho	25
16	3 – MPB	1 – Bom som	25
17	4 – Outros	1 – Bom som	25
18	1 – Samba	3 – Barulhinho	49
19	3 – MPB	3 – Barulhinho	31
20	1 – Samba	1 – Bom som	30

Classifique a variável:

[a] Número

[b] Gênero

[c] Vendas

Calcule o que se pede a seguir.

[d] Qual o maior valor de venda?

[e] Qual gravadora apresenta o maior valor de venda?

[f] Qual gênero apresenta o maior valor de venda?

Selecione apenas os gêneros samba ou MPB e responda ao que se pede.

[g] Qual o menor valor de venda?

[h] Qual gravadora apresenta o menor valor de venda?

[i] Qual gênero apresenta o menor valor de venda?

Selecione apenas os gêneros samba ou MPB e as gravadoras Musical ou Barulhinho. Posteriormente, responda ao que se pede.

[j] Qual gênero apresenta o maior valor de venda?

[3] Carregue a base de dados **jardim_de_infancia.sav**. Inspecione as variáveis contidas na base de dados e responda ao que se pede.

[a] Quantas são as variáveis contidas na base de dados?

[b] Quantos são os códigos da variável Classe social?

[c] O que o código 2 representa em Classe social? Ou seja, a que rótulo corresponde?

[d] Quantos são os códigos da variável Frequentou Jardim de infância?

[e] O que o código 0 representa na variável Frequentou Jardim de infância?

[f] Qual a forma de mensuração da variável Resultado do teste de definição verbal, conforme apresenta o arquivo do SPSS?

[g] Qual a forma de mensuração da variável Sexo, conforme apresenta o arquivo do SPSS?

[h] Qual a forma de mensuração da variável Classe social, conforme apresenta o arquivo do SPSS?

[i] Quantas são as variáveis com mensuração escalar?

[j] Quantas são as variáveis com mensuração nominal?

[4] Carregue a base de dados **atividades_fisicas.sav**.

[a] Quantas e quais são as variáveis com mensuração escalar?

[b] Quantas e quais são as variáveis com mensuração nominal?

[c] Quantas e quais são as variáveis com mensuração ordinal?

[d] Quantos são os códigos possíveis para a variável Opinião sobre a própria condição física?

[e] O que o código 3 quer dizer em Opinião sobre a própria condição física?

[f] Quantos são os códigos possíveis para a variável Prática regular de atividades físicas?

[g] O que o código 2 quer dizer em Prática regular de atividades físicas?

[h] Qual a idade do candidato mais alto?

[i] Qual o menor peso?

[j] Qual a frequência do menor peso?

[5] Carregue a base de dados **vestibularIES.sav**.
[a] Quantas variáveis formam a base de dados?
[b] Quantas são as variáveis com mensuração escalar?
[c] Quantas são as variáveis com mensuração nominal?
[d] Quantas são as variáveis com mensuração ordinal?
[e] Quantos são os códigos possíveis para a variável Curso em segunda opção?
[f] O que o código 5 quer dizer em Curso em segunda opção?
[g] Quantos são os códigos possíveis para a variável Turno da segunda opção?
[h] O que o código 2 quer dizer em Turno da segunda opção?
[i] Qual o menor valor da variável pontos?
[j] Qual o maior valor da variável pontos?

PARA AUMENTAR O CONHECIMENTO...

ESTATÍSTICA APLICADA À GESTÃO EMPRESARIAL. Adriano Leal Bruni

O livro "Estatística Aplicada à Gestão Empresarial" discute com maior profundidade todos os principais tópicos da Estatística, apresentando muitas aplicações na calculadora HP 12C. Para saber mais sobre o livro, visite **www.MinhasAulas.com.br**.

FILMES PARA AULAS

O *site* <www.MinhasAulas.com.br> comenta uma série de filmes para usos em diversas disciplinas. Veja os exemplos disponíveis para aulas de Estatística, como os comentários sobre o filme "O Óleo de Lorenzo".

2

Explorando os Dados

"Um raciocínio lógico leva você de A a B. A imaginação leva você a qualquer lugar que você quiser."

Einstein

OBJETIVOS DO CAPÍTULO

O Capítulo 2 busca conceituar o que são variáveis e apresentar como variáveis podem ser manipuladas no SPSS. Enfatiza as variáveis qualitativas e discute o uso do SPSS na síntese de dados em informações, representadas por meio de tabelas de frequências.

O capítulo anterior apresentou que dados podem ser apresentados sob a forma de variáveis e casos. A depender da classificação das variáveis, diferentes são os procedimentos sugeridos para a síntese dos dados em informações.

Quando variáveis quantitativas são analisadas, podemos nos valer de medidas, como a média ou o desvio padrão, que sintetizam a informação contida na variável. Porém, quando variáveis qualitativas são exploradas, a síntese costuma ser feita sob a forma de tabelas de frequências, que podem ser geradas de diferentes formas no SPSS, conforme apresenta o capítulo.

ORDENANDO E CONTANDO OS DADOS

Variáveis qualitativas são caracterizadas pelo fato de não poderem sofrer operações algébricas. Assim, o procedimento mais usual empregado na extração de informações de variáveis qualitativas costuma ser apresentado sob a forma de tabulação ou construção de tabelas de frequências, em que as repetições dos códigos e valores diferentes associados às variáveis são apresentados.

Por exemplo, na base de dados **carros.sav** a variável **montadora** é qualitativa. Os 200 casos apresentados poderiam ser sintetizados por meio de uma tabela de frequência, na qual as repetições de cada uma das montadoras poderiam ser expostas.

O usuário do SPSS pode tabular de forma muito simples as frequências de dados digitados ou importados usando diferentes recursos de menus. Uma das alternativas disponíveis está representada na Figura 2.1. Por meio do menu *analisar > Estatísticas descritivas > Frequências*, o usuário pode tabular as frequências das variáveis desejadas.

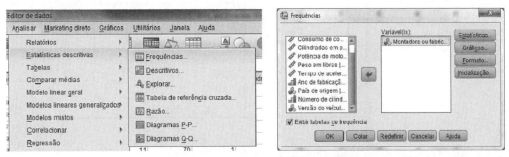

Figura 2.1   *Tabulando frequências no SPSS.*

O resultado da tabulação solicitada na Figura 2.1 pode ser conferido na Figura 2.2.

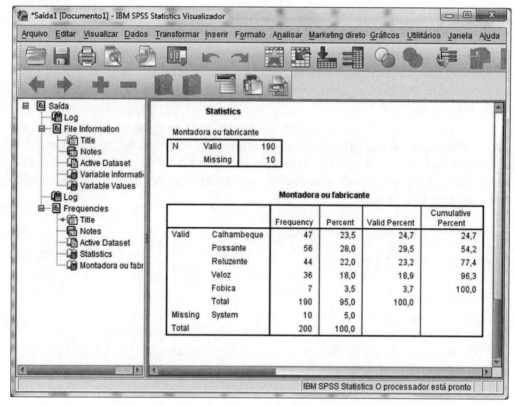

Figura 2.2 Resultado da tabulação de frequências.

Em relação ao exemplo da base de dados **carros.sav**, nota-se que a montadora mais frequente é a Possante, com 56 casos, e a menos frequente é a Fobica, com apenas sete casos. Também é possível constatar que existem dez valores ausentes (*Missings*). Ou seja, dez casos da base não apresentam a identificação da sua respectiva montadora.

O objetivo maior da construção de tabelas de frequência envolve facilitar a extração de informações das diferentes bases de dados analisadas. Porém, como saber se uma frequência simples igual a 56 unidades é significativa ou não? Entendemos que 56 unidades extraídas de uma amostra formada por um milhão de unidades é um número inexpressivo. Porém, 56 unidades de um total igual a 200 unidades já é considerável.

Para auxiliar a interpretação das informações mediante o fornecimento das frequências, o SPSS apresenta relativas simples percentuais na terceira coluna da Figura 2.2. Assim, é possível constatar que os 56 casos da montadora Possante correspondem a 28% dos 200 casos totais da base. Excluindo os valores ausentes, ou *missing values*, é possível apresentar a quarta e quinta colunas, com o percentual dos casos válidos e o percentual cumulativo dos casos válidos com as frequências acumuladas. Assim, é possível constatar que a montadora Possante apresenta 29,5% dos casos válidos e que as montadoras Calhambeque e Possante juntas apresentam 54,2% dos casos válidos.

Um ponto importante a ser destacado no uso do menu Frequências faz referência à possibilidade de obtenção de medidas. Para isso, bastaria clicar sobre o botão Estatísticas. As opções estão apresentadas na Figura 2.3.

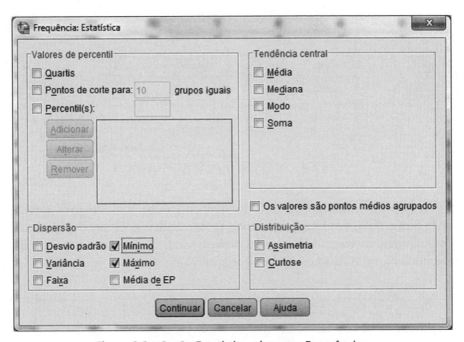

Figura 2.3 *Botão Estatísticas do menu* Frequências.

Conforme apresenta a Figura 2.3, o botão Estatísticas permite obter variadas medidas, como quartis (*quartiles*), percentis (*percentiles*), medidas de tendência central como média (*mean*), mediana (*median*), moda (*mode*) e soma (*sum*). Também podemos obter medidas de dispersão como desvio padrão (*Std. Deviation*), variância (*variance*), intervalo (*range*), máximo (*maximum*), mínimo (*minimum*) e erro padrão da média (*S. E. mean*). Medidas de forma da distribuição também podem ser obtidas, como a assimetria (*skewness*) e a curtose (*kurtosis*). O uso de medidas no SPSS está apresentado no Capítulo 4.

CRUZANDO FREQUÊNCIAS DE VARIÁVEIS DIFERENTES

Quando múltiplas variáveis são apresentadas em uma base de dados, tabulações cruzadas de frequência podem ser empregadas no processo de geração de informações. Tabulações cruzadas representam a análise conjunta de duas ou mais variáveis.

Em relação aos dados da base **carros.sav**, um pesquisador poderia desejar efetuar uma tabulação cruzada entre as variáveis **Montadora** e Versão. O menu *Analisar > Estatísticas descritivas > Tabela de referência cruzada* permite realizar essa operação de forma muito simples no SPSS.

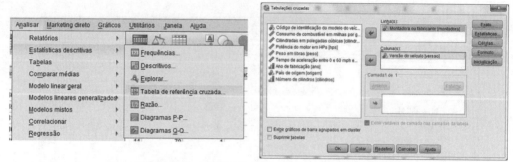

Figura 2.4 *Tabulação cruzada de frequências.*

Veja o resultado na Figura 2.5. É possível constatar, por exemplo, que dos 53 carros da montadora Possante, 28 são da versão *Sedan* e 25 são da versão *Hatch*. Note que apenas os casos válidos são processados. Os valores ausentes não são considerados na tabulação cruzada de frequências.

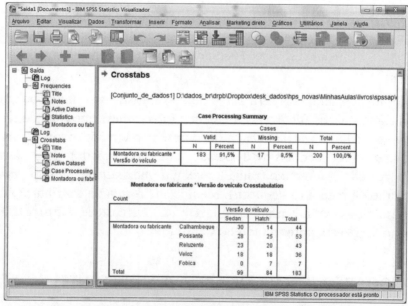

Figura 2.5 *Resultado da tabulação cruzada de frequências.*

Em tabulações cruzadas feitas com o SPSS, diferentes frequências relativas podem ser apresentadas. Pode-se calcular a frequência relativa em relação ao total geral, em relação ao total da coluna, ou em relação ao total da linha. Para isso, basta configurar as opções do botão **Células**. Veja a representação da Figura 2.6.

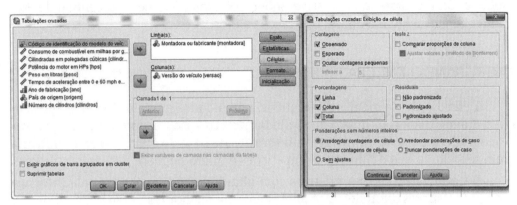

Figura 2.6 Tabulação cruzada com opções de frequências relativas (percentuais) para linhas, colunas e totais.

Assim, a leitura do percentual da linha da Figura 2.7 permite obter a distribuição por versão das diferentes montadoras. Por exemplo, em relação à montadora Possante, a leitura do percentual da linha permite verificar que 52,8% dos carros são da versão *Sedan*, enquanto 47,2% são da versão *Hatch*. Naturalmente, a soma dos percentuais das versões para a Montadora é igual a 100%.

Montadora ou fabricante * Versão do veículo Crosstabulation

			Versão do veículo Sedan	Versão do veículo Hatch	Total
Montadora ou fabricante	Calhambeque	Count	30	14	44
		% within Montadora ou fabricante	68,2%	31,8%	100,0%
		% within Versão do veículo	30,3%	16,7%	24,0%
		% of Total	16,4%	7,7%	24,0%
	Possante	Count	28	25	53
		% within Montadora ou fabricante	52,8%	47,2%	100,0%
		% within Versão do veículo	28,3%	29,8%	29,0%
		% of Total	15,3%	13,7%	29,0%
	Reluzente	Count	23	20	43
		% within Montadora ou fabricante	53,5%	46,5%	100,0%
		% within Versão do veículo	23,2%	23,8%	23,5%
		% of Total	12,6%	10,9%	23,5%
	Veloz	Count	18	18	36
		% within Montadora ou fabricante	50,0%	50,0%	100,0%
		% within Versão do veículo	18,2%	21,4%	19,7%
		% of Total	9,8%	9,8%	19,7%
	Fobica	Count	0	7	7
		% within Montadora ou fabricante	,0%	100,0%	100,0%
		% within Versão do veículo	,0%	8,3%	3,8%
		% of Total	,0%	3,8%	3,8%
Total		Count	99	84	183
		% within Montadora ou fabricante	54,1%	45,9%	100,0%
		% within Versão do veículo	100,0%	100,0%	100,0%
		% of Total	54,1%	45,9%	100,0%

Figura 2.7 Resultado da tabulação cruzada com percentuais para linhas, colunas e totais.

A leitura do percentual da coluna permite obter a distribuição por Montadora das diferentes versões. A leitura da coluna da versão *Sedan* permite verificar que 28,3% dos *Sedans* foram produzidos pela Possante.

A leitura do percentual total é a mais simples. Revela a frequência relativa sobre o total da amostra. É possível saber, por exemplo, que o percentual de Possantes *Sedans* é igual a 15,3% dos casos válidos.

AGRUPANDO EM CLASSES

A elaboração de tabelas de frequência para dados quantitativos que apresentam grande dispersão pouco pode ajudar no processo de síntese dos dados. Por exemplo, a tabulação da variável **cilindradas** da base de dados **carros.sav** ficaria sem sentido, já que o número de repetições é muito pequeno.

Quando variáveis quantitativas com alta dispersão, marcadas pela presença de muitos valores diferentes, são analisadas, um melhor resultado pode ser obtido por meio do agrupamento em classes, isto é, a criação de classes de frequência, seguida da posterior tabulação.

Embora procedimentos quantitativos para a criação de classes de frequências possam ser apresentados,[1] a definição do número de classes costuma ser muito mais uma questão de bom senso do que de matemática. Geralmente, costuma-se sugerir a criação de um número de classes entre 5 e 10.

A variável **cilindradas** poderia ser agrupada em seis diferentes classes de frequência, com base nos seguintes códigos:

Do menor valor até 100 = 1	De 300.1 até 400=4
De 100.1 até 200=2	De 400.1 até 500=5
De 200.1 até 300=3	Valores maiores que 500 =6

Figura 2.8 *Critério para agrupamento de cilindradas.*

Uma variável nova denominada **cilin_agrup** (cilindradas agrupadas) deveria ser criada, conforme apresenta a configuração de menus no SPSS apresentada na Figura 2.9. Para isso, seria preciso usar a instrução do menu *Transformar > Recodificar em variáveis diferentes* ou, de forma mais simples e rápida, as alternativas Armazenamento visual ou Armazenamento ideal.

---

[1] Caso deseje saber mais sobre tais procedimentos, consulte o livro *Estatística aplicada à gestão empresarial*, publicado pela Editora Atlas.

Explorando os Dados 35

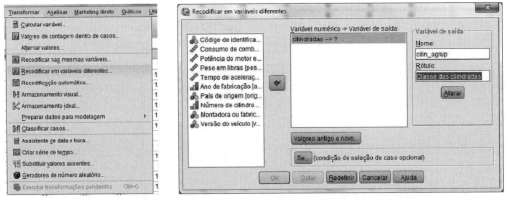

Figura 2.9 *Recodificando em classes a variável cilindradas.*

Conforme apresenta a Figura 2.9, desejamos recodificar a variável **cilindradas** em uma nova variável denominada **cilin_agrup**. Os critérios para a classificação e recodificação podem ser vistos na Figura 2.10.

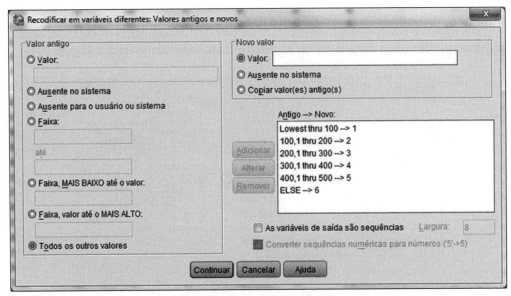

Figura 2.10 *Agrupando em classes a variável cilindradas.*

Após a solicitação da criação da nova variável e da instrução para a recodificação, uma nova variável foi criada, conforme apresenta a Figura 2.11.

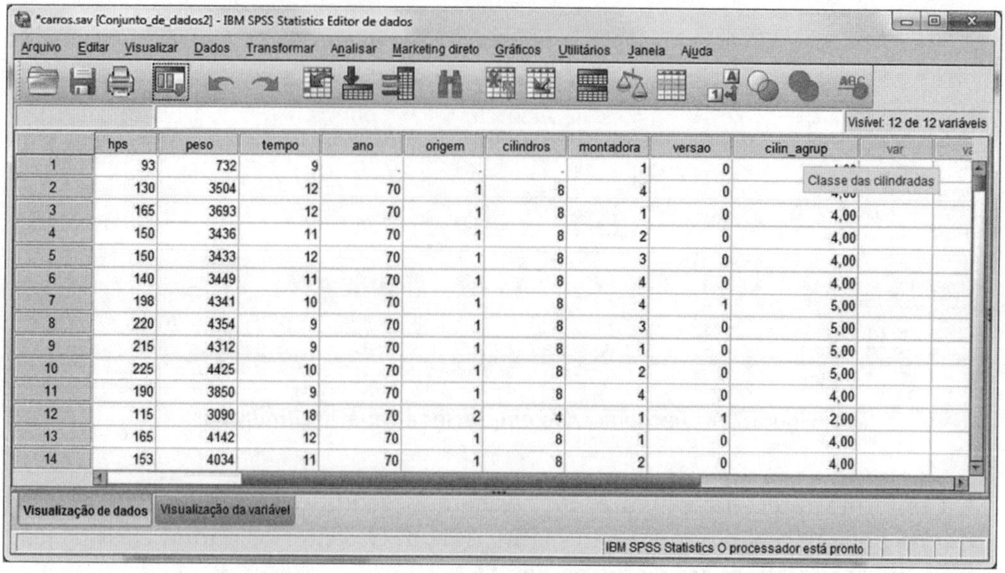

Figura 2.11 *Dados com nova variável (carros.sav).*

Na guia *Visualização da variável* do SPSS, é possível atribuir os rótulos aos códigos criados para a variável **cilin_agrup**, conforme apresenta a Figura 2.12.

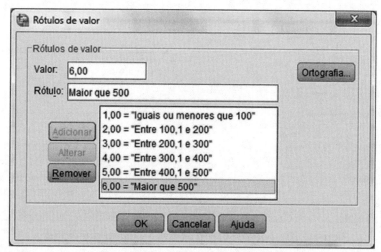

Figura 2.12 *Atribuindo rótulos para as classes da variável cilin_agrup (carros.sav).*

Após os rótulos terem sido atribuídos, podem-se tabular as frequências de **cilin_agrup**, conforme apresenta a instrução da Figura 2.13.

Explorando os Dados 37

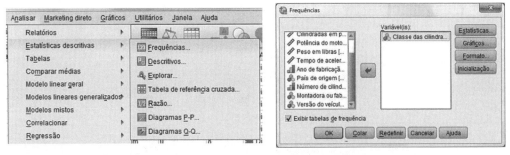

Figura 2.13   Solicitando as frequências das classes da variável **cilin_agrup**.

O resultado da tabulação das classes de frequência pode ser visto na Figura 2.14.

Statistics

Classe das cilindradas

N	Valid	200
	Missing	0

Classe das cilindradas

		Frequency	Percent	Valid Percent	Cumulative Percent
Valid	Iguais ou menores que 100	39	19,5	19,5	19,5
	Entre 100,1 e 200	53	26,5	26,5	46,0
	Entre 200,1 e 300	32	16,0	16,0	62,0
	Entre 300,1 e 400	67	33,5	33,5	95,5
	Entre 400,1 e 500	9	4,5	4,5	100,0
	Total	200	100,0	100,0	

Figura 2.14   Output *com as frequências das classes da variável* **cilin_agrup**.

Seis classes de frequência estão apresentadas na Figura 2.14. Nota-se uma maior concentração de frequências na classe Entre 300,1 e 400, com 33,5%, seguida da classe Entre 100,1 e 200, com 26,5% dos casos. A menor concentração encontra-se na classe Entre 400,1 e 500. Não existem casos na sexta classe criada, Maior que 500.

Outras alternativas mais simples e rápidas para a construção de classes de frequência podem ser vistas nas opções *Armazenamento visual* e *Armazenamento ideal*, disponíveis no menu *Transformar*, conforme apresenta a Figura 2.15.

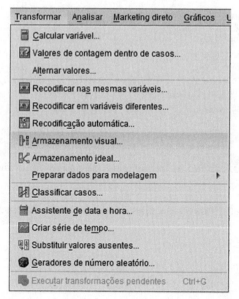

Figura 2.15   *Menu Transformar e opções Armazenamento visual e Armazenamento ideal.*

A opção *Armazenamento visual* permite visualizar o agrupamento dos dados em classes de frequências. Para ilustrar, considere, ainda, o agrupamento da variável cilindradas da base carros.sav, conforme apresenta a Figura 2.16.

Figura 2.16   *Usando a alternativa* Armazenamento Visual *para a variável cilindradas (carros.sav).*

A alternativa *Armazenamento Visual* permite visualizar o histograma da variável que está sendo agrupada. Para criar uma nova variável em classes precisamos definir um nome para a variável agrupada (variáveis para armazenar). Conforme apresenta a Figura 2.17, atribuímos o nome "classe_cilindradas" para a nova variável armazenada. Diferentes opções para a construção de classes podem ser usadas, todas acessíveis por meio de um clique no botão "*Fazer pontos de corte*".

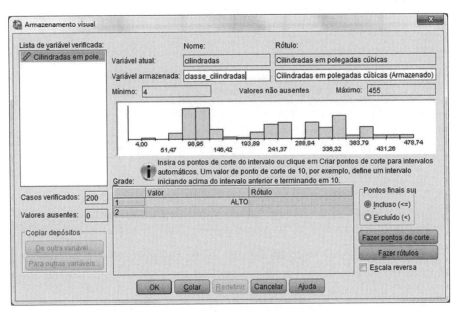

Figura 2.17 *Agrupando em classes.*

As opções de configuração do agrupamento por meio do botão "*Fazer pontos de corte*" podem ser vistas na Figura 2.18. Podemos construir classes com intervalos de largura (classes) iguais, classes com mesmos percentuais (percentis iguais baseados em casos verificados) ou classes agrupadas de acordo com afastamento relativo da média em número de desvios padrão (pontos de corte na média e desvio padrão selecionados com base nos casos verificados). A Figura 2.18 apresenta um agrupamento mediante o uso de iguais intervalos entre classes. Nesta opção, precisamos fornecer dois dos três parâmetros solicitados. No caso, fornecemos o valor 0 como primeiro local do ponto de corte e o valor 50 como largura (ou intervalo de classe). O número de pontos de corte (no caso 10) é automaticamente calculado a partir do fornecimento dos outros dois valores. Para isso, basta clicar sobre o campo número de pontos de corte. Para finalizar, basta clicar no botão "*Aplicar*".

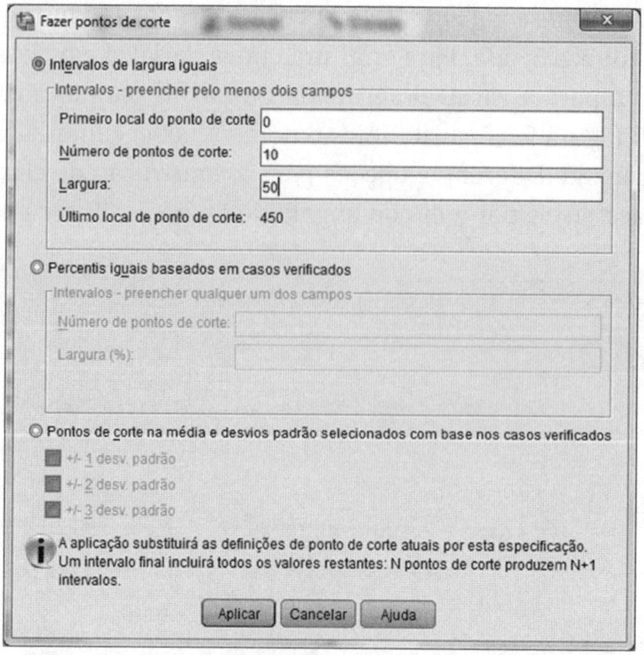

Figura 2.18 *Parametrizando o agrupamento em classes.*

O resultado pode ser visto na Figura 2.19, que apresenta o histograma e os pontos de corte. Legendas automáticas podem ser inseridas (conforme apresenta a Figura 2.19) mediante um clique sobre o botão "Fazer rótulos".

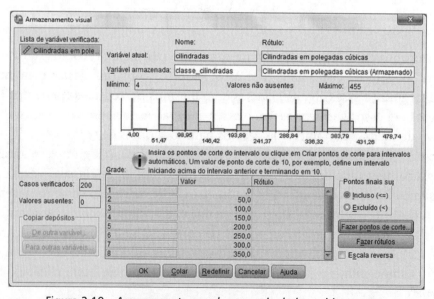

Figura 2.19 *Agrupamento em classes assinalado no histograma.*

Após ter clicado sobre "Fazer rótulos", temos o resultado apresentado na Figura 2.20. Os rótulos estão criados.

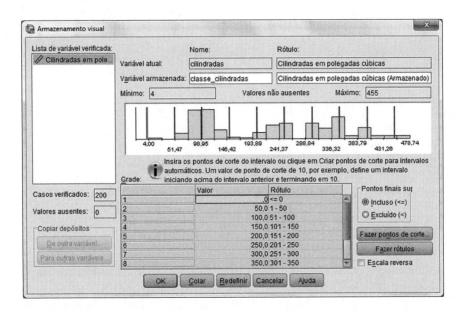

Para finalizar o processo de criação de uma nova variável agrupada em classes, basta clicar sobre o botão OK da Figura 2.20. O SPSS alerta que uma nova variável será criada, conforme apresenta a Figura 2.20.

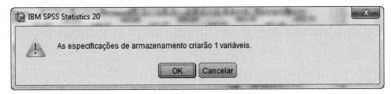

Figura 2.20   Alerta sobre criação de nova variável com o agrupamento.

A nova variável pode ser vista na base de dados, conforme apresenta a Figura 2.21.

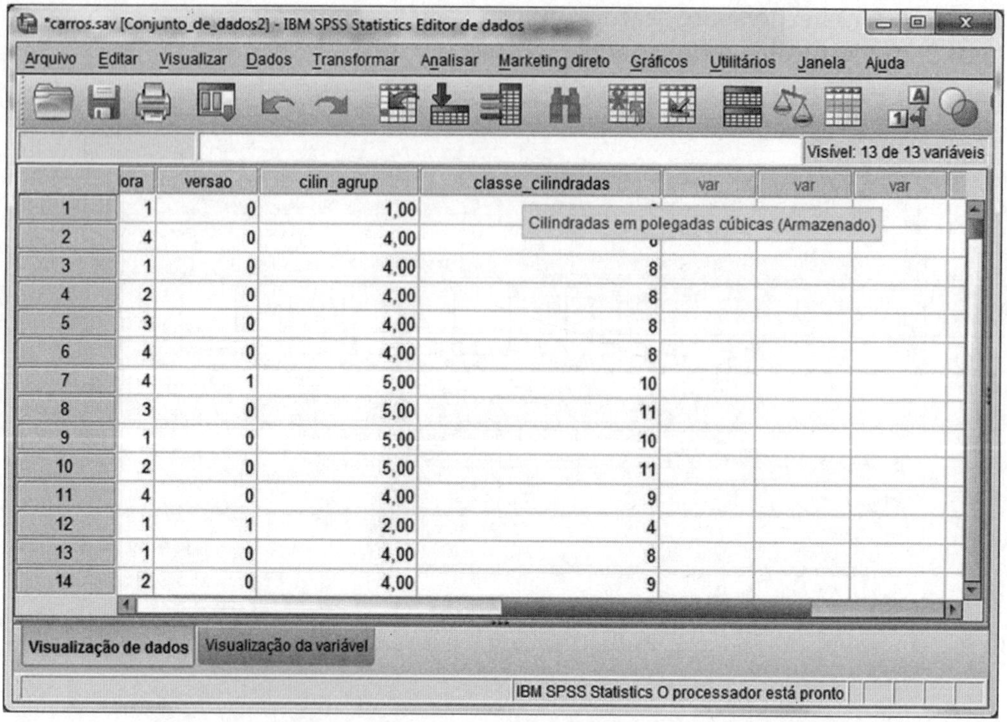

42 SPSS: Guia Prático para Pesquisadores • Bruni

Figura 2.21 *Base de dados com a nova variável Classe_Cilindradas.*

Outra alternativa para a criação automática de classes de frequência pode ser acessível por meio do menu *Armazenamento ideal*. Nesta opção, o SPSS realiza um agrupamento automático em classes, empregando uma segunda variável como critério de agrupamento. O uso do recurso pode ser visto na Figura 2.22.

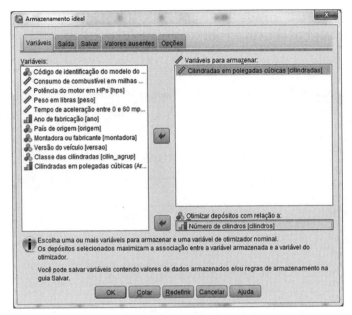

Figura 2.22   Opções do menu Armazenamento ideal.

Na representação da Figura 2.22 estamos solicitando o agrupamento da variável Cilindradas, empregando a variável Número de cilindros como critério empregado na otimização.

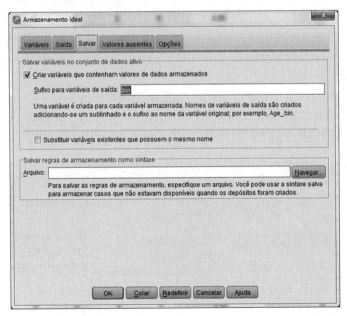

Figura 2.23   Configurando a criação de uma nova variável agrupada em classes.

44 SPSS: Guia Prático para Pesquisadores • Bruni

Na aba "*Salvar*", ilustrada na Figura 2.23, solicitamos a criação de uma nova variável agrupada em classes e com o sufixo "bin".

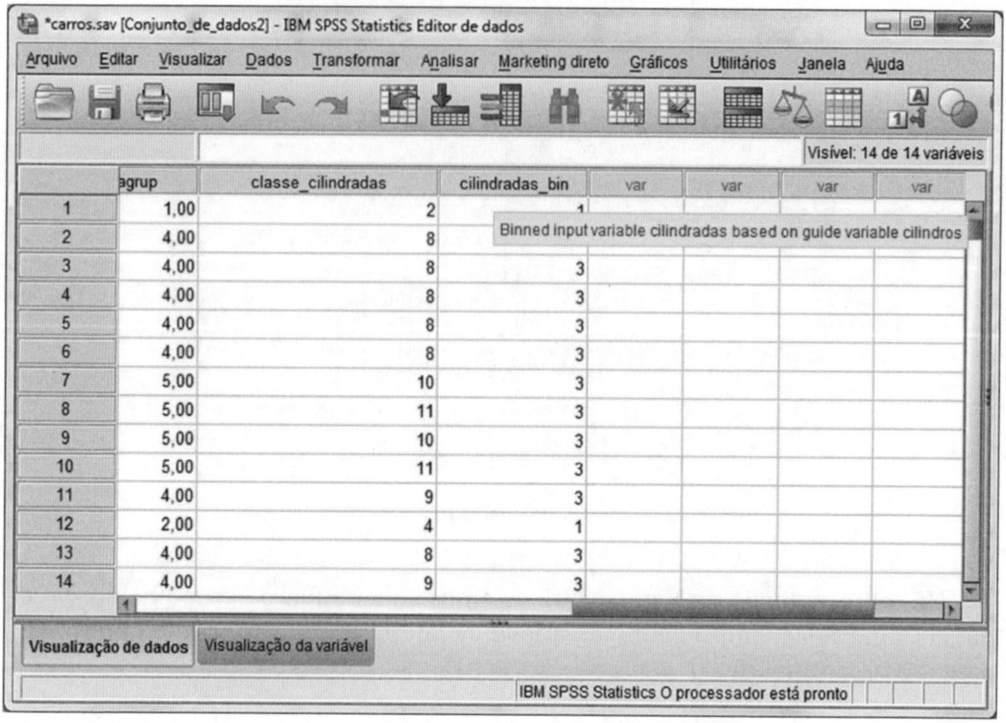

Figura 2.24   *Dados com nova variável cilindradas_bin.*

A nova variável cilindradas_bin com o agrupamento em classes pode ser vista na Figura 2.24.

Menu *Analisar > Relatórios > Cubos OLAP*: também permite calcular as frequências de forma dinâmica. Com os cubos de dados, ou *Cubos OLAP*, é possível intervir diretamente nos relatórios de saída gerados pelo SPSS.

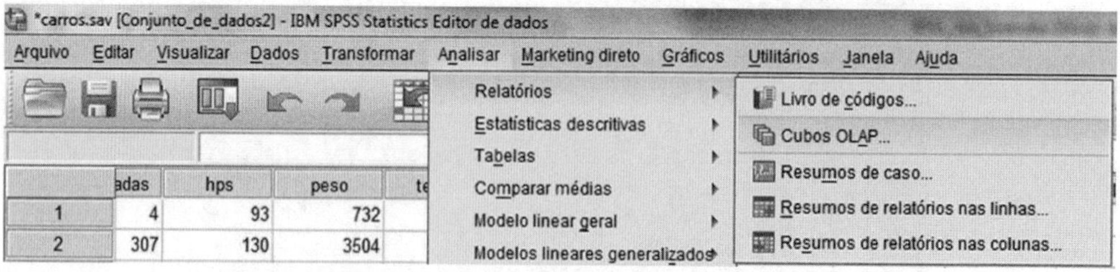

Figura 2.25   *Menu Cubos OLAP (carros.sav).*

Explorando os Dados 45

Para ilustrar o uso do cubo de dados, poderíamos analisar a variável peso, agrupada por versão, conforme apresenta a Figura 2.26.

Figura 2.26 Configurando o cubo de dados para peso versus versão.

O resultado do cubo de dados está apresentado na Figura 2.27.

OLAP Cubes

[DataSet1] C:\Documents and Settings\Bruni\Desktop\carros.sav

Case Processing Summary

	Cases					
	Included		Excluded		Total	
	N	Percent	N	Percent	N	Percent
Peso em libras * Versão do veículo	190	95,0%	10	5,0%	200	100,0%

OLAP Cubes

Versão do veículo: Total

	Sum	N	Mean	Std. Deviation	% of Total Sum	% of Total N
Peso em libras	611640	190	3219,16	950,208	100,0%	100,0%

Figura 2.27 Resultado do cubo de dados.

A principal característica do cubo de dados consiste em permitir a alteração simples e rápida da variável de agrupamento. Para isso, bastaria clicar o *mouse* sobre o cubo de dados (tabela *OLAP Cubes*) conforme apresenta a Figura 2.28.

OLAP Cubes

Versão do veículo	Total ▼					
	Sedan		Mean	Std. Deviation	% of Total Sum	% of Total N
	Hatch					
Peso em libras	Total	190	3219,16	950,208	100,0%	100,0%

Figura 2.28 Alterando a configuração da versão.

De forma simples e rápida, uma nova tabela seria apresentada, conforme apresenta a Figura 2.29.

OLAP Cubes

Versão do veículo: Hatch

	Sum	N	Mean	Std. Deviation	% of Total Sum	% of Total N
Peso em libras	263787	86	3067,29	950,426	43,1%	45,3%

Figura 2.29 *Tabela alterada para a versão* Hatch *apenas.*

Após ter selecionado apenas a versão *Hatch*, conforme ilustra a Figura 2.29, uma nova tabela seria apresentada.

CRIANDO MATEMATICAMENTE NOVAS VARIÁVEIS

Outro recurso importante do SPSS faz referência à possibilidade de criação de novas variáveis mediante a operação matemática daquelas já existentes na base de dados.

Uma alternativa para a criação de novas variáveis já foi apresentada anteriormente, mediante o uso da instrução do menu *Transformar > Recodificar em variáveis diferentes*. Porém, outra opção encontra-se igualmente disponível no menu *Transformar > Calcular variável*, que permite executar operações matemáticas com outras variáveis já existentes na base de dados.

Para ilustrar, considere a necessidade de criar uma nova variável para a base de dados **carros.sav** denominada **ind_cons**, que, por sua vez, representaria um índice para a relação entre o consumo e o número de cilindros. Matematicamente, **ind_con = consumo ÷ cilindros**, representando a relação do consumo pelo número de cilindros. A criação da nova variável poderia ser feita conforme ilustra a Figura 2.30.

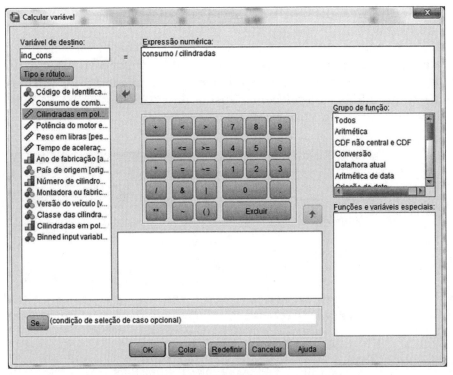

Figura 2.30 *Calculando uma nova variável.*

A nova variável criada está apresentada na Figura 2.31.

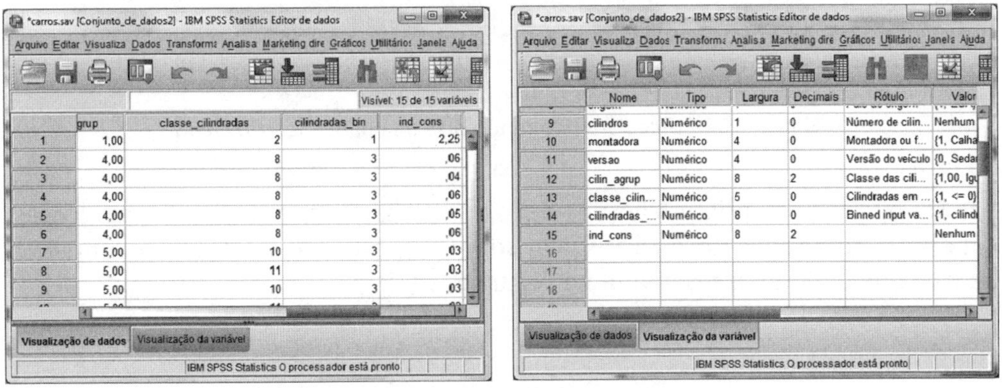

Figura 2.31 *Nova variável criada (ind_cons).*

Conforme apresenta a Figura 2.31, o SPSS criou uma nova variável denominada **ind_cons**.

SPSS: Guia Prático para Pesquisadores • Bruni

SELECIONANDO PARTES DE BASES DE DADOS

Algumas análises no SPSS podem demandar a seleção de apenas uma parte dos dados. Por exemplo, em relação aos dados do arquivo **carros.sav**, o usuário poderia desejar tabular apenas as frequências das montadoras dos veículos com peso maior que 2.500. Para selecionar apenas uma parte dos dados, seria preciso usar o menu *Dados > Selecionar casos*.

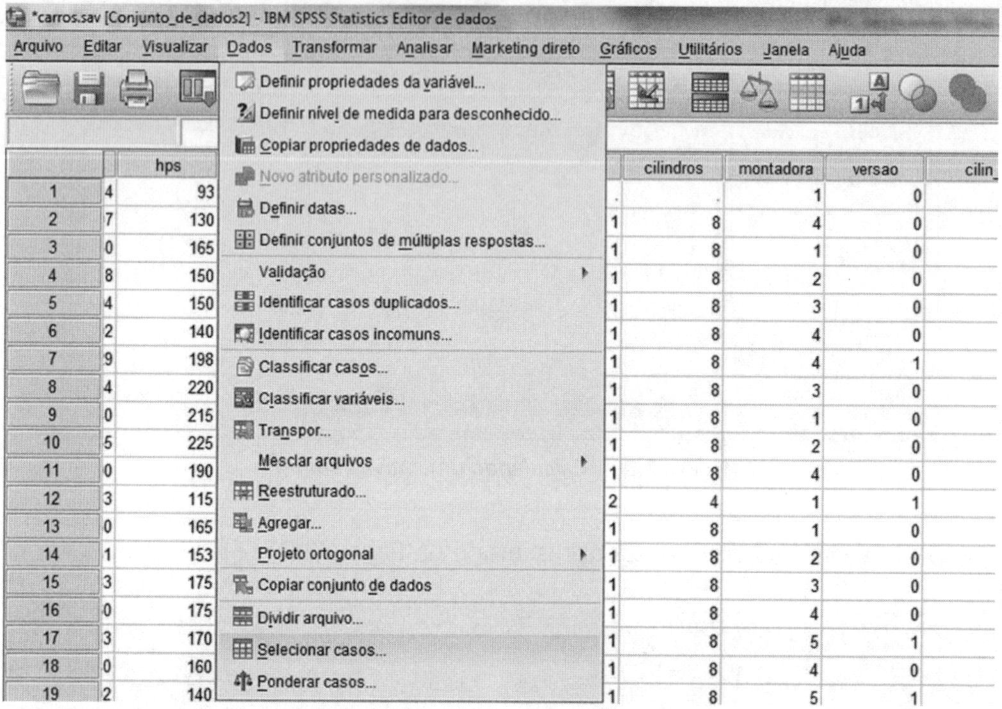

Figura 2.32   *Selecionando uma parte dos dados (carros.sav).*

Na opção de configuração dos dados a analisar, seria preciso estabelecer a condição. Para isso, é necessário clicar sobre a opção *Se a condição for cumprida*, na caixa de diálogo apresentada na Figura 2.33.

Figura 2.33 Estabelecendo condição.

Após clicar, é preciso estabelecer a restrição. No caso: *Peso > 2500*. É importante destacar que as restrições podem ser inseridas com o apoio de funções matemáticas e operadores booleanos do tipo e (*and*), ou (*or*).

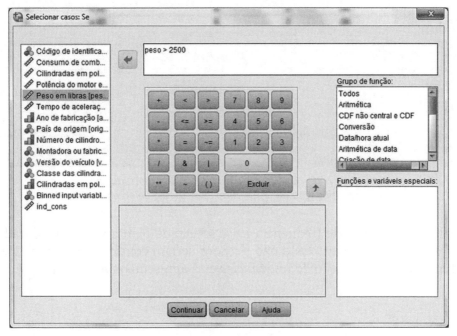

Figura 2.34 Restrição peso maior que 2500.

Após inserir a restrição, clica-se em *Continuar*. A tela seguinte mostra que a restrição foi inserida.

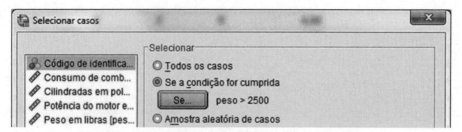

Figura 2.35   Restrição inserida (If ... peso > 2500).

Após inserir a restrição e selecionar apenas uma parte dos dados, a *Visualização de dados* do SPSS apresenta os valores não selecionados (cortados na identificação da linha) e os selecionados (que não apresentam cortes de nenhum tipo). Para identificar as variáveis selecionadas e excluídas, o SPSS cria uma variável provisória, denominada filter_$, apresentada na última coluna à direita da *Visualização de dados*. Apenas os casos com filter_$ = 1 estão selecionados, conforme apresenta a Figura 2.36.

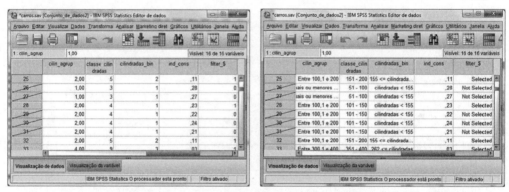

Figura 2.36   Dados excluídos da análise (cortados na identificação de linha, filter_$ = 0, Not Selected).

Caso a tabulação de frequência fosse solicitada para a variável montadora, apenas os casos selecionados e não riscados seriam considerados na análise. A instrução para a tabulação de frequências está apresentada na Figura 2.37.

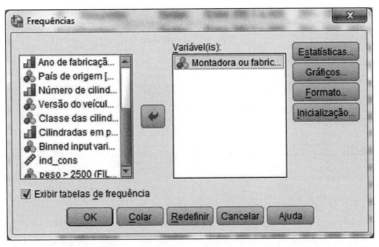

Figura 2.37 *Solicitando a tabulação dos dados.*

O resultado da tabulação apenas dos dados selecionados pode ser visto na Figura 2.38.

Montadora ou fabricante

		Frequency	Percent	Valid Percent	Cumulative Percent
Valid	Calhambeque	30	22,1	23,4	23,4
	Possante	33	24,3	25,8	49,2
	Reluzente	33	24,3	25,8	75,0
	Veloz	26	19,1	20,3	95,3
	Fobica	6	4,4	4,7	100,0
	Total	128	94,1	100,0	
Missing	System	8	5,9		
Total		136	100,0		

Figura 2.38 *Tabulação dos dados com Peso > 2500.*

Para poder continuar a usar a base de **carros.sav**, lembre-se de que será preciso voltar a selecionar todos os casos, conforme mostra a Figura 2.39.

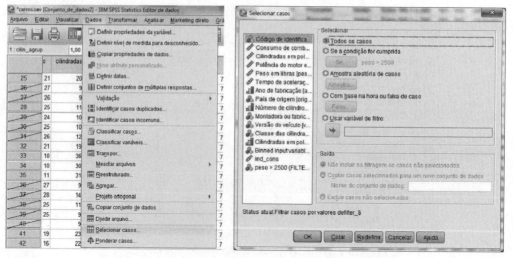

Figura 2.39 *Selecionando todos os dados (carros.sav).*

DIVIDINDO BASES DE DADOS

Em outras situações, o usuário pode precisar separar as análises feitas e os relatórios de saída do SPSS. Para isso, o SPSS disponibiliza a opção do menu *Dados > Dividir arquivo*. Veja a Figura 2.40.

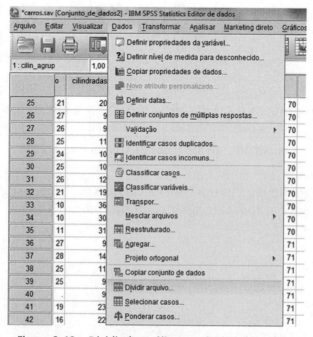

Figura 2.40 *Dividindo análises e relatórios de saída.*

Na análise da base **carros.sav**, o usuário poderia separar os relatórios de saída com base na versão do veículo. Veja a ilustração da Figura 2.41.

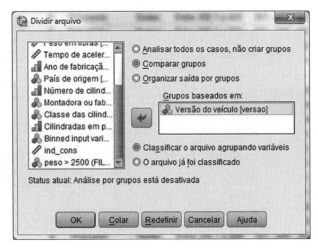

Figura 2.41   *Comparando os grupos nos relatórios de saída.*

Conforme apresenta a Figura 2.41, o SPSS apresenta duas alternativas para a separação dos relatórios:

Comparar grupos: apresenta os grupos de forma contínua, em uma mesma tabela.

Organizar saída por grupos: apresenta os grupos isoladamente, em tabelas diferentes.

Com a ativação da opção para comparar os grupos, os relatórios de saída do SPSS são alterados. A ilustração da Figura 2.42 solicita a tabulação das frequências das montadoras do arquivo **carros.sav**.

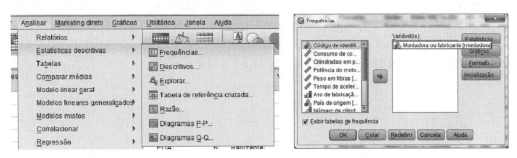

Figura 2.42   *Instrução para tabulação de frequência das montadoras.*

O resultado pode ser visto na Figura 2.43.

Montadora ou fabricante

Versão do veículo			Frequency	Percent	Valid Percent	Cumulative Percent
	Valid	Calhambeque	3	30,0	42,9	42,9
		Possante	3	30,0	42,9	85,7
		Reluzente	1	10,0	14,3	100,0
		Total	7	70,0	100,0	
	Missing	System	3	30,0		
	Total		10	100,0		
Sedan	Valid	Calhambeque	30	28,8	30,3	30,3
		Possante	28	26,9	28,3	58,6
		Reluzente	23	22,1	23,2	81,8
		Veloz	18	17,3	18,2	100,0
		Total	99	95,2	100,0	
	Missing	System	5	4,8		
	Total		104	100,0		
Hatch	Valid	Calhambeque	14	16,3	16,7	16,7
		Possante	25	29,1	29,8	46,4
		Reluzente	20	23,3	23,8	70,2
		Veloz	18	20,9	21,4	91,7
		Fobica	7	8,1	8,3	100,0
		Total	84	97,7	100,0	
	Missing	System	2	2,3		
	Total		86	100,0		

Figura 2.43 *Tabulação de frequência das montadoras comparada por versão.*

A Figura 2.43 apresenta os resultados. A tabulação de frequência foi feita para as versões *Hatch* e *Sedan* de forma independente. Mas os resultados foram apresentados em uma mesma tabela, passível de comparação.

Outra alternativa envolveria a separação dos relatórios, organizados (e não comparados) por grupo, conforme ilustra a Figura 2.44.

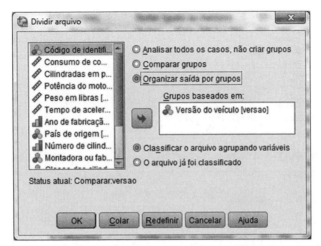

Figura 2.44   Configurando relatórios organizados por grupo.

Uma nova tabulação das frequências das montadoras do arquivo **carros.sav** poderia ser solicitada, conforme apresenta a Figura 2.45.

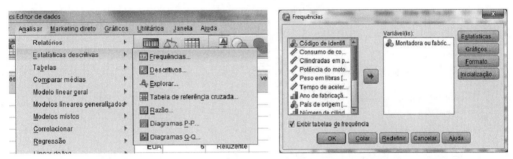

Figura 2.45   Outra instrução para tabulação de frequência das montadoras.

Com a ativação da alternativa de organização dos relatórios por grupo, relatórios completamente independentes seriam apresentados.

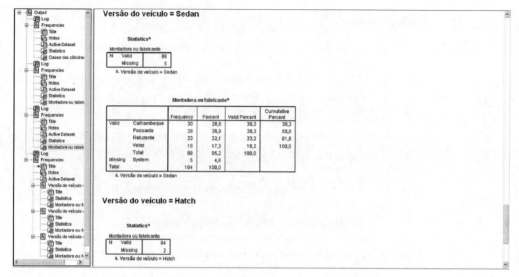

Figura 2.46   *Relatório para a versão* Sedan.

A Figura 2.46 apresenta a tabulação das montadoras para a versão *Sedan*.

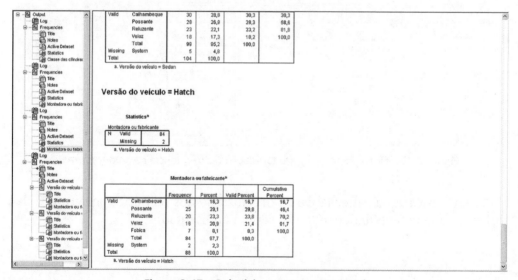

Figura 2.47   *Relatório para a versão* Hatch.

Já a Figura 2.47 apresenta relatório com a tabulação de frequência para a versão *Hatch*.

PONDERANDO DADOS EM BASES COM TABULAÇÕES DE FREQUÊNCIAS

As bases de dados trabalhadas com o auxílio do SPSS podem, eventualmente, representar dados **já tabulados**. Nessas situações, é preciso estabelecer o critério para a ponderação dos dados analisados.

Para ilustrar, considere que a tabela seguinte apresenta dados coletados de uma amostra de 130 alunos da 7ª e 8ª série do Colégio Bom Saber.[2]

Série	Idade	Frequência
7	13	5
7	14	25
7	15	12
7	16	8
8	13	7
8	14	18
8	15	40
8	16	13
8	17	2

Com o auxílio do SPSS, o pesquisador deseja sintetizar a distribuição das frequências da variável Idade. Caso solicitasse, de forma equivocada, apenas a tabulação da idade, sem fazer nenhum tipo de ponderação, obteria uma análise errada.

Idade

		Frequency	Percent	Valid Percent	Cumulative Percent
Valid	13	2	22,2	22,2	22,2
	14	2	22,2	22,2	44,4
	15	2	22,2	22,2	66,7
	16	2	22,2	22,2	88,9
	17	1	11,1	11,1	100,0
	Total	9	100,0	100,0	

Figura 2.48 *Erro na tabulação das frequências, sem a ponderação.*

A Figura 2.48 ilustra o erro cometido: a amostra é formada por 130 alunos. Porém, a soma das frequências consideradas indica que apenas nove elementos foram tabulados.

---

[2] Os dados estão disponíveis no arquivo **bomsaber.sav**, disponível no *site* <www.MinhasAulas.com.br>.

Para corrigir o erro, é preciso ponderar as frequências e demais valores contidos na base de dados. O SPSS permite executar a ponderação de bases de dados por meio do menu *Dados > Ponderar casos*. Veja a Figura 2.49.

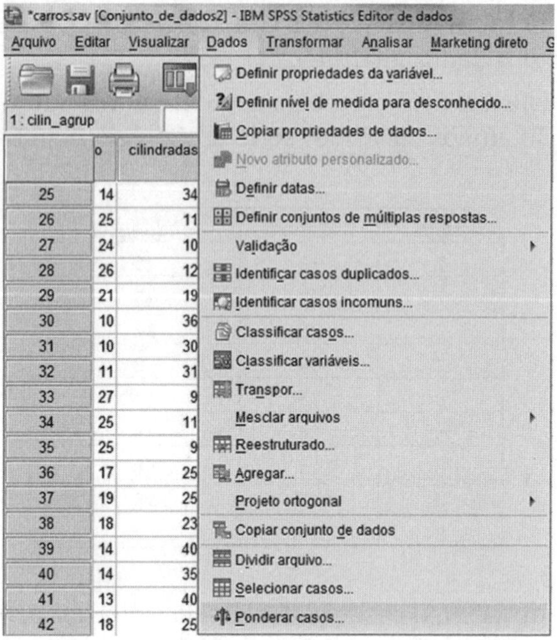

Figura 2.49   Menu *Dados > Ponderar casos*.

Os dados referentes aos alunos do Colégio Bom Saber podem ser ponderados com base nas frequências já tabuladas e apresentadas na base de dados. Usando o menu *Dados > Ponderar casos*, deve-se solicitar a ponderação dos dados (*Ponderar casos por*) com base na variável frequência. Veja a Figura 2.50.

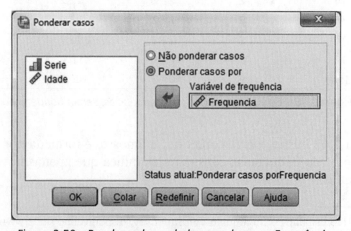

Figura 2.50   *Ponderando os dados com base na Frequência.*

Com os dados devidamente ponderados, o SPSS executa a tabulação correta das frequências, conforme ilustração da Figura 2.51.

Idade

		Frequency	Percent	Valid Percent	Cumulative Percent
Valid	13	12	9,2	9,2	9,2
	14	43	33,1	33,1	42,3
	15	52	40,0	40,0	82,3
	16	21	16,2	16,2	98,5
	17	2	1,5	1,5	100,0
	Total	130	100,0	100,0	

Figura 2.51 *Tabulação correta das frequências, após ponderação dos dados.*

CONSOLIDANDO OS DADOS

O SPSS permite a agregação de dados com a criação de uma nova variável por meio do menu *Dados > Agregar*, conforme apresenta a Figura 2.52.

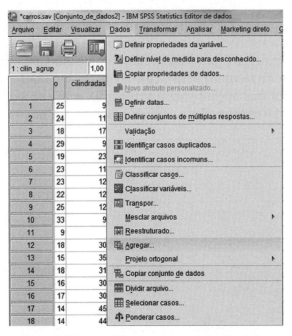

Figura 2.52 *Opção para a agregação de dados.*

Imagine, por exemplo, que desejássemos criar uma nova variável, com a informação sobre o peso médio dos veículos produzidos por determinada montadora.

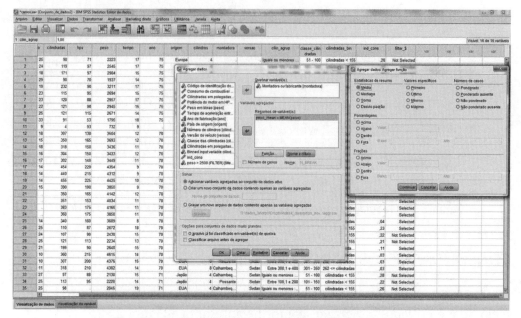

Figura 2.53   Comando de agregação de dados do SPSS.

O menu *Dados > Agregar* possibilita acessar o comando de agregação de dados do SPSS, o que pode ser visto conforme apresenta a Figura 2.53. No caso, estamos agregando as informações sobre a Montadora, caixa Quebrar Variável(is), usando função (Estatísticas de resumo) para o cálculo da média. Conforme apresenta a Figura 2.53 existem outras opções para a agregação, como a mediana, soma, desvio padrão, além de valores específicos como o primeiro, último, mínimo ou máximo.

Explorando os Dados   61

Figura 2.54   *Nova variável criada: peso médio da montadora.*

A criação de uma variável agregada permite obter outras novas variáveis, incorporadas nas bases de dados do SPSS.

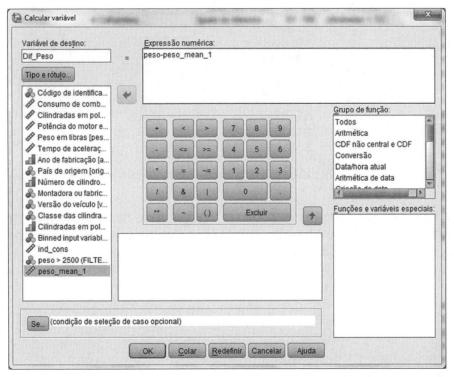

Figura 2.55   *Criando a nova variável diferença em relação ao peso médio da montadora.*

SPSS: Guia Prático para Pesquisadores • Bruni

A Figura 2.55 ilustra a criação de uma nova variável, que apresenta a diferença em relação ao peso médio da montadora.

INCORPORANDO NOVAS INFORMAÇÕES

Outro importante recurso do SPSS faz referência à possibilidade de acrescentarmos novas informações a uma determinada base de dados. O menu *Dados* > *Mesclar Arquivos*, representado na Figura 2.56, possibilita acrescentarmos novos casos ou novas variáveis a uma determinada base de dados.

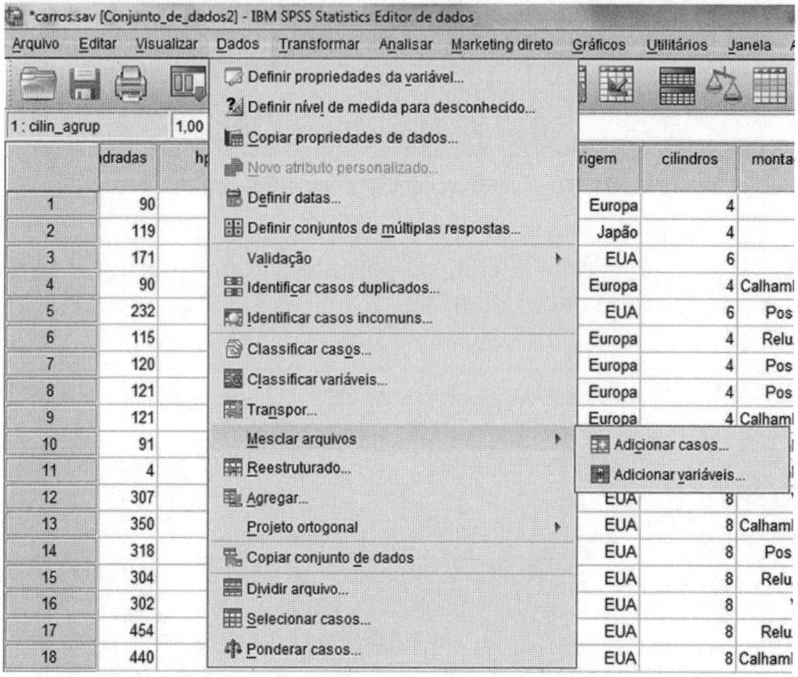

Figura 2.56 *Acrescentando novas informações: menu Dados > Mesclar Arquivos.*

A agregação de novos dados pode ser feita por meio da opção *Adicionar casos*. Por exemplo, em relação à base de dados carros.sav, poderíamos desejar acrescentar os novos casos contidos na base carros_novos_casos.sav.

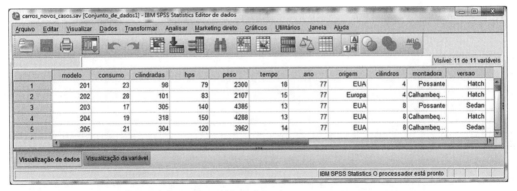

Figura 2.57 *Base de dados carros_novos_casos.sav.*

Conforme apresenta a Figura 2.57, a base de dados carros_novos_casos.sav contém cinco novas observações, identificadas como modelos 201 a 205. O arquivo contém as mesmas variáveis da base de dados carros.sav.

Para a realização da fusão dos arquivos, veja os procedimentos ilustrados na Figura 2.58.

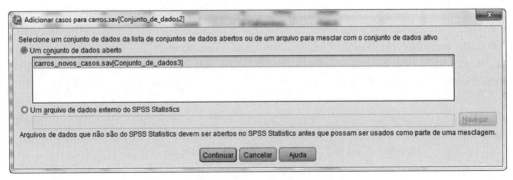

Figura 2.58 *Acrescentando novos casos.*

A Figura 2.58 apresenta a instrução para o acréscimo do conteúdo do arquivo carros_novos_casos.sav. Como as estruturas de variáveis (ou colunas) dos dois arquivos são idênticas, o SPSS apresenta que todas as variáveis são pareadas, conforme apresenta a Figura 2.59. É importante destacar que a opção *Mesclar arquivos* possibilita realizar a fusão de arquivos, ainda que nem todas as variáveis estejam presentes. Nestes casos, o SPSS indicaria as variáveis ausentes na coluna *Variáveis sem par.*

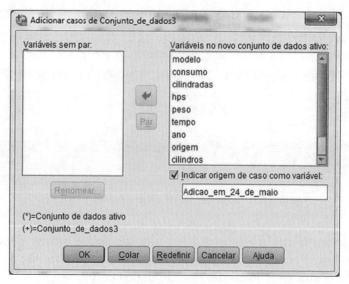

Figura 2.59 *Variáveis pareadas e não pareadas.*

A Figura 2.59 apresenta que todas variáveis estão pareadas. Ou seja, as mesmas variáveis estão presentes nos dois arquivos. Também indica que solicitamos a inclusão de uma nova variável que indica a fonte do arquivo utilizado na fusão. No caso, solicitação do acréscimo da variável "Adicao_em_24_de_maio". Os casos acrescentados nesta data receberão o código 1. Os que não foram acrescentados nesta data receberão o código 0.

	das	hps	peso	tempo	ano	origem	cilindros	montadora	versao	Adicao_em_24_de_maio	var
196	318	150	4190	13	76	EUA	8	Calhambeq...	Hatch	0	
197	304	120	3962	14	76	EUA	8	Calhambeq...	Sedan		
198	351	152	4215	13	76	EUA	8	Calhambeq...	Hatch	0	
199	225	100	3233	15	76	EUA	6	Possante	Hatch	0	
200	250	105	3353	15	76	EUA	6	Possante	Sedan	0	
201	98	79	2300	18	77	EUA	4	Possante	Hatch	1	
202	101	83	2107	15	77	Europa	4	Calhambeq...	Hatch	1	
203	305	140	4385	13	77	EUA	8	Possante	Sedan	1	
204	318	150	4288	13	77	EUA	8	Calhambeq...	Hatch	1	
205	304	120	3962	14	77	EUA	8	Calhambeq...	Sedan	1	
206											
207											
208											

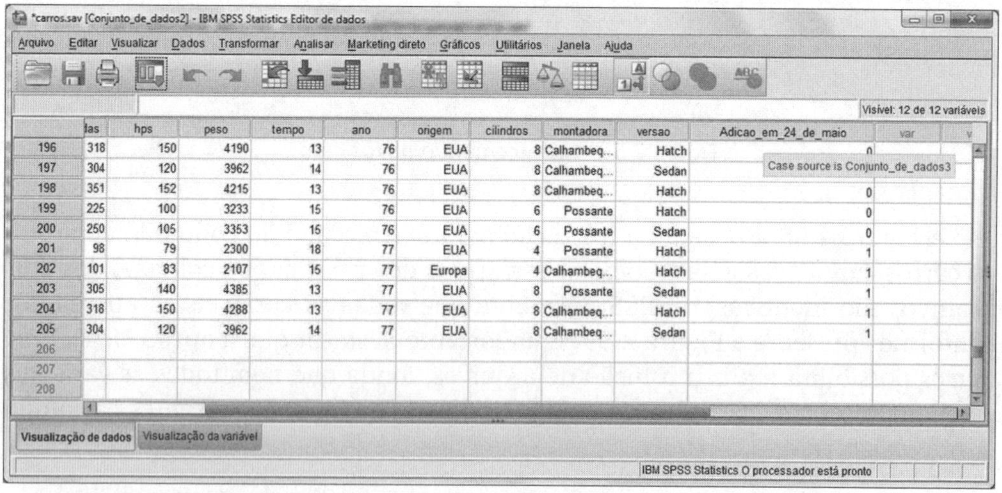

Figura 2.60 *Base com casos acrescentados e indicação da nova variável criada.*

A Figura 2.60 apresenta a base carros.sav com os casos acrescentados e indicação da nova variável criada.

A agregação de novas variáveis pode ser feita com o uso do recurso disponível por meio do menu *Dados > Mesclar Arquivos > Adicionar variáveis*. Neste caso, é preciso tomar um cuidado adicional. Para ilustrar o uso do recurso, considere a base de dados carros_novas_informacoes_montadoras.sav. Conforme apresentado na Figura 2.61, informações adicionais sobre as montadoras estão apresentadas.

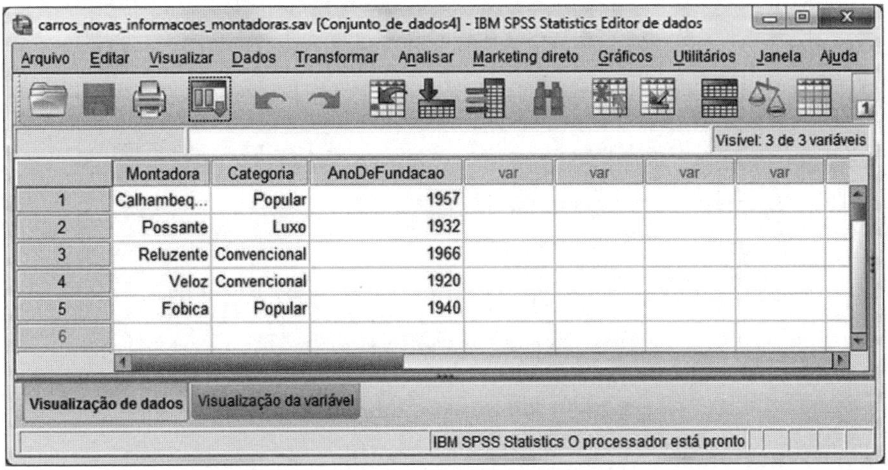

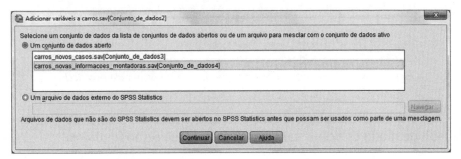

Figura 2.61 *Informações sobre montadoras.*

Caso desejássemos adicionar estas informações à base de dados carros.sav, poderíamos usar o comando ilustrado na Figura 2.62.

Figura 2.62 *Acrescentando informações sobre montadoras.*

É muito importante destacar que os fatores de indexação devem estar ordenados em ordem crescente nos dois arquivos a serem fundidos. No caso do exemplo igualmente apresentado na Figura 2.63, o fator de indexação é variável montadora e as informações estão no arquivo não ativo (*O conjunto de dados não ativo é uma tabela vinculada*).

Figura 2.63 *Informações sobre montadoras.*

O SPSS destaca a importância do fator de indexação estar ordenado, conforme apresenta a Figura 2.64.

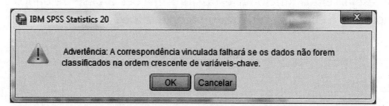

Figura 2.64 *Aviso sobre necessidade de correspondência dos dados.*

É importante destacar, mais uma vez, que o fator de indexação precisa estar ordenado de modo crescente nos dois arquivos que serão fundidos.

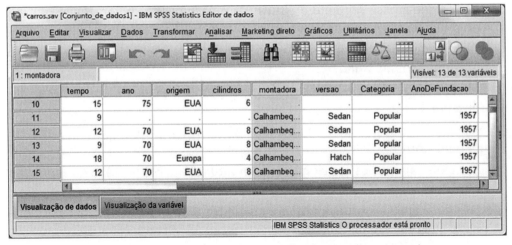

Figura 2.65 *Base de dados com novas informações sobre montadoras.*

O resultado da fusão pode ser visto na Figura 2.65. Novas informações sobre montadoras foram acrescentadas.

EXERCÍCIOS

[1] Explore o menu Dados, executando as tarefas seguintes.

Empregando a base de dados **funcionarios.sav**, insira a variável Estad (Estado de Nascimento do Funcionário). Atribua os rótulos a seguir. Posteriormente, execute o que se pede.

Funcionário	Filial	Altura	Idade	Salário	Faltas	Gênero	Estado Nasc.
Alice	2 – Sul	1,65	35	35	2	0 – Fem	3 – RS
Ana	1 – Norte	1,56	20	20	2	0 – Fem	1 – SP
Augusto	1 – Norte	1,70		30	0	1 – Masc	1 – SP
Diana	1 – Norte	1,61	39	50	5	0 – Fem	1 – SP
Hugo	2 – Sul	1,75	25	30	3		3 – RS
José	2 – Sul	1,83	37	40	0	1 – Masc	3 – RS
Luiz	2 – Sul	1,75	60	80	2	1 – Masc	1 – SP
Marcos	1 – Norte	1,72	40	55	3	1 – Masc	3 – RS
Maria	2 – Sul	1,72	22		1	0 – Fem	2 – RJ
Pedro	1 – Norte	1,71	44	60	2	1 – Masc	2 – RJ

[a] Quantos são os homens nascidos em SP?

68   SPSS: Guia Prático para Pesquisadores • Bruni

[b] Classifique a base segundo a altura (da menor para a maior). Qual o nome do funcionário mais baixo?

[c] Classifique a base segundo a idade (da maior para a menor). Qual o nome do funcionário mais velho?

[d] Identifique se existem dados duplicados. Em caso positivo, qual o nome duplicado?

[e] Separe os dados de acordo com a filial. Quantos gaúchos ou gaúchas existem na filial Norte?

[f] Selecione apenas os funcionários com altura superior a 1,76. Quantos são mulheres?

[g] Selecione apenas os funcionários com idade maior que 25 e altura menor que 1,70. Quantos são da filial Norte?

[h] Selecione apenas salários maiores que 50. Quantos paulistas aparecem nesta relação?

[i] Selecione apenas salários maiores que 50 e altura menor que 1,77. Quantos gaúchos aparecem nesta relação?

[j] Selecione apenas salários menores que 55 ou altura menor que 1,65. Quantos paulistas aparecem nesta relação?

[2] A base de dados **ensinopublico.sav** apresenta informações referentes a aprovação, reprovação e evasão de um colégio público específico.

Sem executar nenhuma instrução para ponderação dos casos, calcule as frequências solicitadas a seguir.

[a] Ano de 1997.

[b] Série igual a 4.

[c] *Status* evadido.

[d] Gestão municipalizada.

[e] *Status* evadido e Gestão municipalizada.

Use o recurso do menu *Dados > Ponderar casos* para a ponderação com base na variável **freq**. Posteriormente, calcule as frequências solicitadas a seguir.

[f] Ano de 1997.

[g] Série igual a 4.

[h] *Status* evadido.

[i] Gestão municipalizada.

[j] *Status* evadido e Gestão municipalizada.

[3] Carregue a base de dados **filmes_infantis.sav**.

[a] Existem valores ausentes na base de dados?

Calcule as frequências solicitadas.

[b] Frequência absoluta da Warner Bross.

[c] Frequência válida percentual da MGM.

[d] Frequência válida percentual acumulada da Disney e MGM.

[e] Qual a duração com maior frequência?

Crie uma nova variável denominada **prod_agru** (Produtoras Agrupadas), considerando código 0 para outras e 1 para Disney. Tabule as frequências desta variável e diga qual a frequência percentual das variáveis solicitadas a seguir.

[f] Outras produtoras.

[g] Disney.

Crie uma nova variável para a duração dos filmes denominada **dura_agru** (Duração Agrupada). Atribua o código 0 (baixa duração) para filmes com durações iguais ou menores que 77,5 e código 1 (alta duração) para as demais. Construa uma tabulação cruzada para as frequências das variáveis **prod_agru** (linha) e **dura_agru** (coluna).

[h] Em relação à linha, qual o percentual dos filmes da Disney com baixa duração?

[i] Em relação à coluna, qual o percentual dos filmes com alta duração produzidos pela Disney?

[j] Em relação ao total, qual o percentual dos filmes da Disney com alta duração?

[4] Carregue a base de dados **vestibularIES.sav**.

Tabule a variável Aprovado entre os 60 primeiros.

[a] Qual a frequência absoluta de aprovados.

[b] Qual a frequência relativa de reprovados.

Tabule a variável Aprovado entre os 60 primeiros (coluna) por curso em primeira opção (linha). Solicite os percentuais nas células.

[c] Qual a frequência absoluta de aprovados em Ciência da Computação?

[d] Qual a frequência relativa de aprovados, considerando apenas o curso de Ciência da Computação?

[e] Considerando apenas os aprovados, qual a frequência relativa do curso de Ciência da Computação?

Com base na tabulação cruzada que você construiu, tente responder ao que se pede.

[f] Qual deve ser o curso com aprovação mais difícil?

[g] Qual deve ser o curso com aprovação mais fácil?

Selecione apenas os candidatos aprovados, use o recurso *Analyse > Descriptive Statistics > Frequencies* solicitando o valor mínimo de pontos e responda ao que pede.

[h] Qual o valor mínimo em Administração?

[i] Qual o valor mínimo em Ciência da Computação?

[j] Qual o valor mínimo em Direito?

[5] Carregue a base de dados **atividades_fisicas.sav**.

Tabule a variável Fumante.

[a] Qual a frequência absoluta dos fumantes?

[b] Qual a frequência relativa dos não fumantes?

Tabule a variável Fumante *versus* Opinião *versus* A própria condição física.

[c] Considerando apenas os fumantes, qual percentual se diz estar com má condição física?

[d] Considerando apenas os que se dizem em ótima condição física, qual percentual de fumantes?

[e] Considerando o todo, qual o percentual de não fumantes com condição física regular?

Tabule a variável Prática regular de atividades físicas.

[f] Qual a frequência absoluta de não praticantes?

[g] Qual a frequência relativa daqueles que praticam 1 a 2 vezes por semana?

Tabule a variável Prática regular de atividades físicas *versus* Sexo.

[h] Considerando apenas os homens, qual a frequência relativa % de não praticantes?

[i] Qual a frequência relativa de homens na categoria daqueles que praticam 1 a 2 vezes por semana?

[j] Em relação ao total, qual o percentual de mulheres que praticam 5 ou mais vezes por semana?

[6] Carregue a base de dados **aprendiz.sav**. Use o recurso do menu *Dados > Agregar* para resolver o que se pede a seguir.

[a] Calcule a mediana da Idade, agrupada por Sexo. Olhando apenas para a base de dados (sem gerar nenhum *output*), qual a mediana dos homens e das mulheres?

[b] Crie uma nova variável denominada DifIdMedSx, igual à diferença da idade de cada observação em relação à mediana agrupada por sexo. Analisando apenas a base de dados, qual a diferença encontrada para o aluno Diego?

[c] Analise a nova variável DifIdMedSx. Para essa nova variável, qual a média dos alunos que estudam à noite?

[d] Analise a nova variável DifIdMedSx. Para essa nova variável, qual o desvio padrão dos alunos com idade igual ou superior a 8 anos?

[e] Remova o filtro e selecione todos os dados. Calcule a média da nota do teste, agrupada por Turno. Olhando apenas para a base de dados (sem gerar nenhum *output*), qual a média dos alunos que estudam pela manhã?

Explorando os Dados 71

[f] Calcule o desvio padrão da nota do teste, agrupada por Turno. Olhando apenas para a base de dados (sem gerar nenhum *output*), qual o desvio dos alunos que estudam à noite?

[g] Use as duas variáveis anteriores e, mediante o recurso *Transformar > Calcular variável*, crie uma nova variável ZIdTur, igual à idade padronizada considerando o agrupamento por turno. A variável padronizada é Z = (x – média)/desvio. Sem gerar nenhum *output*, apenas examinando sua base de dados, qual o valor padronizado da aluna Tamara?

[h] Qual a média de ZIdTur dos alunos que estudam à noite?

[i] Qual o desvio padrão de ZIdTur dos alunos que estudam pela manhã?

[j] Qual a média de ZIdTur das mulheres?

[7] Carregue as bases de dados Aprendiz.sav. Use o recurso do menu *Dados > Mesclar arquivos* para resolver o que se pede a seguir.

Usando o submenu *Adicionar casos*, acrescente os novos casos presentes no arquivo **aprendiz_novos_casos.sav**.

[a] Qual a média da variável nota no teste?

[b] Qual o desvio padrão da variável nota na prova?

Carregue as bases de dados Aprendiz.sav original. Usando o submenu Adicionar Variáveis, acrescente a nova variável Nota no trabalho presente no arquivo **aprendiz_nota_trabalho.sav**.

[c] Qual a nota média no trabalho dos homens?

[d] Qual a nota média na prova dos alunos que obtiveram nota maior que 8 no trabalho?

Carregue as bases de dados **aprendiz.sav** original. Usando o submenu Adicionar Variáveis, acrescente a nova variável Nota no trabalho presente no arquivo **aprendiz_nota_trabalho_missing.sav**. Nesta tarefa, ao realizar a fusão das bases de dados, cuidado com os valores ausentes.

[e] Qual a nota mediana no trabalho dos homens?

[f] Qual a nota mediana na prova dos alunos que obtiveram nota menor que 9 no trabalho?

3

Construindo e Interpretando Gráficos

*"Nem tudo o que pode ser contado conta, e nem
tudo o que conta pode ser contado."*

Einstein

OBJETIVOS DO CAPÍTULO

Os gráficos representam uma das mais simples formas de transmissão das informações contidas em diferentes conjuntos de dados. Permitem compreender de maneira simples e eficiente diferentes aspectos e relações numéricas. Como diz o velho ditado chinês, o gráfico ou figura consegue transmitir a ideia de mil palavras.

Diferentes tipos de gráficos costumam ser utilizados nas análises estatísticas, como o histograma, os diagramas de barras e de colunas, os *diagramas de caixa*, os diagramas de dispersão e tantos outros. Ao construir um gráfico, o objetivo maior da transmissão da informação deve estar sempre claro.

Este capítulo possui o objetivo de apresentar e discutir a transmissão de informações estatísticas através de gráficos construídos com o apoio do SPSS. São expostas e ilustradas algumas das principais formas de representação de dados em estatística.

LENDO AS INFORMAÇÕES DAS FIGURAS

Uma forma lúdica e bastante interessante de apresentar dados consiste no uso de gráficos. Como diz o velho provérbio chinês, um gráfico transmite conteúdo expresso por muitas palavras. Embora todo gráfico resulte em processo de perda parcial de informações, já que os valores originais são geralmente omitidos, e,

Construindo e Interpretando Gráficos **73**

muitas vezes, apenas o gráfico é apresentado, a concisão e a facilidade de interpretação dos gráficos costumam compensar a informação perdida.

A representação de uma série de dados através de gráficos permite, ao mesmo tempo, uma visão ampla e alguma caracterização particular de um conjunto de dados por meio de uma correspondência entre as categorias ou os valores de determinada figura geométrica, como retângulos, círculos, triângulos e outras, de forma que cada valor ou categoria seja representado por uma figura proporcional.

A seguir, são apresentados alguns dos principais tipos de gráficos empregados em Estatística.

GRÁFICO DE CAULE E FOLHA

O gráfico de caule e folha consiste em uma das mais elementares representações empregadas em Estatística. Sua aparência e utilização equivalem ao histograma ou diagrama de barras – porém, sua elaboração é mais simples. Trata-se, na verdade, de uma nova disposição do rol (série ordenada), com base no isolamento de um algarismo mais significativo, denominado galho (por exemplo, dezena), de algarismos menos significativos, denominados folhas (por exemplo, unidades).

Para ilustrar a construção de um diagrama de ramo e folha, considere a variável cilindros da base **carros.sav**. Com base nos dados fornecidos, seria possível rearrumá-los sob a forma de um diagrama de ramo e folha. No SPSS, uma alternativa rápida para a construção do Gráfico de ramo e folha pode ser obtida por meio do menu *Analisar > Estatísticas descritivas > Explorar*, conforme apresenta a Figura 3.1.

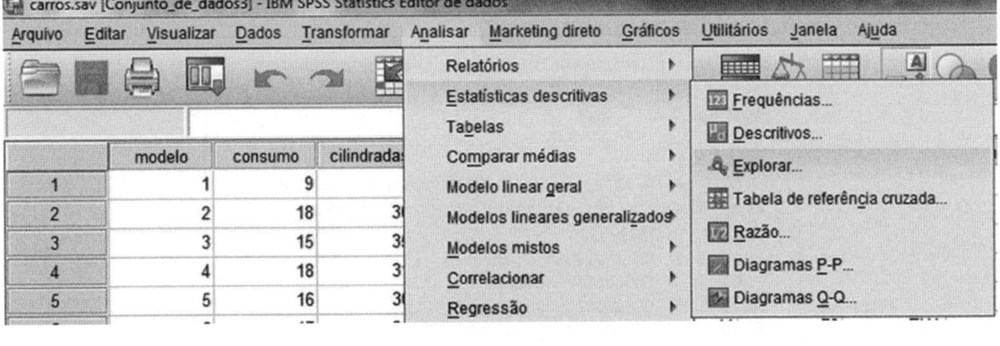

Figura 3.1   *Usando o menu* Explore *(carros.sav).*

No menu *Explorar*, basta manter ativada a opção *Caule e folha*, conforme apresenta a Figura 3.2.

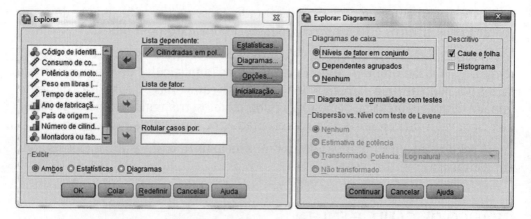

Figura 3.2   Opção Stem-and-Leaf Plot *ativada no menu* Explore.

A interpretação do gráfico de caule e folha apresentado na Figura 3.3 é simples. Cada ramo vale 100 (*Stem width: 100*) e cada folha representa um caso (*Each leaf: 1 case*).

Na primeira coluna dos ramos, se colocam os algarismos que representam os números em múltiplos de 100 (ou em centenas) e, na segunda coluna, se colocam os algarismos das dezenas de todos os dados, divididas em dois blocos (entre 0 e 4 e entre 5 e 9). Por exemplo, o menor valor é o número 4 ou 004. Assim, sua centena é zero (primeira coluna) e sua dezena também é 0 (uma folha 0). O número 68 ou 068 é representado com um galho 0 e uma dezena 6. Como a dezena é maior que 5, o número 68 é apresentado na segunda parte do galho. De forma similar, como existem outros 10 números com dezena 7, eles também têm seus algarismos representados como folhas no gráfico.

```
Cilindradas em polegadas cúbicas Stem-and-Leaf Plot

Frequency    Stem & Leaf

    1,00     0 . 0
   38,00     0 . 67777777777889999999999999999999999999
   43,00     1 . 0000001111111111122222222222222223344444444
    8,00     1 . 55799999
   17,00     2 . 00222222333333333
   17,00     2 . 55555555555555556
   29,00     3 . 00000000000000000111111111114
   27,00     3 . 555555555555555555566668889
   16,00     4 . 0000000000022244
    4,00     4 . 5555

Stem width:    100
Each leaf:     1 case(s)
```

Figura 3.3   Output *com gráfico caule e folha (*Stem-and-Leaf Plot*)*.

A interpretação do gráfico de caule e folha permite visualizar onde estão concentradas as maiores e as menores frequências. No exemplo anterior, existe uma grande concentração de frequências na segunda metade da centena 0 e na primeira metade da centena 1. Ou seja, existem muitas cilindradas com valores entre 50 e 150. Outra grande concentração de frequências pode ser vista na centena 3. Existem, também, muitas cilindradas com valores entre 300 e 400.

HISTOGRAMA

O histograma é um dos mais simples e úteis gráficos empregados na estatística. Representa as frequências simples ou relativas dos elementos tabulados (contados) ou agrupados em classes. O histograma representa as frequências simples das classes de frequência, com base em barras com mesma largura de base.

Em relação à base de dados **carros.sav**, poderíamos construir o histograma para a variável Cilindradas, conforme ilustra a Figura 3.4.

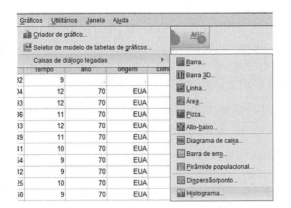

Figura 3.4 *Solicitando a construção de um histograma.*

O SPSS E SUAS MUITAS OPÇÕES

Este livro busca discutir os mais importantes aspectos da Estatística para uso de pesquisadores. Em decorrência desse objetivo, exploramos ao longo do texto os recursos de uso mais simples, a exemplo dos gráficos construídos por meio da opção *Legacy Dialogs*. Outras opções com mais recursos podem ser vistas na opção *Interactive*. Para saber mais sobre os outros testes, consulte o *help* ou ajuda do aplicativo pressionando a tecla F1 ou clicando com o mouse sobre o menu *Help*.

O resultado do histograma construído pode ser visto na Figura 3.5.

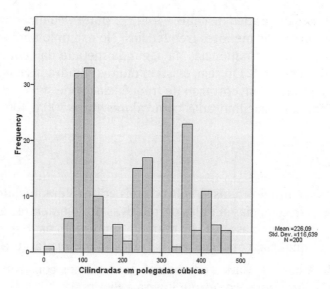

Figura 3.5 *Histograma construído.*

A interpretação do histograma é muito similar àquela feita para o gráfico de caule e folha. O histograma permite visualizar onde estão concentradas as maiores e as menores frequências. No exemplo da Figura 3.5 existe uma grande concentração de frequências em torno do valor 100 e logo após o valor 300.

Outros gráficos podem ser construídos com conteúdo informacional similar ao histograma:

a) **diagrama ou gráfico de colunas:** similar ao histograma, o diagrama ou gráfico de colunas apresenta as frequências sob a forma de colunas verticais. Muitas vezes, os gráficos de colunas são denominados, erroneamente, histogramas. São empregados, geralmente, para representar as frequências de dados categóricos ou nominais;

b) **diagrama ou gráfico de barras:** o gráfico ou diagrama de barras é similar ao histograma, possuindo o objetivo de apresentar as frequências sob a forma de barras horizontais, separadas entre si. As frequências representadas podem ser simples ou relativas e os dados podem ser nominais ou quantitativos (agrupados em classes ou não).

DIAGRAMA OU GRÁFICO CAIXA DE DADOS

O caixa de dados é um dos mais usuais gráficos da estatística. Representa a dispersão dos dados, revelando a mediana e os quartis – medidas de posição que serão apresentadas e discutidas com maior profundidade no Capítulo 4 deste livro.

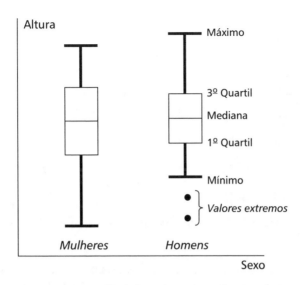

Figura 3.6 *Exemplo de* boxplot, *separado por grupos.*

A Figura 3.6 ajuda a ilustrar a aplicabilidade do *boxplot*. Através de uma representação simples – basicamente um retângulo e dois segmentos de reta –, é possível verificar a posição central do conjunto ordenado dos dados, denominado mediana, e as subdivisões das metades das séries ordenadas, denominadas quartis.

A base do retângulo central é representada pelo primeiro quartil. Abaixo deste ponto, estão situadas 25% das observações na série ordenada. A caixa costuma ser dividida por um segmento de reta, que representa exatamente a mediana – separatriz ou medida de ordenamento, que deixa 50% das observações da série ordenadas abaixo e 50% acima. O topo da caixa corresponde ao terceiro quartil – abaixo deste ponto situam-se 75% das observações e, acima, 25%. Os segmentos de reta horizontais representam os valores máximos e mínimos da série ordenada.

Quando alguns dados apresentam-se de forma irregular em relação aos demais – com valores muito altos ou muito baixos –, também denominados valores extremos, ou *outliers*, esses pontos específicos são destacados dos demais. O destaque do *outlier* possibilita uma análise posterior mais aprofundada destes valores – e a sua eventual exclusão dos estudos. A definição algébrica de valor extremo ou *outlier* pode ser feita de diferentes formas. No caso do caixa de dados, costuma-se considerar como *outlier* os valores dispersos com mais de 1,5 intervalo interquartílico em relação à mediana – informação extraída do SPSS.

A construção de caixas de dados no SPSS é bastante simples, conforme apresenta a Figura 3.7, que define a construção de um *boxplot* para a variável peso, agrupada com base em montadora e com casos identificados pelo código de identificação do modelo.

Figura 3.7   Construindo caixas de dados no SPSS.

A Figura 3.8 apresenta a caixa de dados dos pesos da base de dados **carros.sav**. Os pesos foram agrupados conforme a montadora. Nota-se que os casos da montadora Fobica apresentam uma maior mediana juntamente com uma menor dispersão. Já a montadora Calhambeque apresenta uma menor mediana e uma maior dispersão do peso.

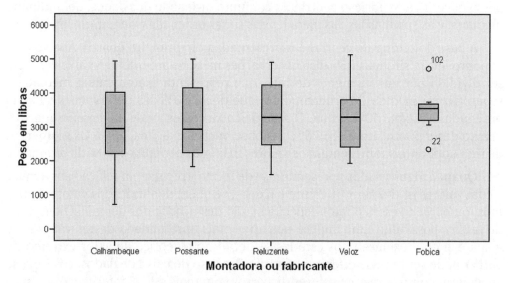

Figura 3.8   Caixas de dados do peso.

A caixa de dados dos pesos da montadora Fobica igualmente apresenta dois valores extremos ou *outliers*: um com valor alto (caso 102) e outro com valor baixo (caso 22).

GRÁFICO OU DIAGRAMA DE DISPERSÃO

O gráfico ou diagrama de dispersão mostra a relação gráfica existente entre duas variáveis numéricas, como, por exemplo, custos e vendas. Sua análise é fundamental para a compreensão de algumas técnicas estatísticas, como a análise de regressão e correlação. O estudo destas técnicas está discutido com maior profundidade no Capítulo 8 deste livro.

O diagrama de dispersão apresenta o comportamento conjunto de duas variáveis quantitativas X e Y em um plano cartesiano. Geralmente, tentamos entender o comportamento da variável Y com base na variável X.

A Figura 3.9 ilustra a solicitação da construção de um diagrama de dispersão para as variáveis potência (Y) e cilindradas (X).

Figura 3.9   *Construindo diagrama de dispersão.*

Se deseja construir a relação entre cilindradas (eixo X) e potência (eixo Y), deve-se realizar a configuração do diagrama de dispersão, conforme pode ser visto na Figura 3.10.

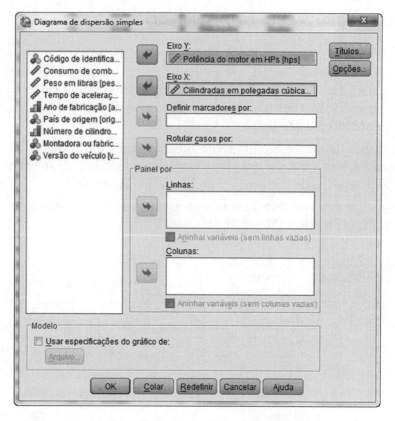

Figura 3.10   Construindo o diagrama de dispersão: potência versus cilindradas.

O diagrama de dispersão elaborado pelo SPSS encontra-se na Figura 3.11.

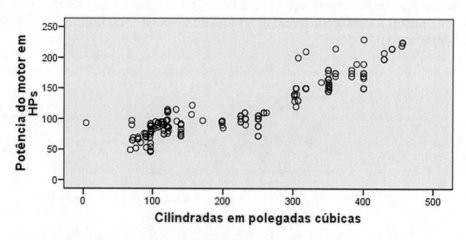

Figura 3.11   Diagrama de dispersão: potência versus cilindradas.

Conforme apresenta a Figura 3.11, existe uma relação crescente entre as cilindradas e a potência. Quanto mais cilindradas o carro tem, maior a potência do seu motor.

O uso dos diagramas de dispersão será novamente abordado no Capítulo 8, que discute o uso das análises de regressão e correlação.

EXERCÍCIOS

[1] Carregue a base de dados **filmes.sav**.

[a] Construa e interprete os histogramas associados às variáveis Faturamento, Gastos, Nota e Duração.

[b] Construa uma caixa de dados para a variável Faturamento, agrupada por ano. O que é possível constatar?

[c] Construa uma caixa de dados para a variável Gasto, agrupada por ano. O que é possível constatar?

[d] Construa uma caixa de dados para a variável Nota do público, agrupada por ano. O que é possível constatar?

[e] Construa uma caixa de dados para a variável Duração, agrupada por ano. O que é possível constatar?

[f] Construa um diagrama de dispersão para Gasto (x) *versus* Faturamento (y). O que é possível constatar?

[g] Construa um diagrama de dispersão para Duração (x) *versus* Faturamento (y). O que é possível constatar?

[h] Construa um diagrama de dispersão para Nota do público (x) *versus* Faturamento (y). O que é possível constatar?

[i] Construa um gráfico de barras para Ano de lançamento. O que é possível constatar?

[j] Construa um gráfico de setores ou um diagrama de pizza para Ano de lançamento. O que é possível constatar?

[2] Carregue a base de dados **atividades_fisicas.sav**.

Construa e interprete os histogramas das variáveis apresentadas a seguir.

[a] idade

[b] altura

[c] peso

Construa e interprete os histogramas das variáveis apresentadas a seguir, separando-as por gênero masculino ou feminino (*Painel por linhas*). O que é possível concluir?

[d] altura

[e] peso

[f] salário

[g] nota

Construa e interprete as caixa de dados das variáveis apresentadas a seguir, agrupando-as por gênero masculino ou feminino. O que é possível concluir?

[h] altura

[i] peso

[j] salário

[3] Carregue a base de dados **atividades_fisicas.sav**.

Usando os diagramas de dispersão, analise as relações entre as variáveis apresentadas a seguir. O que é possível concluir? Considere a primeira variável no eixo das abscissas (x) e a segunda variável apresentada no eixo das ordenadas (y).

[a] idade *versus* peso

[b] altura *versus* peso

[c] idade *versus* renda (salário mensal)

[d] altura *versus* renda

[e] idade *versus* nota

Crie a variável **idade_agrup** agrupando a variável idade em quatro faixas conforme os seguintes códigos e rótulos: 1 – de 11 a 20 anos; 2 – de 21 a 30 anos; 3 – de 31 a 40 anos; 4 – de 41 a 50 anos. Usando os grupos das idades como variável de agrupamento, construa e analise os *boxplots* analisando as variáveis relacionadas a seguir.

[f] peso

[g] salário

[h] altura

[i] nota

[j] idade

[4] Carregue a base de dados **vestibularIES.sav**.

[a] Construa o histograma para a variável Pontos. Qual o valor presente no centro do gráfico?

[b] Construa o histograma para a variável Pontos, organizando o gráfico com base no fato de o candidato ter sido aprovado entre os 60 primeiros ou não (*Painel por linhas:* aprovado entre os 60 primeiros). O que é possível constatar?

[c] Construa o histograma para a variável Pontos, organizando o gráfico com base no fato de o candidato ter sido aprovado entre os 60 primeiros ou não (*Painel por linhas:* aprovado entre os 60 primeiros) e do curso em primeira opção (*Painel por colunas:* curso em primeira opção). O que é possível constatar?

Selecione apenas os candidatos aprovados entre os 60 primeiros para poder responder às próximas questões.

Gere uma caixa de dados de pontos por sexo.

[d] Quem apresentou melhor comportamento?

[e] Quem apresentou maior mediana?

Gere uma caixa de dados de pontos por língua escolhida.

[f] Quem apresentou melhor comportamento?

Gere uma caixa de dados de pontos por curso em primeira opção. Identifique os casos de acordo com o número de inscrição do candidato.

[g] Qual curso apresentou melhor comportamento?

[h] Qual curso apresentou menor mediana?

[i] Qual curso apresentou menor dispersão?

[j] Quais os casos exibidos como extremos (*outliers*)?

[5] Carregue o arquivo **alunos.sav**.

Crie uma nova variável, igual à média aritmética simples das notas nas três provas. Chame-a de **med_prova**. Calcule o que se pede a seguir para a variável **med_prova**.

Construa o histograma para **med_prova** e responda ao que se pede.

[a] Qual o valor central do histograma?

[b] Qual a nota com maior frequência?

[c] Qual a configuração do gráfico?

Gere uma caixa de dados de **med_prova** por disciplina. Depois, responda ao que se pede.

[d] Quem apresenta a maior mediana?

[e] Qual disciplina apresenta valores extremos ou *outliers*?

[f] Os extremos são altos ou baixos?

Gere uma caixa de dados de **med_prova** por turno. Depois, responda ao que se pede.

[g] Quem apresenta a maior mediana?

[h] Qual turno apresenta valores extremos ou *outliers*?

[i] Os extremos são altos ou baixos?

[j] Construa um diagrama de dispersão para **med_prova** *versus* **trabalho**. Analise o resultado.

4

Calculando e Interpretando Medidas Estatísticas

"Deus não joga dados."
Einstein

OBJETIVOS DO CAPÍTULO

A análise de variáveis quantitativas costuma sintetizar as informações contidas nos dados sob a forma de medidas, que podem ser apresentadas em diferentes grupos, como as medidas de posição central, dispersão, ordenamento e forma.

Medidas de posição central, como o próprio nome revela, preocupam-se com a caracterização e a definição do centro dos dados. Podem ser apresentadas sob diferentes tipos, como a média, a mediana ou a moda.

Este capítulo apresenta de forma clara e objetiva os conceitos associados às principais medidas de posição central no SPSS por meio dos diferentes recursos e instruções disponibilizados pelos aplicativos. Para tornar a leitura mais agradável e facilitar a aprendizagem do conteúdo transmitido, são propostos diversos exercícios.

MEDIDAS DE POSIÇÃO CENTRAL

As medidas de tendência central caracterizam os grupos como um todo, descrevendo-os de forma mais compacta do que as tabelas e gráficos. Focalizam a atenção na posição do centro dos dados medidos, implicando, muitas vezes, em um processo de perda parcial de informação, e podem apresentar-se de várias formas, dependendo daquilo que se pretende conhecer a respeito dos dados estatísticos.

A moda, a média aritmética e a mediana são as mais utilizadas para resumir o conjunto de valores representativos que se deseja estudar. Elas determinam números representativos do conjunto de dados analisados, podendo, ou não, apresentar valores coincidentes:

a) Média: é provavelmente a mais usual medida empregada em estatística. Corresponde a um valor representativo do centro geométrico de um conjunto de dados, representado pela divisão da soma pela contagem e apresentando um valor único e utilizando todos os dados analisados no seu cálculo. Além disso, apresenta a importante característica, nem sempre desejável, de ser sensível aos valores discrepantes, ou seja, demasiadamente extremos em relação ao universo estudado.

A média aritmética simples para dados não agrupados é denominada, geralmente, média. É definida pelo somatório dos dados dividido pela quantidade de números da série. Quando todos os dados são analisados, diz-se tratar-se de uma média populacional, convencionalmente representada pela letra grega mi, μ. Quando os dados de uma amostra são processados, diz-se tratar de uma média amostral, convencionalmente representada pelo símbolo $\bar{x}$.

$$\mu = \frac{\sum_{i=1}^{n} x_i}{n} \quad \text{ou} \quad \bar{x} = \frac{\sum_{i=1}^{n} x_i}{n}$$

b) Mediana: é conceitualmente definida como uma medida de tendência central cujo valor localiza-se no centro exato da série ordenada. Ou seja, abaixo da mediana deverão estar 50% dos elementos analisados. Acima da mediana deverão estar 50% dos dados analisados. O valor para a mediana depende da quantidade n de elementos presentes na série analisada: se n for ímpar: a mediana será igual ao elemento central; se n for par: a mediana será igual à média aritmética simples dos dois elementos centrais.

c) Moda: pode ser conceituada como o valor que ocorre com maior frequência na distribuição dos dados. Ou seja, é o valor que aparece repetido mais vezes. A moda pode não existir – quando não existe um valor com maior número de repetições. Nesses casos, a série é denominada **amodal**. A moda pode, também, não ser única – quando mais de um dado apresenta-se com o mesmo e maior número de repetições. Séries com mais de uma moda são denominadas **multimodais**. Apesar de a moda ser o valor que mais se repete, ela não é obrigatoriamente a maioria no resultado final. Por exemplo, se o tipo sanguíneo mais frequente em um grupo de 20 indivíduos for A^+, não necessariamente a maioria das pessoas o terá.

MEDIDAS DE DISPERSÃO

As medidas de dispersão buscam medir a variabilidade de um conjunto de dados. Dentre as mais usuais medidas de dispersão, destacam-se: a amplitude total ou intervalo; o desvio médio absoluto, a variância, o desvio padrão e o coeficiente de variação. Quanto maiores os valores encontrados para as medidas de dispersão, maior o afastamento dos dados. Ou seja, menor a informação contida nas medidas de posição central calculadas, como a média ou a mediana.

a) Amplitude total: representa a diferença entre o maior e o menor valor numérico de um conjunto de dados analisados. Para determinar a amplitude, sugere-se que os dados estejam ordenados em um rol (números pertencentes a um conjunto dispostos em ordem crescente). A amplitude também é denominada intervalo, intervalo total ou *range*.

b) Variância: como forma de amenizar os problemas associados ao uso dos extremos empregados no cálculo do intervalo, outra alternativa envolveria o cálculo das médias dos desvios ao quadrado em torno da média, denominada variância.

A variância corresponde ao somatório do quadrado da diferença entre cada elemento e sua média aritmética, posteriormente dividido pela quantidade de elementos do conjunto. Algebricamente, a variância pode ser apresentada como:

$$\sigma^2 = \frac{\sum_{i=1}^{n}(x_i - \mu)^2}{n}$$

Onde:

x_i = elemento i do conjunto

μ = média aritmética

n = quantidade de elementos do conjunto

A maior desvantagem decorrente da análise da variância diz respeito à impossibilidade de comparação entre a variância e a média. Por exemplo, na análise das ações A e B, enquanto a média dos retornos está expressa em % ao mês, a variância está representada por (% ao mês)^2. Logo, a comparação torna-se difícil.

c) Desvio padrão: o desvio padrão resolve o problema decorrente da análise da variância – representado pelo fato de esta apresentar grandezas elevadas ao quadrado. O desvio padrão corresponde à raiz quadrada da variância, ou à raiz quadrada do somatório do quadrado da diferença entre os elementos de um conjunto e a sua média aritmética, posteriormente dividido pela quantidade de números do conjunto.

Algebricamente, o desvio padrão pode ser calculado mediante a seguinte equação:

$$\sigma = \sqrt{\sigma^2} = \sqrt{\frac{\sum_{i=1}^{n}(x_i - \mu)^2}{n}}$$

Onde:

x_i = elemento i do conjunto

μ = média aritmética

n = quantidade de elementos do conjunto

DESVIO PADRÃO E VARIÂNCIA AMOSTRAIS

Quando os dados analisados correspondem a uma amostra composta por menos de 30 elementos, a variância é calculada de forma polarizada, com a redução de um grau de liberdade do denominador ($n - 1$). No cálculo amostral, a variância é geralmente denominada pela letra s elevada ao quadrado. O desvio padrão amostral é representado por s. De forma resumida, o desvio padrão e a variância podem ser calculados de forma amostral (partes do todo) ou populacional (o todo), conforme apresentado na Figura 4.1.

Forma	Desvio Padrão	Variância
População (Todo)	$\sigma = \sqrt{\dfrac{\sum (x_i - \mu)^2}{n}}$	$\sigma^2 = \dfrac{\sum (x_i - \mu)^2}{n}$
Amostra (Parte do Todo)	$s = \sqrt{\dfrac{\sum (x_i - \bar{x})^2}{n - 1}}$	$s^2 = \dfrac{\sum (x_i - \bar{x})^2}{n - 1}$

Figura 4.1 *Desvio padrão e variância amostrais e populacionais.*

MEDIDAS DE ORDENAMENTO

As medidas de ordenamento fornecem uma ideia sobre a distribuição dos dados ordenados. Apresentam a vantagem de não serem afetadas pela forma de distribuição dos dados analisados ou por valores extremos.

a) Mediana: um exemplo de medida de posição já trabalhado anteriormente é dado pela mediana, que representa o ponto central de uma série **ordenada** de dados. Em relação à mediana, 50% dos dados são superiores e 50% inferiores. A mediana é, ao mesmo tempo, medida de posição central e de ordenamento.

Ao analisar uma pesquisa sobre gastos feitos em determinado *shopping center,* um analista de marketing encontra uma mediana igual a $ 80,00. Assim, com base na mediana, pode-se dizer que um cliente com gasto igual a $ 170,00 encontra-se acima da mediana. É um cliente que, relativamente, gasta mais.

Porém, a mediana representa apenas o ponto central da série. Muitas vezes, é preciso aumentar a informação da análise feita. Surge a necessidade do uso de outras medidas, como quartis, decis e percentis, que dividem a série ordenada de dados em quatro, dez e cem partes, respectivamente.

b) Quartis: dividem a distribuição ordenada em quatro partes iguais.

c) Decis: dividem a distribuição ordenada em dez partes iguais. Ampliam as informações contidas na mediana e nos quartis.

d) Percentis: dividem a distribuição ordenada em cem partes iguais.

MEDIDAS DE FORMA DA DISTRIBUIÇÃO

No processo de análise e interpretação de dados em estatística, uma das primeiras etapas consiste na tentativa da visualização das informações contidas nos dados, o que pode ser feito por meio do emprego de diferentes gráficos.

Quando o gráfico empregado for o histograma, a análise da curva de frequências exibida no gráfico pode empregar algumas medidas que analisam o formato da distribuição dos dados em relação a uma distribuição teórica de frequências ou probabilidades.

Uma das mais famosas distribuições teóricas de probabilidades apresenta uma distribuição de frequências em forma de sino. É chamada de distribuição Normal ou curva de Gauss.

A Figura 4.2 ilustra uma distribuição Normal. No caso, representa-se a distribuição das frequências das alturas de um grupo de indivíduos. Nota-se que, em torno do valor central 1,70, os indivíduos apresentam uma grande frequência ou probabilidade. À medida que nos afastamos da média, as frequências caem. Isso significa que a probabilidade de encontrar alguém deste universo com 1,10 m ou 2,30 m de altura seria muito baixa.

Diversos matemáticos analisaram a distribuição, encontrando um modelo teórico para a sua representação. A distribuição Normal é utilizada em diversas situações em Estatística e medidas de assimetrias e curtose analisam a proximidade ou o afastamento de um conjunto de dados em relação ao modelo teórico da distribuição.

Quando a análise envolve a distribuição das frequências em torno do eixo central da curva, diz-se tratar-se de uma análise de assimetrias. Quando a análise envolve o estudo do "achatamento" ou "alongamento" da curva, diz-se tratar-se de uma análise de curtoses.

As medidas de forma da distribuição possuem o propósito de comparar a distribuição de frequência dos dados analisados com o modelo teórico da distribuição gaussiana ou normal, que é analisada com maior profundidade no Capítulo 7 deste livro.

Segundo a distribuição normal, a observação das frequências de vários fenômenos resultaria em um gráfico com aspecto similar ao desenho de um sino. À medida que os dados se aproximam da média, ocorre um aumento da frequência analisada. À medida que os dados se afastam da média, ocorre uma diminuição das frequências dos valores encontrados e, consequentemente, das probabilidades.

Um exemplo da curva em forma de sino pode ser visto na Figura 4.2. A figura exibida ilustra o histograma elaborado após a análise das alturas de um grupo de 1.500 estudantes. Nota-se que em torno da média observada (1,70 m) concentra-se a maior parte dos valores analisados.

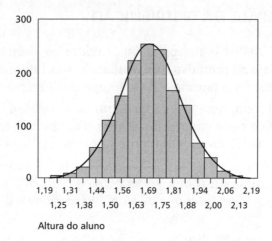

Figura 4.2 *Histograma das alturas de um grupo de alunos.*

Simplificando o exemplo anterior, é possível representar as frequências por meio de uma curva em forma de sino, conforme a Figura 4.3.

As aplicações da "mágica do sino", ou seja, da teoria desenvolvida após a modelagem da curva normal, permitem uma série de aplicações e desenvolvimentos teóricos em estatística. Podem-se, por exemplo, atribuir e calcular probabilidades mediante a aplicação de conceitos da distribuição gaussiana ou normal.

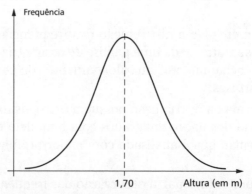

Figura 4.3 *Distribuição normal de probabilidades.*

As medidas de forma da distribuição analisam a distribuição das frequências dos dados estudados, com base na curva definida pela distribuição normal teórica com base em dois critérios distintos: simetria em relação ao eixo central – estudada pelas medidas de assimetria – e achatamento ou alongamento em relação à curva teórica – o que é feito pelas medidas de curtose.

a) Curtose: a análise de curtoses busca estudar o grau de *achatamento* ou *alongamento* da distribuição. A depender de como isso ocorra, diferentes podem ser a classificação da distribuição e as implicações decorrentes. As diferentes formas das distribuições podem ser vistas na Figura 4.4.

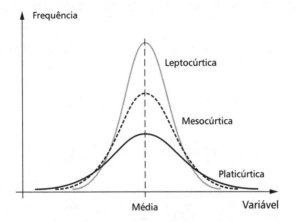

Figura 4.4 *Diferentes curtoses.*

A Figura 4.4 apresenta diferentes classificações para as curtoses. Curvas achatadas, ou também chamadas de curvas com "caudas gordas", apresentam menor curtose e são denominadas platicúrticas. Curvas perfeitas, nem achatadas, nem alongadas e de curtose mediana são chamadas de mesocúrticas. Curvas alongadas, com alta curtose, são chamadas de leptocúrticas.

O grau de curtose pode ser medido por meio da seguinte fórmula:

$$K = \frac{Q_3 - Q_1}{2 \cdot (p_{90} - p_{10})}$$

Onde:

Q_3 = 3º quartil

Q_1 = 1º quartil

P_{90} = 90º percentil

P_{10} = 10º percentil

A depender do valor encontrado para o coeficiente de curtose k, diferente será a denominação da distribuição:

a) $k = 0{,}263$: distribuição mesocúrtica, nem chata nem delgada.

b) $k < 0{,}263$: distribuição leptocúrtica, delgada.

c) $k > 0{,}263$: distribuição platicúrtica, achatada.

Para ilustrar, pede-se calcular a curtose do conjunto de dados apresentados a seguir.

1	2	3	4	5	6	7	8	9	10	11	12	13	14	15	16
62	65	76	82	98	106	110	119	122	137	140	159	193	197	201	219

O cálculo da curtose demanda, em um primeiro momento, o cálculo de quartis e percentis.

$$Q_1 = x \left[\frac{1 \cdot 16}{4} + \frac{1}{2} \right] = x_{4,5} = 90$$

$$Q_3 = x \left[\frac{3 \cdot 16}{4} + \frac{1}{2} \right] = x_{12,5} = 176$$

$$P_{10} = x \left[\frac{10 \cdot 16}{100} + \frac{1}{2} \right] = x_{2,1} = 66{,}1$$

$$P_{90} = x \left[\frac{90 \cdot 16}{100} + \frac{1}{2} \right] = x_{14,9} = 200{,}6$$

Os valores obtidos podem ser usados no cálculo da curtose.

$$K = \frac{Q_3 - Q_1}{2 \cdot (P_{90} - P_{10})} = \frac{176 - 90}{2 \cdot (200{,}6 - 66{,}1)} = 0{,}3197$$

O valor encontrado para o grau de curtose (0,3197) é maior que 0,263. Assim, a distribuição é considerada leptocúrtica, delgada.

b) Assimetria: a análise de assimetria mede o grau de afastamento de uma distribuição em relação a um eixo central, geralmente representado pela média. Em relação ao eixo central, as curvas podem ser simétricas – quando a média representa o próprio eixo de simetria, com iguais distribuições à esquerda e à direita – e assimétricas – quando a média não representa nenhuma simetria.

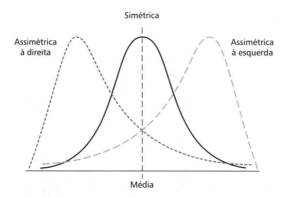

Figura 4.5 *Curvas simétricas e assimétricas.*

A Figura 4.5 ilustra as diferentes curvas. A simétrica, com eixo de simetria igual à própria média, e as assimétricas à direita – a curva pontilhada do gráfico, em que faltam dados à direita da distribuição –, e à esquerda – a curva tracejada do gráfico, em que faltam dados à esquerda.

O grau de assimetria de uma distribuição de frequências pode ser calculado por meio do primeiro ou do segundo coeficiente de Pearson.

1º Coeficiente de Pearson:

$$AS = \frac{\mu - M_o}{\sigma}$$

2º Coeficiente de Pearson:

$$AS = \frac{Q_1 + Q_3 - 2Q_2}{Q_3 - Q_1}$$

Onde:

μ = média

M_o = moda

σ = desvio padrão

Q_1 = 1º quartil

Q_2 = 2º quartil ou mediana

Q_3 = 3º quartil

Com base nos valores encontrados para o grau de assimetria, *AS*, as distribuições podem ser classificadas de diferentes formas, como simétrica, assimétrica negativa ou à esquerda e assimétrica positiva ou à direita.

Distribuições simétricas: apresentam grau de assimetria nulo, AS = 0. Nessa situação, média, moda e mediana são iguais. Veja a Figura 4.6.

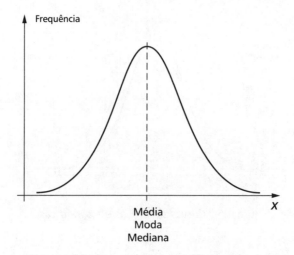

Figura 4.6 *Distribuição simétrica.*

Distribuição assimétrica positiva ou assimétrica à direita: apresenta grau de assimetria positivo, AS > 0. Nessa situação, a média é maior que a mediana, que é maior que a moda. Veja a ilustração da Figura 4.7.

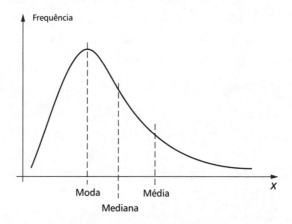

Figura 4.7 *Distribuição assimétrica positiva.*

Distribuições com assimetria positiva indicam situações com muitos valores baixos e muitos valores altos. Exemplos usuais são dados pelas distribuições de rendas ou salários, geralmente assimétricas à direita, com muitos ganhando pouco e poucos ganhando muito.

Um exemplo prático pode ser visto na variável faturamento no arquivo **filmes.sav**, conforme apresenta a Figura 4.8.

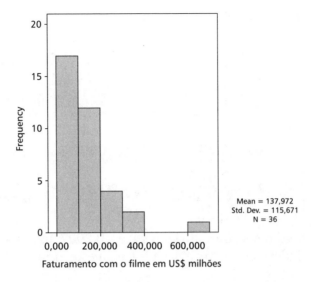

Figura 4.8   *Distribuição assimétrica positiva na variável faturamento (filmes.sav).*

Distribuição assimétrica negativa ou assimétrica à esquerda: apresenta grau de assimetria negativo, AS < 0. Nessa situação, a média é menor que a mediana, que é menor que a moda. Veja a ilustração da Figura 4.9.

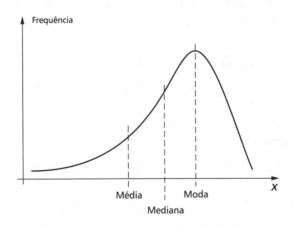

Figura 4.9   *Distribuição assimétrica negativa.*

Empregando os dados utilizados anteriormente, pede-se calcular o grau de assimetria, de acordo com o segundo coeficiente de Pearson.

1	2	3	4	5	6	7	8	9	10	11	12	13	14	15	16
62	65	76	82	98	106	110	119	122	137	140	159	193	197	201	219

Os quartis já foram calculados anteriormente.

$$Q_1 = x\left[\frac{1 \cdot 16}{4} + \frac{1}{2}\right] = x_{4,5} = 90$$

$$Q_2 = x\left[\frac{2 \cdot 16}{4} + \frac{1}{2}\right] = x_{8,5} = 120,5$$

$$Q_3 = x\left[\frac{3 \cdot 16}{4} + \frac{1}{2}\right] = x_{12,5} = 176$$

$$AS = \frac{Q_1 + Q_3 - 2Q_2}{Q_3 - Q_1} = \frac{90 + 176 - 2(120,5)}{176 - 90} = -0,2907$$

O grau de assimetria encontrado foi igual a – 0,2907, indicando que os dados apresentam distribuição assimétrica negativa ou à esquerda.

MEDIDAS ESTATÍSTICAS NO SPSS

O SPSS apresenta diferentes alternativas para o cálculo de medidas. As principais opções estão apresentadas a seguir. Todos os exemplos são apresentados para a variável peso da base de dados **carros.sav**.

As mais usuais alternativas podem ser encontradas no menu *Analisar > Estatísticas descritivas*, conforme apresenta a Figura 4.10.

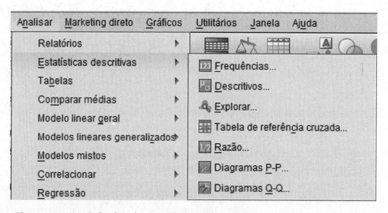

Figura 4.10 *Calculando estatísticas descritivas no SPSS (carros.sav).*

a) **Menu** *Frequências*: permite obter as frequências de uma variável.

Figura 4.11   *Menu* Frequências *(carros.sav)*.

Caso a variável seja quantitativa, podem-se solicitar as medidas também, conforme ilustra a Figura 4.12.

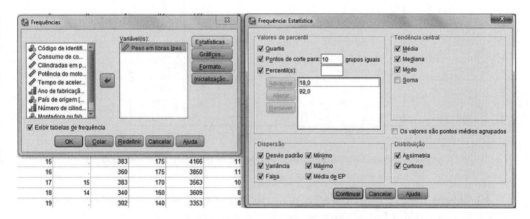

Figura 4.12   *Obtendo descritivas por meio do Menu* Frequências.

As opções apresentadas na Figura 4.12 permitem que diferentes estatísticas possam ser calculadas, como a média (*Mean*), mediana (*Median*), moda (*Mode*), soma (*Sum*), desvio padrão (*Std. Deviation*), variância (*Variance*), amplitude total ou intervalo (*Range*), mínimo (*Minimum*), máximo (*Maximum*), erro padrão da média (*S. E. mean*), assimetria (*Skewness*) e curtose (*Kurtosis*). Além disso, permite obter os diferentes percentis que calculam os quartis (*Quartiles*, que são os percentis 25º, 50º e 75º), decis (*Cut points for 10 equal groups* ou pontos de corte para 10 grupos iguais) e quaisquer outros percentis (*Percentiles*, no caso a Figura 4.12 solicita os percentis 18º e 82º). Os resultados estão apresentados na Figura 4.13.

Statistics

Peso em libras

N	Valid	200
	Missing	0
Mean		3188,01
Std. Error of Mean		66,565
Median		3096,00
Mode		1950[a]
Std. Deviation		941,366
Variance		886170,0
Skewness		,160
Std. Error of Skewness		,172
Kurtosis		-1,083
Std. Error of Kurtosis		,342
Range		4408
Minimum		732
Maximum		5140
Percentiles	10	2076,60
	18	2220,54
	20	2236,40
	25	2315,00
	30	2436,30
	40	2730,80
	50	3096,00
	60	3434,80
	70	3850,00
	75	4092,50
	80	4205,20
	82	4253,40
	90	4463,30

a. Multiple modes exist. The smallest value is shown

Figura 4.13   *Descritivas obtidas por meio do Menu* Frequências.

b) Menu *Descritivos*: como o próprio nome revela, permite obter as descritivas de uma variável ou de um conjunto de variáveis.

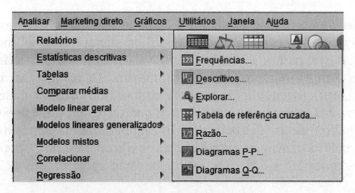

Figura 4.14   *Menu* Descritivos *(carros.sav).*

As opções do menu *Descritivos* apresentadas na Figura 4.15 mostram a possibilidade do cálculo da média (Mean), soma (*Sum*), desvio padrão (*Std. Deviation*), variância (*Variance*), amplitude total ou intervalo (*Range*), mínimo (*Minimum*), máximo (*Maximum*), erro padrão da média (*S. E. mean*), assimetria (*Skewness*) e curtose (*Kurtosis*).

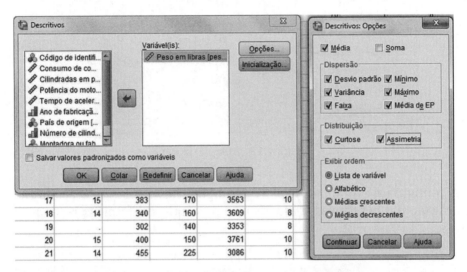

Figura 4.15   *Configurando o menu* Descritivos.

A Figura 4.15 apresenta uma alternativa que será explorada posteriormente e apresenta a possibilidade de calcular uma nova e padronizada variável (*Salvar valores padronizados como variáveis*), que por sua vez representa o afastamento de cada dado em relação à média, apresentado sobre a forma do número dos desvios padrão.

Descriptive Statistics

	N	Range	Minimum	Maximum	Mean		Std.	Variance	Skewness		Kurtosis	
	Statistic	Statistic	Statistic	Statistic	Statistic	Std. Error	Statistic	Statistic	Statistic	Std. Error	Statistic	Std. Error
Peso em libras	200	4408	732	5140	3188,01	66,565	941,366	886170,0	,160	,172	-1,083	,342
Valid N (listwise)	200											

Figura 4.16   *Estatísticas obtidas pelo menu* Descritivos.

Os resultados estão apresentados na Figura 4.16. As principais estatísticas descritivas foram calculadas.

c) **Menu *Explorar*:** também permite obter as descritivas de uma variável.

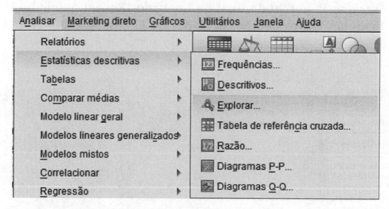

Figura 4.17 *Menu* Explorar.

A configuração do menu Explore é simples. Basta selecionar as alternativas para cálculo das descritivas (*Descritivos*) e percentis, conforme apresenta a Figura 4.18.

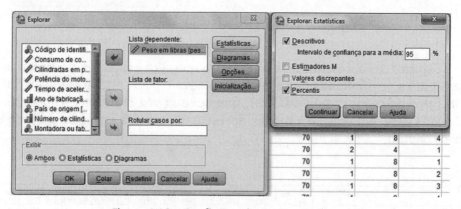

Figura 4.18 *Configurando o menu* Explorar.

O menu Explore apresenta como resultados, além das descritivas, os gráficos caule e folha e o caixa de dados. Os dois gráficos estão comentados no Capítulo 3, que apresenta a discussão sobre uso de gráficos.

Calculando e Interpretando Medidas Estatísticas   101

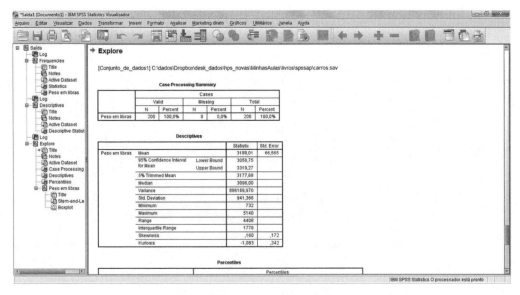

Figura 4.19   *Estatísticas obtidas pelo menu* Explorar.

A Figura 4.19 apresenta as estatísticas descritivas geradas pelo menu Explorar.

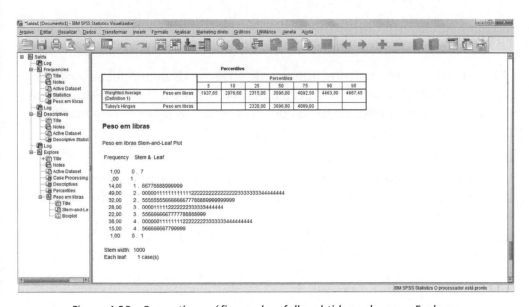

Figura 4.20   *Percentis e gráfico caule e folha obtidos pelo menu* Explorar.

Os percentis e o gráfico caule e folha gerados a partir do menu Explorar estão na Figura 4.20.

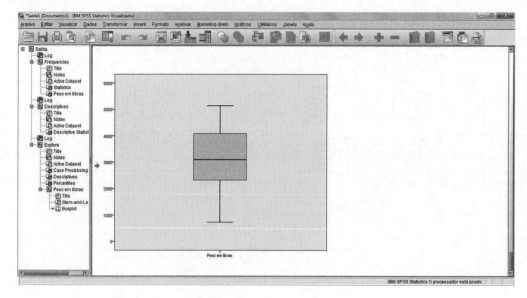

Figura 4.21   *Gráfico* caixa de dados *obtido pelo menu* Explorar.

O gráfico caixa de dados obtido pelo menu Explorar está na Figura 4.21.

EXERCÍCIOS

[1] Carregue a base de dados **filmes_infantis.sav**. Usando o menu *Analisar > Estatísticas descritivas > Explorar*, calcule o que se pede a seguir. Posteriormente, descubra as outras opções do SPSS que forneceriam as mesmas respostas.

[a] Qual a duração média dos filmes em minutos?

[b] Qual a duração mediana dos filmes da Disney em minutos?

[c] Compare a média e a mediana da variável uso de fumo no filme em segundos. O que é possível constatar e qual medida seria mais representativa para a posição central da amostra?

[d] Qual o valor da variância calculada para a variável Uso de álcool no filme em segundos?

[e] Qual o valor do desvio padrão calculado para a variável Uso de álcool no filme em segundos?

[f] Por que os números em [d] e [e] são tão diferentes?

[g] Comparando as médias, qual empresa produtora mais apresenta o uso de fumo nos filmes da amostra?

[h] Comparando as medianas, qual empresa produtora mais apresenta o uso de álcool nos filmes da amostra?

Calculando e Interpretando Medidas Estatísticas 103

[i] Comparando o desvio padrão da duração do filme, qual a produtora mais homogênea na duração dos filmes?

[j] Em relação à questão anterior, qual a produtora mais heterogênea em relação à duração dos seus filmes?

[2] Carregue a base de dados **filmes.sav**. Responda às questões formuladas a seguir.

[a] Qual o gasto médio dos filmes em $ milhões.

[b] Qual o faturamento mediano dos filmes do ano de 1997 em $ milhões.

[c] Compare a média e a mediana da variável faturamento no ano de 1997. O que é possível constatar? Explique por que a média e a mediana apresentam comportamentos distintos.

[d] Qual o valor da variância calculada para a variável nota do público?

[e] Qual o valor do desvio padrão calculado para a variável nota do público?

[f] Compare o desvio padrão das notas ano a ano. Em qual ano a variável nota se apresentou mais dispersa?

[g] Comparando o lucro médio (é preciso usar o menu *Transform* > *Compute* e calcular uma variável nova chamada lucro, lucro = faturamento – gasto). Analisando o lucro médio, em qual ano o desempenho financeiro foi melhor?

[h] Comparando as medianas, em qual ano o lucro mediano foi maior?

[i] Comparando o desvio padrão do lucro, em qual ano os lucros foram menos dispersos?

[j] Em relação à questão anterior, qual o ano mais disperso?

[3] Carregue a base de dados **filmes.sav**. Considere apenas a variável faturamento e selecione apenas os filmes de 1997.

[a] Qual a sua média?

[b] Qual a sua mediana?

[c] Qual a sua moda?

[d] Qual a sua variância?

[e] Qual o seu desvio padrão?

[f] O que explica as diferenças entre [a] e [b]?

[g] E no caso dos números calculados para [d] e [e], por que os valores são tão diferentes?

Para responder aos dois últimos exercícios, selecione todos os dados.

[h] Calcule e comente as principais estatísticas descritivas para a variável nota do público.

[i] Crie uma variável nova, chamada Lucro (lucro = faturamento – gastos) e use o recurso *compare means* para comparar a média, a mediana e o desvio padrão do lucro ano a ano. O que é possível constatar?

[j] Qual a média de duração de todos os filmes?

[4] Carregue a base de dados **filmes_infantis.sav**. Considere apenas a variável duração, selecione apenas os filmes da Disney e da MGM e use o recurso *dividir arquivo > comparar grupos* para poder responder ao que se pede a seguir.

[a] Qual produtora tem a maior média?

[b] Qual produtora tem a maior mediana?

[c] Qual produtora tem a maior moda?

[d] Qual produtora tem a maior variância?

[e] Qual produtora tem o maior desvio padrão?

[f] Comente o que pode ser analisado a partir das respostas anteriores. Quais as principais diferenças na duração das duas empresas?

Para responder aos dois últimos exercícios, selecione todos os dados. Use o recurso *comparar médias* para poder apresentar respostas às perguntas seguintes.

[g] Calcule e comente as estatísticas sobre o uso de fumo. O que é possível entender?

[h] Calcule e comente as estatísticas sobre o uso de álcool. O que é possível entender?

Selecione todos os casos da base e não segmente os *outputs* com o *Dados > Dividir arquivo*.

[i] Qual empresa apresenta maior duração média dos filmes?

[j] Qual empresa apresenta maior média para o uso de fumo?

[5] Os valores apresentados na tabela seguinte referem-se às vendas em $ 1.000,00 na semana passada de uma amostra de 12 lojas do *Shopping Center* Praia do Sol. Lembre-se das recomendações para a criação de bases de dados no SPSS apresentadas no primeiro capítulo e elabore uma base de dados no SPSS, estabelecendo os seguintes códigos: 1 – Lanchonete, 2 – Roupas masculinas, 3 – Presentes finos, 4 – Papelaria, 5 – Restaurante. Posteriormente, responda ao que se pede.

Segmento da loja	Vendas em $ 1.000,00
Lanchonete	15, 22, 17
Roupas masculinas	56, 78
Presentes finos	25, 51
Papelaria	9, 20, 15
Restaurante	102, 160

Para a variável Vendas, calcule:
[a] Média.
[b] Moda.
[c] Mediana.
[d] Variância.
[e] Desvio padrão.
[f] 3º Quartil.
[g] 57º Percentil.

Agrupe apenas as vendas de lanchonetes e restaurantes e calcule o que se pede.
[h] Média.
[i] Moda.
[j] Mediana.

RECURSOS DIDÁTICOS COMPLEMENTARES

O *site* <www.MinhasAulas.com.br> disponibiliza uma grande variedade de recursos complementares ao texto do livro, como bases de dados, *slides*, exercícios eletrônicos, relações de fórmulas e tabelas. Visite-o sempre!

5

Estimando e Testando Hipóteses

"Para bom entendedor, poucas palavras bastam."
Anônimo

OBJETIVOS DO CAPÍTULO

Alguns estudos estatísticos analisam amostras com o objetivo da generalização para o todo ou universo. Tais estudos são chamados de indutivos ou inferenciais. Quando o processo de amostragem probabilística é bem conduzido, os resultados podem ser generalizados. A estimativa da amostra pode servir como indicativo do parâmetro populacional. Mas, mesmo nestes casos, um erro decorrente da dispersão natural dos dados pode existir. Assim, além de uma estimativa pontual sobre o comportamento do que se estuda, costuma-se associar uma margem de erro, ou um erro inferencial. O processo de estimação costuma apresentar intervalos de confiança para a grandeza analisada.

Outro importante aspecto associado à análise de amostras faz referência à análise de eventuais suposições de generalizações sobre informações da amostra, o que costuma ser feito por meio dos testes de hipóteses.

Este capítulo discute e apresenta o processo de estimação e a construção de intervalos de confiança no SPSS e introduz os testes de hipóteses. Para facilitar a leitura e o aprendizado, são propostos inúmeros exercícios práticos.

TEORIA ELEMENTAR DA AMOSTRAGEM

A teoria elementar da amostragem é constituída pelo estudo dos processos de análise de parte representativa de um todo com o objetivo de generalização.

Para generalizar, a amostra deve possuir em mesmas proporções todas, ou praticamente todas, as características gerais desse todo a que se refere. A chave para um procedimento bem-feito consiste na representatividade da amostra em relação ao todo. A amostra deve ser probabilística.

Quando um pesquisador se depara com a necessidade de traçar um perfil, qualquer que seja, de um conjunto de pessoas, símbolos, objetos ou valores cuja quantidade total seja de difícil acesso, quer pela impossibilidade de sua contagem universal (exemplo: população de pessoas em uma cidade), quer pelo alto custo da análise de cada um dos elementos (exemplo: unidades de linha de produção de parafusos), procura-se extrair uma amostra representativa do objeto a ser analisado e dela identificam-se pontos comuns que permitam o entendimento do todo.

Para que a amostra referida venha a representar com o máximo de veracidade possível a população, ela deve ser representativa, ou seja, os elementos devem ser escolhidos sem que haja qualquer ponto de parcialidade na escolha dos dados formadores da amostra.

INFERÊNCIA ESTATÍSTICA E ESTIMAÇÃO

Estimar é a ação de fazer uma suposição generalizada a respeito de um todo baseado em informações lógicas sobre uma amostra. Essas informações podem ser retiradas aleatoriamente de uma parcela representativa do todo.

Para alcançar o objetivo da estimação, deve-se primeiramente formular algo que represente aquilo que se deseja pesquisar, geralmente chamado de problema. Por exemplo, qual o salário médio da população de trabalhadores da indústria química brasileira?

Naturalmente, dois procedimentos distintos poderiam ser empregados para responder à pergunta formulada. Todos os trabalhadores da indústria química poderiam ser estudados e a média dos seus salários poderia ser determinada. Essa solução poderia ser demorada e cara, mas, com certeza, a média de todos eles poderia ser calculada.

Uma solução mais simples, rápida e barata envolveria a análise de uma amostra. Apenas uma parte do universo de todos os trabalhadores seria analisada. A média desta amostra poderia ser projetada para o todo.

Assim, em boa parte das ocasiões, o processo estatístico inicia-se na seleção da amostra. A escolha desta deve ser absolutamente imparcial, para não haver o comprometimento do seu resultado. Após isso, usam-se as informações decorrentes da análise da amostra para formar os primeiros resultados da estatística descritiva, apresentados através de tabelas, gráficos, medidas de tendência central, medidas de dispersão ou correlações.

Com os primeiros resultados da amostra, já se podem descrever suas características e extrair algumas conclusões a respeito da população, ainda que, *gros-*

so modo, pois alguns fatores que limitariam a margem de erro ainda não estão aplicados. Por exemplo, uma amostra com 50 trabalhadores da indústria química apresentou um salário médio igual a $ 900,00. Em uma suposição inicial, pode-se imaginar que o salário do universo também seja, na média, igual a $ 900,00 – diferentemente da argumentação inicialmente formulada. Porém, algumas margens de erro inerentes ao estudo precisariam ser determinadas.

As margens de erro estabelecem e deixam claro o fato de a amostra não ser um reflexo pontual absolutamente fiel da população. Por exemplo, suponha que no ano passado tivesse sido feita uma pesquisa sobre a porcentagem de mulheres que obtiveram carteira de habilitação pela primeira vez, em comparação com a percentagem de homens. Imagine que o resultado obtido com base numa amostra aleatória, de todas as pessoas que tiraram sua habilitação no ano estudado, revelou que 75% dos indivíduos da amostra foram do sexo masculino e 25% do sexo feminino.

Para efeito de comparação dos dados em função do passar dos anos, no ano atual uma nova pesquisa foi feita, utilizando os mesmos critérios da primeira. Com base nos dados coletados, das pessoas que se habilitaram no ano atual 77% foram do sexo masculino e 23% do sexo feminino.

Seria possível concluir que, no universo analisado, menos pessoas do sexo feminino foram habilitadas no ano atual? Em relação à amostra, a constatação seria óbvia: 25% de mulheres no ano anterior contra 23% no ano atual. Porém, em relação à população, alguns cuidados devem ser tomados. Por exemplo, a pesquisa pode não ter aplicado fatores que minimizassem as margens de erro, como os critérios de representatividade amostral. Ou mesmo, em virtude de a amostra ter sido escolhida ao acaso, até a simples coincidência de casualmente se sortearem mais habilitações de mulheres no primeiro ano poderia ter ocorrido. Então se deve aceitar o fato de os dados permitirem conclusões possíveis ou até mesmo prováveis, mas não perfeitas.

No processo de amostragem, deseja-se entender ou projetar o parâmetro populacional com base em uma estimativa amostral. Parâmetros e estimativas:

> a) *Parâmetro* é uma função do conjunto de valores da população, tal como as estatísticas média aritmética e variância, desde que calculadas diretamente com os dados obtidos na população.
>
> b) *Estimativa* é o valor assumido pelo parâmetro em determinada amostra.

Por exemplo, em relação aos dados referentes aos salários dos trabalhadores da indústria química, com base na média encontrada para a amostra formada por 50 elementos e igual a $ 900,00, poderia ser estimada a média na população.

Estimando e Testando Hipóteses **109**

Logo, estimar parâmetros nada mais é do que se basear nos resultados da amostra para associá-los à população. No exemplo citado das carteiras de motorista, o parâmetro para análise foi a proporção. Já a estimativa, ou seja, o resultado no qual o pesquisador se baseia para caracterizar a população, foi de 75% (no caso dos homens, no ano anterior). Por conclusão, pode-se entender que o estimador apropriado de um parâmetro da população é simplesmente a estatística amostral correspondente.

Muitos critérios têm sido utilizados por estatísticos e matemáticos para escolher os estimadores apropriados para projetar, com base em dados de amostra, os parâmetros populacionais. Quando a estimativa é única, ou seja, apresenta um único valor, diz-se tratar de uma estimativa pontual. Os estimadores mais usados estão apresentados na Figura 5.1.

Estatística	Parâmetro populacional	Estimador
Média	μ	$\bar{x}$
Diferença entre as médias de duas populações	$\mu_1 - \mu_2$	$\bar{x}_1 - \bar{x}_2$
Proporção	p	$\bar{p}$
Diferença entre as proporções de duas populações	$p_1 - p_2$	$\bar{p}_1 - \bar{p}_2$
Desvio padrão	σ	s

Figura 5.1 *Alguns dos estimadores pontuais mais empregados em Estatística.*

ESTIMATIVA PONTUAL E INTERVALAR

A estimação, geralmente, pode ser apresentada de duas formas distintas na análise de um problema. Ela pode ser apresentada através de um ponto, valor único, ou por intervalo, conjunto de valores. A estimativa pontual determina o valor específico de um parâmetro, enquanto a estimativa intervalar fornece um intervalo de valores possíveis, no qual se admite esteja o parâmetro populacional.

Para o exemplo das proporções de habilitações, foi usada a estimativa pontual, já que esta apresentou valores relativos a um ponto específico. No caso das mulheres, 25% no ano passado e 23% no ano atual. Convertendo este exemplo para a estimativa intervalar, ter-se-ia, assim, um intervalo proporcional em que o resultado estaria dentro de um limite inferior e posterior à proporção encontrada. A estimativa intervalar poderia ser apresentada da seguinte forma: no ano passado, a proporção populacional de mulheres que tiraram sua carteira de habilitação esteve entre 24% e 26%, contra 76% e 74% dos homens, respectivamente.

A Figura 5.2 permite entender melhor a diferença entre estimativa pontual e intervalar.

Parâmetro Populacional	Pontual	Intervalar
Média	A renda *per capita* brasileira é de $ 3.500,00 por ano.	A renda *per capita* brasileira está entre $ 3.200,00 e $ 3.800,00 por ano.
Proporção	Somente 10% dos alunos de primeira série se formarão.	Entre 8% e 12% dos alunos que cursam a primeira série se formarão.
Desvio padrão	O desvio padrão da vida útil de uma lâmpada comum é de 2.000 horas.	O desvio padrão da vida útil de uma lâmpada comum está entre 1.800 e 2.200 horas.

Figura 5.2 *Exemplos de diferenças entre estimativa pontual e intervalar.*

DISTRIBUIÇÕES AMOSTRAIS E O TEOREMA DO LIMITE CENTRAL

Na análise de parâmetros amostrais, como a média, os valores encontrados para a amostra nem sempre serão iguais aos valores da população. Geralmente, para poder contemplar o erro possível, a estimativa do parâmetro populacional quase sempre é feita de forma intervalar: um conjunto possível de valores é determinado.

Para poder calcular o intervalo da estimação, é preciso modelar e trabalhar com a distribuição amostral do parâmetro estudado. Se o parâmetro estudado for a média, é preciso analisar a distribuição das médias amostrais: ou seja, a forma como as frequências de médias amostrais calculadas costumam se distribuir.

A validade do teorema do limite central torna-se importante no processo de estimação em grandes amostras, formadas por, no mínimo, 30 elementos.

> Teorema do limite central: para valores grandes do tamanho da amostra, *n* maior ou igual a 30, a distribuição das médias amostrais se comporta como uma distribuição normal, com média igual à média populacional e desvio padrão igual ao desvio padrão da variável original dividido pela raiz do tamanho da amostra.

Ou seja, de acordo com o teorema do limite central, independentemente da forma de distribuição das frequências da variável original sob análise, as médias amostrais dessa variável seguem uma distribuição amostral aproximadamente normal quando o tamanho da amostra for igual ou superior a 30 elementos.

Para ilustrar, considere o exemplo de um dado. Sendo perfeito e honesto, as frequências dos lances de um dado se comportam como uma distribuição uniforme. Todas as faces devem apresentar probabilidade de ocorrência igual a 1/6, 0,1667 ou 16,67%, aproximadamente. Quanto mais vezes o dado for lançado, mais próximas de 16,67% as frequências devem estar. Essa definição é apresentada na Lei dos Grandes Números e discutida mais adiante neste capítulo.

> Lei dos grandes números: estabelece que, com o aumento do tamanho da amostra, a distribuição de frequências relativas da amostra se aproxima da distribuição de frequências da população. À medida que o tamanho da amostra cresce, a média amostral converge para a média populacional.

A Figura 5.3 ilustra a validade do que foi dito. As frequências de 1.400 lances de um dado foram analisadas e apresentadas. Os números estão muito próximos, em torno de 1.400 ÷ 6, ou 233, aproximadamente.

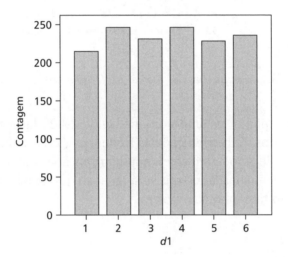

Figura 5.3   *Frequências das faces de 1.400 lances de um dado.*

A distribuição da variável original x, face do dado, é uniforme. Porém, o teorema central do limite estabelece que, para uma amostra formada por 30 ou mais dados, a distribuição das médias amostrais se comportará conforme uma distribuição normal, com frequências em forma de sino.

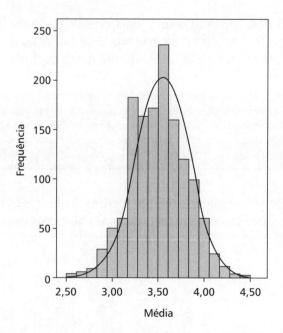

Figura 5.4   *Frequências das médias de 1.400 lances de 30 dados.*

A Figura 5.4 expõe o resultado da análise de 1.400 lances de uma amostra formada por 30 dados. A distribuição das frequências das médias amostrais apresenta-se em forma de sino, conforme uma distribuição normal. Nessas situações, o desvio padrão das médias amostrais será igual ao desvio padrão da variável original, dividido pelo tamanho da amostra.

$$\sigma_{-} = \frac{}{\sqrt{}}$$

O desvio padrão das médias amostrais é denominado erro padrão da média.

A validade do teorema central do limite facilita o processo de estimação em grandes amostras ou em amostras de qualquer tamanho extraídas de uma variável normalmente distribuída. Por outro lado, quando o número de elementos incluídos na amostra for inferior a 30, para poder estimar a distribuição das médias amostrais, é preciso assegurar a validade da premissa da distribuição populacional ser normal. Testes apropriados podem ser empregados na análise da forma de distribuição da população, como o de Kolmogorov-Smirnov.

Caso o tamanho da amostra seja inferior a 30 elementos e a distribuição populacional não se comporte como uma distribuição normal, novos cuidados precisam ser tomados. Sugere-se um aumento do tamanho da amostra ou o uso de procedimentos não paramétricos, que não assumam prerrogativas sobre a distribuição da variável original.

A DISTRIBUIÇÃO NORMAL[1]

A distribuição normal é, possivelmente, a mais empregada e difundida distribuição teórica de probabilidades. Consiste em uma distribuição contínua de probabilidades, em que a apresentação da distribuição de frequências $f(x)$ de uma variável quantitativa x costuma apresentar-se em forma de sino e simétrica em relação à média.

O estudo da distribuição normal recebeu contribuições de matemáticos importantes, como De Moivre, Laplace e Gauss. Alguns estudos revelaram que medições repetidas de uma mesma grandeza, como o diâmetro de uma esfera ou o peso de determinado objeto, nunca forneciam os mesmos valores. Porém, a representação das frequências dos diversos números coletados sempre resultava em uma curiosa curva em forma de sino. Das observações surgiu o nome curva "normal" dos erros.

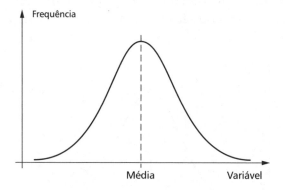

Figura 5.5 *Curva "normal" dos erros.*

A curva representada na Figura 5.5 ilustra algumas características importantes, que podem ser descritas como:

a) a curva que representa a distribuição de probabilidade é frequentemente descrita como curva em forma de sino ou curva de Gauss ou de De Moivre;

b) a distribuição é simétrica em torno da média;

c) a curva não chega a tocar no eixo das abscissas, variando de − a +;

d) a distribuição normal fica delimitada pelo seu desvio padrão e sua média. Para cada combinação de sua média e desvio padrão, gera uma distribuição normal diferente;

e) a área sob a curva corresponde à proporção 1 ou à percentagem 100%;

---

[1] Para saber mais sobre a Distribuição Normal, consulte o livro *Estatística aplicada à gestão empresarial*, publicado pela Editora Atlas.

f) a área sob a curva entre dois pontos corresponde à probabilidade do valor de uma variável aleatória entre aqueles pontos;

g) a curva normal admite uma única ordenada máxima (pico), situada na média; assim, as medidas de tendência central, média, mediana e moda apresentam o mesmo valor.

Os conceitos associados à distribuição normal são simples. Em torno da média, valor central, registra-se alta concentração de frequências ou probabilidade maior de ocorrência. À medida que nos afastamos da média, as frequências são reduzidas. A probabilidade de encontrarmos valores mais distantes da média diminui. Quanto mais longe da média e dos valores centrais, menores as frequências e as probabilidades.

Para ilustrar, supondo que a altura de um grupo de indivíduos masculinos adultos seja normalmente distribuída, com média igual a 1,70, a distribuição das frequências da variável poderia ser feita com base na Figura 5.6.

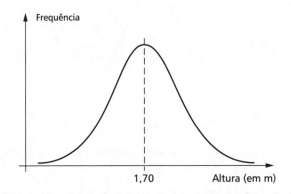

Figura 5.6 *Distribuição das alturas de indivíduos masculinos.*

Em torno da média, valor central e igual a 1,70, existe uma alta concentração de frequências. A probabilidade de encontrar indivíduos com alturas em torno da média, como 1,68 m ou 1,71 m, é alta. À medida que nos afastamos da média, a probabilidade cai. A probabilidade de encontrar indivíduos com 1,40 m ou 2,20 m é baixa.

Para obter probabilidades associadas à distribuição normal, pode-se aplicar uma regra prática, geralmente envolvendo a construção de limites com um, dois e três desvios padrões, determinam-se os seguintes intervalos:

a) $\bar{x} \pm 1s$: nas distribuições simétricas, com distribuição de frequências em forma de sino, 68% dos valores deverão estar contidos em um intervalo de um desvio padrão em torno da média. Para distribuições assimétricas com acentuada inclinação para um dos lados, a porcentagem se aproxima de 90%;

b) $\bar{x} \pm 2s$: nas distribuições simétricas, com distribuição de frequências em forma de sino, 95% dos valores deverão estar contidos em um intervalo de dois desvios padrões em torno da média. Para distribuições assimétricas com acentuada inclinação para um dos lados, a porcentagem se aproxima de 100%;

c) $\bar{x} \pm 3s$: para todas as distribuições, com distribuição de frequências em forma de sino, aproximadamente 100% dos valores deverão estar contidos em um intervalo de três desvios padrões em torno da média.

A regra prática apresentada pode ser igualmente vista em tabelas padronizadas, que apresentam valores para áreas situadas sob a curva. Para simplificar as operações com cálculos de probabilidades e dispensar a necessidade de obtenção de integrais definidas, geralmente optamos pelo uso destas tabelas. No lugar de trabalhar com médias e desvios padrões distintos, o uso das tabelas requer o cálculo de uma variável padronizada Z.

A variável padronizada Z apresenta o afastamento em desvios padrões de um valor da variável original em relação à média. O uso de Z permite calcular probabilidades com o auxílio de tabelas padronizadas, que tornam os cálculos mais simples e dispensam o uso de integrais definidas.

Algebricamente, o valor de Z pode ser apresentado na seguinte equação:

$$Z = \frac{x - \mu}{\sigma}$$

Onde: σ = desvio padrão; μ = média; x = variável normal de média μ e de desvio padrão σ.

Em um exemplo fictício, sabe-se que os pontos obtidos por diferentes candidatos em um concurso público seguem uma distribuição aproximadamente normal, com média igual a 140 e desvio padrão igual a 20 pontos.

Caso um pesquisador desejasse obter a probabilidade de um candidato escolhido ao acaso apresentar uma pontuação entre 140 e 165,60 pontos, poderia usar os conceitos associados à distribuição normal.

O primeiro passo, sugerido didaticamente, consiste na representação sob a curva da área desejada. Veja o exemplo da Figura 5.7. Naturalmente, 140 é igual ao valor da média e deve ser representado no centro da curva simétrica. O valor 165,60 é superior à média e deve ser representado à direita.

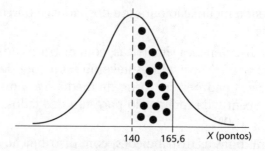

Figura 5.7   *Probabilidade entre 140 e 165,6.*

O passo mais fácil para obter a área desejada envolve a padronização dos valores associados à variável original x. Assim, é preciso obter os valores de uma variável padronizada Z, que representa o número de desvios de afastamento de x em relação à média. Para obter o valor de Z, basta subtrair a média de x, dividindo a diferença pelo valor do desvio. Veja a fórmula seguinte.

$$Z = \frac{x - \mu}{\sigma}$$

Calculando os valores da variável padronizada Z, tem-se que:

Para $x = 140$: $Z = \dfrac{x - \mu}{\sigma} = \dfrac{140 - 140}{20} = 0$

Essa é conclusão óbvia. Para x igual à própria média, o número de desvios de afastamento de x em relação à média é igual a zero.

Para $x = 165{,}60$: $Z = \dfrac{x - \mu}{\sigma} = \dfrac{165{,}6 - 140}{20} = 1{,}28$

Os valores na escala padronizada estão representados na Figura 5.8.

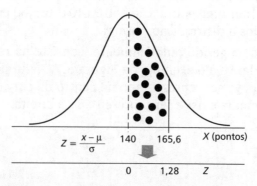

Figura 5.8   *Calculando variáveis padronizadas.*

Para obter o valor da probabilidade de x situar-se entre 140 e 165,60, bastaria buscar o valor da área correspondente a 1,28 na tabela padronizada. Note que podem existir diferentes tabelas padronizadas, que informem, por exemplo, o valor de $-\infty$ a x, o valor de x a ∞ e tantas outras. Porém, a tabela mais usual, apresentada na Tabela 5.1, informa o valor da área entre a média e x. Assim, para a situação apresentada, o resultado seria imediato.

Tabela 5.1 *Distribuição normal padronizada para valores entre a média e Z.*

Z	0,00	0,01	0,02	0,03	0,04	0,05	0,06	0,07	0,08	0,09
0,00	(0,0000)	0,0040	0,0080	0,0120	0,0160	0,0199	0,0239	0,0279	0,0319	0,0359
0,10	0,0398	0,0438	0,0478	0,0517	0,0557	0,0596	0,0636	0,0675	0,0714	0,0753
0,20	0,0793	0,0832	0,0871	0,0910	0,0948	0,0987	0,1026	0,1064	0,1103	0,1141
0,30	0,1179	0,1217	0,1255	0,1293	0,1331	0,1368	0,1406	0,1443	0,1480	0,1517
0,40	0,1554	0,1591	0,1628	0,1664	0,1700	0,1736	0,1772	0,1808	0,1844	0,1879
0,50	0,1915	0,1950	0,1985	0,2019	0,2054	0,2088	0,2123	0,2157	0,2190	0,2224
0,60	0,2257	0,2291	0,2324	0,2357	0,2389	0,2422	0,2454	0,2486	0,2517	0,2549
0,70	0,2580	0,2611	0,2642	0,2673	0,2704	0,2734	0,2764	0,2794	0,2823	0,2852
0,80	0,2881	0,2910	0,2939	0,2967	0,2995	0,3023	0,3051	0,3078	0,3106	0,3133
0,90	0,3159	0,3186	0,3212	0,3238	0,3264	0,3289	0,3315	0,3340	0,3365	0,3389
1,00	0,3413	0,3438	0,3461	0,3485	0,3508	0,3531	0,3554	0,3577	0,3599	0,3621
1,10	0,3643	0,3665	0,3686	0,3708	0,3729	0,3749	0,3770	0,3790	0,3810	0,3830
1,20	0,3849	0,3869	0,3888	0,3907	0,3925	0,3944	0,3962	0,3980	0,3997	0,4015
1,30	0,4032	0,4049	0,4066	0,4082	0,4099	0,4115	0,4131	0,4147	0,4162	0,4177
1,40	0,4192	0,4207	0,4222	0,4236	0,4251	0,4265	0,4279	0,4292	0,4306	0,4319
1,50	0,4332	0,4345	0,4357	0,4370	0,4382	0,4394	0,4406	0,4418	0,4429	0,4441
1,60	0,4452	0,4463	0,4474	0,4484	0,4495	0,4505	0,4515	0,4525	0,4535	0,4545
1,70	0,4554	0,4564	0,4573	0,4582	0,4591	0,4599	0,4608	0,4616	0,4625	0,4633
1,80	0,4641	0,4649	0,4656	0,4664	0,4671	0,4678	0,4686	0,4693	0,4699	0,4706
1,90	0,4713	0,4719	0,4726	0,4732	0,4738	0,4744	0,4750	0,4756	0,4761	0,4767
2,00	0,4772	0,4778	0,4783	0,4788	0,4793	0,4798	0,4803	0,4808	0,4812	0,4817
2,10	0,4821	0,4826	0,4830	0,4834	0,4838	0,4842	0,4846	0,4850	0,4854	0,4857
2,20	0,4861	0,4864	0,4868	0,4871	0,4875	0,4878	0,4881	0,4884	0,4887	0,4890
2,30	0,4893	0,4896	0,4898	0,4901	0,4904	0,4906	0,4909	0,4911	0,4913	0,4916
2,40	0,4918	0,4920	0,4922	0,4925	0,4927	0,4929	0,4931	0,4932	0,4934	0,4936
2,50	0,4938	0,4940	0,4941	0,4943	0,4945	0,4946	0,4948	0,4949	0,4951	0,4952
2,60	0,4953	0,4955	0,4956	0,4957	0,4959	0,4960	0,4961	0,4962	0,4963	0,4964
2,70	0,4965	0,4966	0,4967	0,4968	0,4969	0,4970	0,4971	0,4972	0,4973	0,4974
2,80	0,4974	0,4975	0,4976	0,4977	0,4977	0,4978	0,4979	0,4979	0,4980	0,4981
2,90	0,4981	0,4982	0,4982	0,4983	0,4984	0,4984	0,4985	0,4985	0,4986	0,4986
3,00	0,4987	0,4987	0,4987	0,4988	0,4988	0,4989	0,4989	0,4989	0,4990	0,4990
3,10	0,4990	0,4991	0,4991	0,4991	0,4992	0,4992	0,4992	0,4992	0,4993	0,4993
3,20	0,4993	0,4993	0,4994	0,4994	0,4994	0,4994	0,4994	0,4995	0,4995	0,4995
3,30	0,4995	0,4995	0,4995	0,4996	0,4996	0,4996	0,4996	0,4996	0,4996	0,4997
3,40	0,4997	0,4997	0,4997	0,4997	0,4997	0,4997	0,4997	0,4997	0,4997	0,4998

A obtenção da probabilidade que corresponde a Z deve ser feita com o cruzamento dos dois primeiros algarismos de Z, apresentados na primeira coluna da tabela padronizada, com o terceiro algarismo de Z, apresentado na primeira linha. O valor 1,28 pode ser apresentado como a soma dos dois primeiros algarismos, representados por 1,20, com o terceiro algarismo, representado por 0,08.

O cruzamento do valor 1,20 na primeira coluna com o valor 0,08 na primeira linha permite obter o valor da área sob a curva para Z igual a 1,28. Veja a ilustração seguinte.

Tabela 5.2 Área sob a curva para Z igual a 1,28.

Z	0,00	0,01	0,02	0,03	0,04	0,05	0,06	0,07	0,08	0,09
1,20	0,3849	0,3869	0,3888	0,3907	0,3925	0,3944	0,3962	0,3980	0,3997	0,4015
1,30	0,4032	0,4049	0,4066	0,4082	0,4099	0,4115	0,4131	0,4147	0,4162	0,4177
1,40	0,4192	0,4207	0,4222	0,4236	0,4251	0,4265	0,4279	0,4292	0,4306	0,4319

Assim, a probabilidade para Z igual a 1,28 é igual a 0,3997 ou 39,97%. Pode-se dizer, então, que a probabilidade de encontrar um candidato com pontuação entre 140 e 165,6 pontos é igual a 39,97%.

USANDO A DISTRIBUIÇÃO NORMAL PARA IDENTIFICAR VALORES EXTREMOS (*OUTLIERS*) NO SPSS

Um dos maiores desafios associados à análise de dados em Estatística faz referência à identificação e ao posterior tratamento dos *outliers* ou valores extremos. Uma alternativa disponibilizada pelo SPSS para a identificação de *outliers* consiste no uso de *boxplots* ou caixas de dados. Outra solução envolve a criação de uma variável nova, padronizada, conforme apresenta a Figura 5.9.

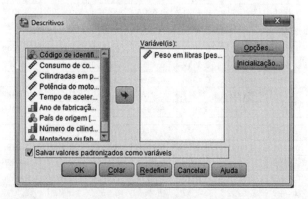

Figura 5.9 *Calculando estatísticas descritivas e variável padronizada para peso.*

Estimando e Testando Hipóteses 119

A criação de uma variável padronizada pode ser feita mediante o uso do menu *Analisar > Estatísticas descritivas > Descritivos*, ilustrada na Figura 5.9. Para isso, bastaria clicar sobre a opção *Salvar valores padronizados como variáveis*.

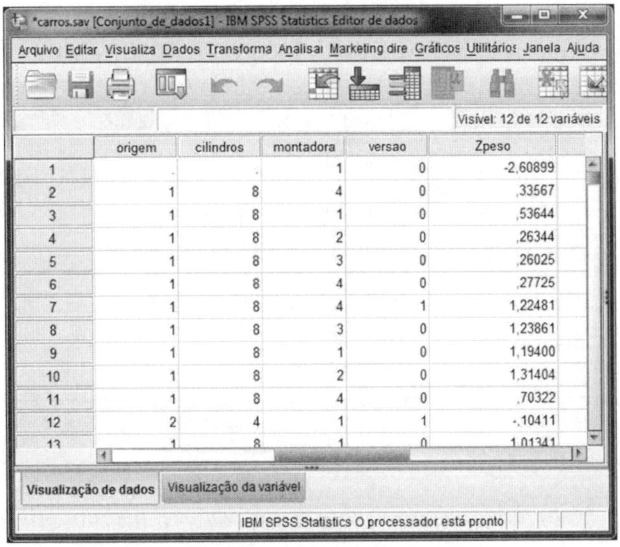

Figura 5.10 *Nova variável padronizada calculada (carros.sav).*

Uma nova variável seria criada e incorporada na base de dados, conforme apresenta a Figura 5.10.

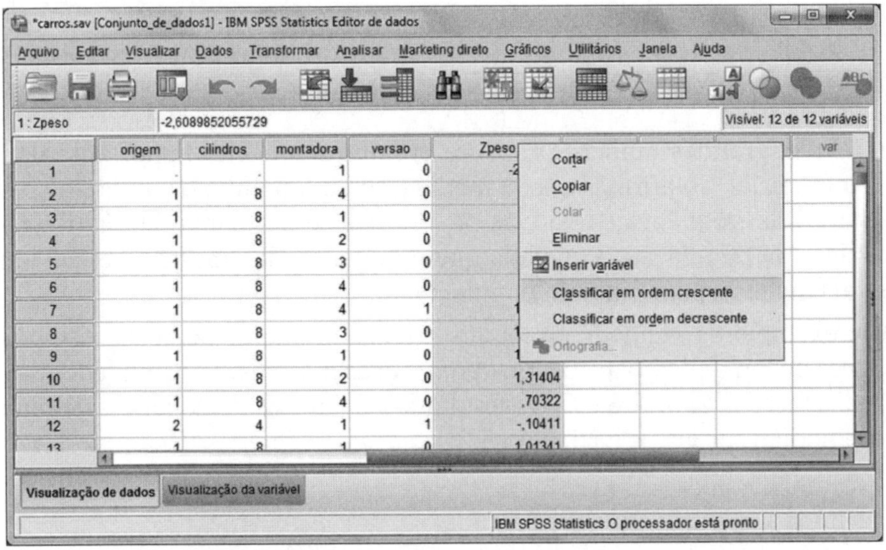

Figura 5.11 *Ordenando a variável padronizada (carros.sav).*

A identificação dos valores extremos seria simples após a ordenação da variável. Para isso, bastaria colocar o *mouse* sobre o nome da variável, clicando com o botão direito e selecionando a opção *Classificar em ordem crescente*, conforme apresenta a Figura 5.11.

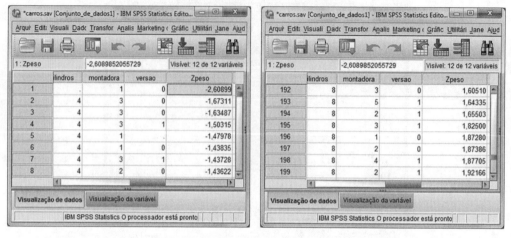

Figura 5.12 *Menores e maiores valores para a variável padronizada (carros.sav).*

O resultado após a classificação está na Figura 5.12. No caso, existem dois valores extremos. Um valor baixo (da montadora Calhambeque com Z igual a –2,60899) e um valor alto (da montadora Veloz, com Z igual a 2,07357).

Observação importante: os percentis também poderiam ser usados para a identificação de valores extremos.

A LEI DOS GRANDES NÚMEROS

A lei dos grandes números consiste em outro conceito importante da Estatística inferencial, ao afirmar que, à medida que o tamanho da amostra cresce, a distribuição de frequências relativas da amostra se aproxima da distribuição de frequências da população. À medida que o tamanho da amostra cresce, a média amostral converge para a média populacional.

Um exemplo da validade da lei dos grandes números pode ser visto através dos lances de um dado honesto, que apresenta as mesmas probabilidades de ocorrência das faces 1, 2, 3, 4, 5 e 6. Os resultados aleatórios de 20 lances de um dado honesto podem ser vistos na Tabela 5.3.

Tabela 5.3 *Resultado de 20 lances de dados.*

Lance	Face	Média
1	4	4,00
2	6	5,00
3	6	5,33
4	2	4,50
5	2	4,00
6	2	3,67
7	2	3,43
8	4	3,50
9	4	3,56
10	2	3,40
11	6	3,64
12	5	3,75
13	6	3,92
14	2	3,79
15	1	3,60
16	3	3,56
17	6	3,71
18	6	3,83
19	1	3,68
20	1	3,55

O valor esperado para o resultado do lance de um dado deveria ser igual à soma dos resultados, ponderada pela probabilidade de ocorrência. Assim, o valor esperado, ou a média, decorrente do lance de um dado honesto deveria ser igual a:

$$E(X) = (1 \times 1/6) + (2 \times 1/6) + (3 \times 1/6) + (4 \times 1/6) +$$
$$(5 \times 1/6) + (6 \times 1/6) = 3,5$$

Com base no valor esperado do lance do dado, imagina-se que, após infinitas simulações, o valor médio obtido, isto é, a média populacional, seria igual a 3,5.

A Tabela 5.3 ilustra a validade da lei dos grandes números: à medida que o número de lances do dado aumentou, os valores esperados dos dados empíricos, ou médias (3,55), convergiram para o valor teórico populacional (3,5). O gráfico apresentado na Figura 5.13 ajuda a ilustrar a validade da lei dos grandes números: à medida que o número de lances aumenta, a média das faces obtidas torna--se cada vez próxima do valor da média populacional, 3,5.

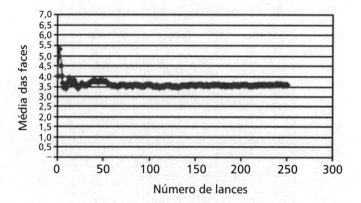

Figura 5.13 *Resultado de 250 lances de dados.*

Outro exemplo pode ser visto através do lance de uma moeda honesta, considerando a face cara igual a zero e a face coroa igual a um. O valor esperado, ou média populacional dos lances, seria igual à soma dos resultados ponderada pela probabilidade de ocorrência. Veja a expressão algébrica seguinte:

$$E(x) = (1 \times 1/2) + (0 \times 1/2) = 1/2 = 0{,}50$$

A Figura 5.14 ilustra a evolução obtida para a média: à medida que o número de lances aumenta, ocorre uma convergência da média amostral para a média populacional, igual a 0,50.

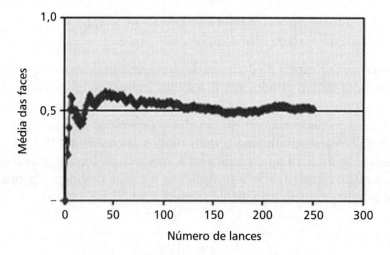

Figura 5.14 *Resultado de 25 lances de moeda.*

ENTENDENDO O ERRO INFERENCIAL

Segundo o teorema central do limite, à medida que *n* cresce, as médias amostrais vão progressivamente tendendo a uma distribuição limite, que é a distribuição normal. Para efeitos práticos, com *n* maior ou igual a 30, a aproximação é muito boa. A média das médias amostrais é aproximadamente igual à média populacional. Porém, o erro inferencial inerente ao processo precisa sempre ser considerado.

Veja o exemplo apresentado na Figura 5.15. Imagine que, no estudo das características de uma amostra, tenha sido obtido o valor médio da variável peso igual a 24,2 kg. Sabe-se que, de acordo com o teorema do limite central, o valor da média populacional apresenta uma distribuição aproximadamente normal, podendo ser superior ou inferior ao valor encontrado da média amostral.

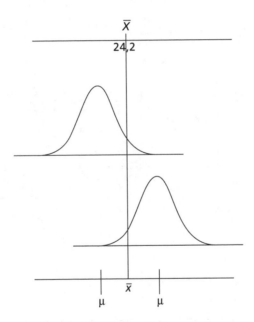

Figura 5.15 *Média amostral e populacional.*

Para poder inferir o valor da média populacional com base na média amostral, seria necessário associar um erro à média das amostras. O parâmetro populacional será igual à estimativa amostral, associada ao erro do processo de inferência, conforme apresenta a Figura 5.16.

> Parâmetro populacional = Estimativa amostral ± erro inferencial

Figura 5.16 *Inferência por meio de intervalo de confiança.*

Conforme apresentado na Figura 5.16, no processo de generalização ou inferência, o erro inferencial precisa ser calculado.

ESTIMAÇÃO OU INFERÊNCIA DA MÉDIA DE UMA POPULAÇÃO

De modo geral, para poder estimar a média populacional a partir de um conjunto de dados amostrais, deve-se aplicar o fluxograma dado na Figura 5.17.

Quando o tamanho da amostra for igual ou maior que 30, use a distribuição normal para determinar o valor de z, associado ao nível de confiança do estudo. Se o tamanho da amostra é menor que 30, mas a população for aproximadamente normal e o valor do desvio populacional é conhecido também, deve-se usar a distribuição normal.

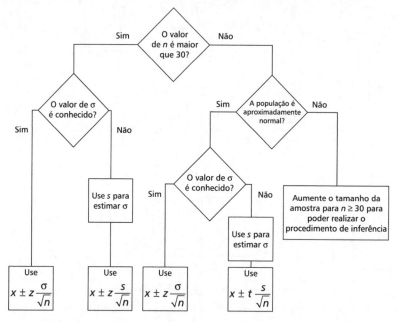

Figura 5.17   *Estimação da média para populações finitas*.

Porém, se a amostra contém menos que 30 elementos, a população é normalmente distribuída e o desvio padrão populacional não é conhecido, deve-se empregar uma distribuição diferente – a distribuição de Student –, apresentada mais adiante.

Em um caso extremo, se o tamanho da amostra é menor que 30 e a população não está normalmente distribuída, ou aumenta-se o tamanho da amostra, ou não se podem efetuar estimativas com base na distribuição normal ou de Student.

a) Desvio padrão populacional conhecido e população infinita: para estimar a média de uma população, seja esta grande ou pequena, é necessário o estabelecimento do desvio padrão populacional, sendo importante salientar que, quanto maior o tamanho da amostra, menor é o desvio padrão das médias amostrais. Assim sendo, mais próxima a média amostral estará da média real da população. De forma inversa, quanto menor for o tamanho da amostra, maior será o desvio padrão das médias amostrais e mais distante a média amostral estará da média populacional.

Quando o desvio padrão populacional é conhecido, a estimativa pontual é igual à própria média amostral. A estimativa intervalar da média da população será igual à média amostral somada ou subtraída de um erro inferencial, ou:

$$\mu = \bar{x} \pm z\sigma_{\bar{x}}$$

Como, algebricamente, o desvio padrão das médias populacionais é definido como o desvio padrão populacional dividido pela raiz de n, ou:

$$\sigma_{\bar{x}} = \frac{\sigma}{\sqrt{n}}$$

A fórmula algébrica para a estimativa intervalar da média populacional será igual a:

$$\mu = \bar{x} \pm z\frac{\sigma}{\sqrt{n}}$$

b) Desvio padrão populacional desconhecido e população infinita: para amostras grandes, quando o desvio padrão da população é desconhecido, utiliza-se o desvio padrão da amostra como estimativa, substituindo-se $\sigma_{\bar{x}}$ por $s_{\bar{x}}$. A fórmula de inferência da média pouco se altera:

$$\mu = \bar{x} \pm z\frac{s}{\sqrt{n}}$$

Inferências efetuadas nessas situações não acarretam grandes dificuldades ou alterações de procedimentos, pois o desvio padrão amostral dá uma aproximação bastante razoável do verdadeiro valor na maioria dos casos. Pelo teorema do limite central, sabe-se que, quando o tamanho da amostra é superior a 30, a distribuição das médias amostrais é aproximadamente normal. Logo, a distribuição normal e o valor de z podem ser empregados nos cálculos.

Todavia, para amostras formadas por menos de 30 observações e com o desvio padrão populacional desconhecido, a aproximação normal não é adequada. Nessas situações, deve-se utilizar uma distribuição diferente, que permite conduzir inferências nestes casos. A distribuição adequada é a distribuição de Student ou distribuição t.

Tabela 5.4 Tabela para a distribuição de Student com os valores t.

Graus de liberdade (n − 1)	α bicaudal									
	0,10	0,09	0,08	0,07	0,06	0,05	0,04	0,03	0,02	0,01
	α unicaudal									
	0,05	0,045	0,04	0,035	0,03	0,025	0,02	0,015	0,01	0,005
1	6,3137	7,0264	7,9158	9,0579	10,578	12,706	15,894	21,205	31,821	63,655
2	2,9200	3,1040	3,3198	3,5782	3,8964	4,3027	4,8487	5,6428	6,9645	9,9250
3	2,3534	2,4708	2,6054	2,7626	2,9505	3,1824	3,4819	3,8961	4,5407	5,8408
4	2,1318	2,2261	2,3329	2,4559	2,6008	2,7765	2,9985	3,2976	3,7469	4,6041
5	2,0150	2,0978	2,1910	2,2974	2,4216	2,5706	2,7565	3,0029	3,3649	4,0321
6	1,9432	2,0192	2,1043	2,2011	2,3133	2,4469	2,6122	2,8289	3,1427	3,7074
7	1,8946	1,9662	2,0460	2,1365	2,2409	2,3646	2,5168	2,7146	2,9979	3,4995
8	1,8595	1,9280	2,0042	2,0902	2,1892	2,3060	2,4490	2,6338	2,8965	3,3554
9	1,8331	1,8992	1,9727	2,0554	2,1504	2,2622	2,3984	2,5738	2,8214	3,2498
10	1,8125	1,8768	1,9481	2,0283	2,1202	2,2281	2,3593	2,5275	2,7638	3,1693
11	1,7959	1,8588	1,9284	2,0067	2,0961	2,2010	2,3281	2,4907	2,7181	3,1058
12	1,7823	1,8440	1,9123	1,9889	2,0764	2,1788	2,3027	2,4607	2,6810	3,0545
13	1,7709	1,8317	1,8989	1,9742	2,0600	2,1604	2,2816	2,4358	2,6503	3,0123
14	1,7613	1,8213	1,8875	1,9617	2,0462	2,1448	2,2638	2,4149	2,6245	2,9768
15	1,7531	1,8123	1,8777	1,9509	2,0343	2,1315	2,2485	2,3970	2,6025	2,9467
16	1,7459	1,8046	1,8693	1,9417	2,0240	2,1199	2,2354	2,3815	2,5835	2,9208
17	1,7396	1,7978	1,8619	1,9335	2,0150	2,1098	2,2238	2,3681	2,5669	2,8982
18	1,7341	1,7918	1,8553	1,9264	2,0071	2,1009	2,2137	2,3562	2,5524	2,8784
19	1,7291	1,7864	1,8495	1,9200	2,0000	2,0930	2,2047	2,3457	2,5395	2,8609
20	1,7247	1,7816	1,8443	1,9143	1,9937	2,0860	2,1967	2,3362	2,5280	2,8453
21	1,7207	1,7773	1,8397	1,9092	1,9880	2,0796	2,1894	2,3278	2,5176	2,8314
22	1,7171	1,7734	1,8354	1,9045	1,9829	2,0739	2,1829	2,3202	2,5083	2,8188
23	1,7139	1,7699	1,8316	1,9003	1,9783	2,0687	2,1770	2,3132	2,4999	2,8073
24	1,7109	1,7667	1,8281	1,8965	1,9740	2,0639	2,1715	2,3069	2,4922	2,7970
25	1,7081	1,7637	1,8248	1,8929	1,9701	2,0595	2,1666	2,3011	2,4851	2,7874
26	1,7056	1,7610	1,8219	1,8897	1,9665	2,0555	2,1620	2,2958	2,4786	2,7787
27	1,7033	1,7585	1,8191	1,8867	1,9632	2,0518	2,1578	2,2909	2,4727	2,7707
28	1,7011	1,7561	1,8166	1,8839	1,9601	2,0484	2,1539	2,2864	2,4671	2,7633
29	1,6991	1,7540	1,8142	1,8813	1,9573	2,0452	2,1503	2,2822	2,4620	2,7564
30	1,6973	1,7520	1,8120	1,8789	1,9546	2,0423	2,1470	2,2783	2,4573	2,7500
10000	1,6450	1,6956	1,7509	1,8121	1,8810	1,9602	2,0540	2,1704	2,3267	2,5763

Desenvolvida por W. S. Gosset, funcionário de uma cervejaria irlandesa no princípio do século XX e matemático nas horas vagas, a distribuição de Student recebe essa denominação em função do pseudônimo que Gosset empregava para assinar seus trabalhos acadêmicos. Segundo conta a história, seu empregador não gostava que os funcionários publicassem trabalhos em seu próprio nome.

A distribuição t não é uma distribuição padronizada no mesmo sentido em que é distribuição normal, em que basta conhecer a média e o desvio padrão. Há uma distribuição t ligeiramente diferente para cada tamanho de amostra. Assim, diferentemente da distribuição normal, que é essencialmente independente do tamanho da amostra, a distribuição t não é. Para as amostras de pequeno tamanho, ou seja, menores que 30 (trinta), a distribuição t é mais sensível, embora para maiores amostras essa sensibilidade diminua.

Nas amostras grandes ($n \geq 30$), podem-se usar valores da distribuição normal para aproximar valores da distribuição t, muito embora esta última seja a distribuição teoricamente correta a se usar, quando não se conhece o desvio padrão da população, independentemente do tamanho da amostra.

Para usar uma tabela t, devem-se conhecer duas variáveis básicas: o nível de confiança desejado e o número de graus de liberdade. Os graus de liberdade estão relacionados com a maneira como se calcula o desvio padrão, e são conceitualmente iguais ao tamanho da amostra subtraído de um ($n-1$). A convenção que define o conceito de graus de liberdade depende do fato de que, intuitivamente, um número, valores ou constituintes de algum conjunto devam estar limitados a alguma regra: o último valor do conjunto sempre deve ocupar um grau de existência.

O conceito de graus de liberdade pode ser explicado por meio do exemplo: "Para que três números somem 10, o terceiro está essencialmente determinado; não existe grau de liberdade para o terceiro valor. Por exemplo, o primeiro número poderia ser + 3, e o segundo poderia ser − 1, para um total de + 2. Para que os três números somem 10, o terceiro deve ser 8."

Para estimar a média populacional, o uso de uma tabela t para a distribuição de Student requer que sejam determinados o número de graus de liberdade ($n-1$) e o nível de significância do estudo. Para uma amostra formada por sete elementos, o número de graus de liberdade será igual a 7 menos 1, ou seja, 6. Assumindo um nível de significância igual a 5% bicaudal, o valor de t pode ser visto na Tabela 5.5.

Tabela 5.5 *Valores de t na distribuição de Student para GL = 6 e sig = 5%.*

Graus de liberdade $(n - 1)$	α bicaudal						
	0,1000	0,0500	0,0400	0,0300	0,0200	0,0100	0,0001
	α unicaudal						
	0,0500	0,0250	0,0200	0,0150	0,0100	0,0050	0,0005
1	6,3137	12,7062	15,8945	21,205	31,821	63,656	6.370,5
2	2,9200	4,3027	4,8487	5,6428	6,9645	9,9250	100,1358
3	2,3534	3,1824	3,4819	3,8961	4,5408	5,8408	28,0142
4	2,1318	2,7765	2,9985	3,2976	3,7469	4,6041	5,5345
5	2,0150	2,5706	2,7565	3,0029	3,3649	4,0321	11,1759
6	1,9432	2,4469	2,6122	2,8289	3,1427	3,7074	9,0804
7	1,8946	2,3646	2,5168	2,7146	2,9979	3,4995	7,8883
8	1,8595	2,3060	2,4490	2,6338	2,8965	3,3554	7,1200

Note que, segundo a tabela t, quando o valor de n é muito grande ($n = 400$), os valores de t coincidem com os valores de z na distribuição normal. Ou seja, quando n é grande, os valores de t e z convergem.

O intervalo de confiança para a média amostral normal ou aproximadamente normal para tamanho da amostra (n) menor que 30 é:

$$\mu = \overline{x} \pm t \frac{s_x}{\sqrt{n}}$$

Em termos gerais, utiliza-se Z quando se conhece o desvio padrão populacional (σ_x), ou quando o tamanho for maior que 30. Emprega-se t quando somente se conhece o desvio padrão amostral (s) e quando o tamanho da amostra for menor que 30. Em outras situações, o valor de t pode ser aproximado por z.

Assim, quando o desvio padrão populacional for desconhecido e o tamanho da amostra inferior a 30 elementos, deve-se empregar a tabela t de Student. Quando a amostra é maior que 30 elementos, mesmo sem conhecer σ, pode-se empregar a tabela da distribuição normal; nesse caso, a distribuição normal corresponde a uma boa aproximação da distribuição de Student.

A estimativa intervalar da média populacional baseia-se na hipótese de que a distribuição amostral das médias amostrais é normal. Para amostras grandes, esse fato é irrelevante. Todavia, em amostras com menos de 30 elementos, é importante saber que a população submetida à amostragem tem distribuição normal ou, ao menos, aproximadamente normal. Após conhecer todos esses dados, e aplicar os testes preliminares de normalidade, podem-se construir intervalos de confiança usando a média amostral. Para isso, deve-se conhecer o tamanho da amostra (n) e o desvio padrão populacional (σ), ou amostral (s).

O erro no intervalo de estimação diz respeito à diferença plausível entre a média amostral e a verdadeira média da população. Num intervalo de confiança que tem centro na média amostral, o erro máximo provável é igual à metade da amplitude do intervalo. A fórmula do erro revela efetivamente três determinantes do tamanho ou quantidade do erro, a confiança representada pelo valor de z, a dispersão na população (σ_x) e o tamanho da amostra (n). Quanto maior o coeficiente ou nível de confiança, ou maior a dispersão da população, maior o erro potencial. O denominador raiz do tamanho da amostra tem um efeito inverso ao erro. Maiores amostras significam menor potencial de erro.

Para ilustrar a inferência da média populacional, com desvio padrão populacional desconhecido e população infinita, imagine que os pesos das resmas de papel fabricadas por uma indústria processadora de celulose sigam uma distribuição aproximadamente normal, com desvio padrão populacional desconhecido. Uma amostra com 16 elementos apresentou um peso médio amostral igual a 2.900 g e um desvio padrão amostral igual a 80 g. Supondo um nível de confiança igual a 95%, pede-se construir a estimativa para a média populacional.

Se o nível de confiança é igual a 95%, o nível de significância ou alfa, α, é igual a 5%. O número de graus de liberdade é igual ao tamanho da amostra subtraído de 1, $n - 1$, ou $16 - 1 = 15$. Considerando α bicaudal, o valor da estatística t pode ser obtido na tabela com os valores padronizados. Veja a ilustração da Tabela 5.6.

Tabela 5.6 *Obtenção do valor de t na tabela padronizada.*

Graus de Liberdade $(n-1)$	α bicaudal									
	0,10	0,09	0,08	0,07	0,06	0,05	0,04	0,03	0,02	0,01
	α unicaudal									
	0,05	0,045	0,04	0,035	0,03	0,025	0,02	0,015	0,01	0,005
13	1,7709	1,8317	1,8989	1,9742	2,0600	2,1604	2,2816	2,4358	2,6503	3,0123
14	1,7613	1,8213	1,8875	1,9617	2,0462	2,1448	2,2638	2,4149	2,6245	2,9768
15	1,7531	1,8123	1,8777	1,9509	2,0343	2,1315	2,2485	2,3970	2,6025	2,9467

Considerando α bicaudal igual a 0,05 e 15 graus de liberdade, é possível obter o valor 2,1315 para t. Convém destacar que o desvio padrão populacional é desconhecido. O valor obtido para t (2,1315) que será usado no cálculo do erro inferencial é maior que o valor anteriormente obtido para z (1,96), empregado quando o desvio padrão populacional é conhecido. Já que as estatísticas t e z são utilizadas no cálculo do erro inferencial e no processo de generalização, o fato de desconhecer o desvio populacional, trabalhando com uma amostra pequena, faz com que os valores de t sejam maiores que os valores de z. Quando menor a amostra, menor o número de graus de liberdade e maior o valor de t.

c) **Amostragem de populações finitas:** quando a população analisada apresenta um tamanho finito, é preciso relativizar o tamanho da amostra em relação ao tamanho da população. Uma amostra formada por 15 elementos pode parecer pequena se a população for infinita ou muito grande. Porém, se a população for formada por 20 elementos, uma amostra com 15 torna-se substancialmente representativa.

Conceitualmente, amostras muito representativas podem ser encontradas quando o tamanho da amostra superar 5% do tamanho da população ($n > 5\%.N$). No processo de amostragem de populações finitas com amostras muito representativas, pode-se reduzir substancialmente o erro inferencial, multiplicando-o por um fator de correção finita.

$$e_{\text{população finita}} = e_{\text{população infinita}} \times \text{Fator de correção}$$

Algebricamente, o fator de correção finita pode ser apresentado como:

$$\text{Fator de correção finita} = \sqrt{\frac{N-n}{N-1}}$$

Onde:

N = tamanho da população

n = tamanho da amostra

O fator de correção do erro de inferência deve ser aplicado quando dada população for considerada finita e a amostra corresponder a mais de 5% da população total. A sua utilização faz com que os erros inferenciais sejam atenuados.

Quando populações finitas e amostras relativamente grandes são consideradas, os cálculos das estimativas das médias é alterado. Veja os exemplos seguintes.

Para σ_x conhecido: se o desvio padrão da população for conhecido, o erro inferencial pode ser representado algebricamente como:

$$e = z \frac{\sigma_x}{\sqrt{n}} \sqrt{\frac{N-n}{N-1}}$$

O intervalo de confiança construído para a média populacional pode ser apresentado de acordo com a equação seguinte:

$$\mu = \bar{x} \pm z \frac{\sigma_x}{\sqrt{n}} \sqrt{\frac{N-n}{N-1}}$$

Para σ_x desconhecido: quando o desvio padrão populacional for desconhecido, o erro inferencial pode ser representado algebricamente como:

$$e = t \frac{s_x}{\sqrt{n}} \sqrt{\frac{N-n}{N-1}}$$

O intervalo de confiança pode ser determinado por meio da expressão seguinte:

$$\mu = \bar{x} \pm t \frac{s_x}{\sqrt{n}} \sqrt{\frac{N-n}{N-1}}$$

INTERVALOS DE CONFIANÇA UNILATERAIS

As expressões *nível de confiança* e *nível de significância* representam os conceitos respectivamente associados à probabilidade da média populacional obtida após a inferência estar dentro e fora do intervalo especificado, respectivamente.

Quando se deseja estimar limites máximos ou mínimos, o erro associado ao processo de inferência deve ser posicionado em apenas um dos dados da curva. Por exemplo, ao estimar a capacidade média de carga de um elevador, a preocupação do estudo geralmente concentra-se na estimativa do limite **mínimo** para a carga transportada. Logo, não se deseja que a verdadeira capacidade máxima esteja aquém do limite mínimo previamente estimado. Nessa situação, o erro inferencial deve ser contado do lado esquerdo e apenas o limite inferior deve ser estimado.

Quando se deseja estimar, por outro lado, a quantidade média de impurezas contidas em um lote de alimentos, ocorre a situação inversa. Não se deseja que a verdadeira quantidade média esteja além do limite estimado. Nessas situações, apenas o limite superior deve ser encontrado, com a colocação integral do nível de significância e do erro inferencial do lado direito.

Equações algébricas para procedimentos de inferência unilaterais podem ser vistas na Figura 5.18.

Limite	σ_x conhecido	σ_x desconhecido
Superior somente	$\bar{x} + z \frac{\sigma_x}{\sqrt{n}}$	$\bar{x} + t \frac{s_x}{\sqrt{n}}$
Inferior somente	$\bar{x} - z \frac{\sigma_x}{\sqrt{n}}$	$\bar{x} - t \frac{s_x}{\sqrt{n}}$

Figura 5.18 *Limites de inferências unilaterais.*

O intervalo de confiança unilateral ou unicaudal tem na amostragem a finalidade de determinar se um parâmetro populacional é menor ou maior que algum padrão mínimo ou máximo, sem o interesse do limite superior, sendo o inverso também verdadeiro.

Nessas situações, é preciso tomar cuidado com os cálculos das estatísticas padronizadas, já que o nível de significância concentra-se em apenas um dos lados da curva. Por exemplo, considerando a construção de um limite superior para um nível de confiança **unicaudal** igual a 90%, a representação da área pode ser vista com o auxílio da Figura 5.19.

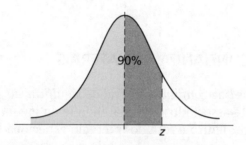

Figura 5.19   Nível de confiança unicaudal.

Na representação da Figura 5.19, a área para a qual se deseja obter o valor de z é 0,40. Usando a tabela padronizada, tem-se que para área igual a 0,40 o valor de z é 1,28.

Destaca-se que, para níveis de confiança unilateriais iguais a 90%, 95% e 99%, os valores calculados para z unicaudais seriam iguais a 1,28, 1,64 e 2,33. Veja a representação da Tabela 5.7.

Tabela 5.7   Níveis de confiança e valores de z unicaudal.

Nível de confiança	Nível de significância	Z unicaudal
90%	10%	1,28
95%	5%	1,64
99%	1%	2,33

ESTIMAÇÃO OU INFERÊNCIA DA MÉDIA DE UMA POPULAÇÃO COM O SPSS

O SPSS apresenta diferentes formas para a estimação ou inferência da média de uma população. Talvez a maneira mais fácil envolva o uso do menu *Analisar > Estatísticas descritivas > Explorar*, conforme ilustra a Figura 5.20, que apresenta como exemplo a análise da variável peso da base de dados **carros.sav**.

Estimando e Testando Hipóteses 133

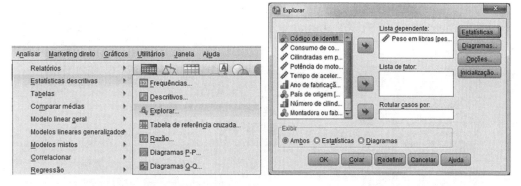

Figura 5.20   Solicitando as descritivas da variável peso (95%).

Os resultados podem ser vistos na Figura 5.21.

Descriptives

			Statistic	Std. Error
Peso em libras	Mean		3188,01	66,565
	95% Confidence Interval for Mean	Lower Bound	3056,75	
		Upper Bound	3319,27	
	5% Trimmed Mean		3177,68	
	Median		3096,00	
	Variance		886170,0	
	Std. Deviation		941,366	
	Minimum		732	
	Maximum		5140	
	Range		4408	
	Interquartile Range		1778	
	Skewness		,160	,172
	Kurtosis		-1,083	,342

Figura 5.21   Resultados das estatísticas descritivas da variável peso (95%).

Conforme apresenta o *output* do SPSS, é possível verificar a média (*Mean*) calculada igual a 3188,01 e o erro padrão da média (Std. Error = desvio / raiz (n)) igual a 66,565. Considerando um intervalo de confiança igual a 95% para a média (*95% Confidence Interval for Mean*), o sistema apresenta o limite inferior (*Lower Bound*) igual a 3056,75 e o limite superior do intervalo de confiança (*Upper Bound*) igual a 3319,27.

É importante destacar que o SPSS sempre constrói estimativas bilaterais. Caso precisássemos construir uma estimativa *uni*caudal, com nível de significância igual a 5%, o procedimento seria simples: bastaria solicitar a construção de um intervalo de confiança com 90% e ler apenas o limite inferior ou o limite superior.

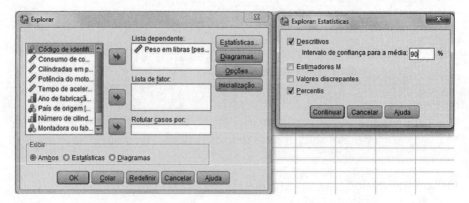

Figura 5.22   Solicitando as descritivas da variável peso (90%).

A Figura 5.22 apresenta a solicitação para a construção de um intervalo de confiança com nível de confiança igual a 90%. Os resultados estão apresentados na Figura 5.23.

Descriptives

			Statistic	Std. Error
Peso em libras	Mean		3188,01	66,565
	90% Confidence Interval for Mean	Lower Bound	3078,01	
		Upper Bound	3298,01	
	5% Trimmed Mean		3177,68	
	Median		3096,00	
	Variance		886170,0	
	Std. Deviation		941,366	
	Minimum		732	
	Maximum		5140	
	Range		4408	
	Interquartile Range		1778	
	Skewness		,160	,172
	Kurtosis		-1,083	,342

Figura 5.23   Resultados das estatísticas descritivas da variável peso (90%).

Assim, caso precisássemos construir intervalos unilaterais com nível de confiança igual a 95%, bastaria ler os limites bilaterais com nível de confiança igual a 90%. Assim, podemos afirmar com 95% de confiança que a média do peso na população é superior a 3.078,01 libras (limite inferior da Figura 5.23). Também podemos afirmar com 95% de confiança que a média do peso na população é inferior a 3298,01 libras (limite superior da Figura 5.23).

A equação trabalhada pelo SPSS envolve o uso da distribuição de Student e do desvio amostral.

$$\mu = \bar{x} \pm t \frac{s_x}{\sqrt{n}}$$

Lembre-se de que, quando o tamanho da amostra (n) é grande, a distribuição de Student aproxima-se da distribuição Normal.

OBSERVAÇÃO IMPORTANTE

É importante destacar que o SPSS não permite considerações sobre o uso do fator de correção finita. Caso a amostra seja muito representativa, com tamanho da amostra maior que 5% do tamanho da população ($n > 5\%.N$) é preciso ajustar manualmente os cálculos apresentados pelo SPSS, empregando o fator de correção finita nos números apresentandos pelo SPSS.

DETERMINAÇÃO DO TAMANHO DA AMOSTRA

Um dos passos mais importantes no processo de inferência estatística consiste na determinação do tamanho da amostra. O tamanho da amostra necessária para a inferência dependerá do grau de confiança desejado, da quantidade de dispersão entre os valores individuais da população e do erro tolerável no processo.

A depender do tamanho da população (finita ou infinita) e do fato de o desvio padrão populacional ser ou não conhecido, diferente será o processo de cálculo do tamanho da amostra.

a) Variáveis quantitativas, desvio conhecido e população infinita: de acordo com a expressão desenvolvida para a inferência, o erro pode ser apresentado da seguinte forma:

$$erro = e = z \frac{\sigma_x}{\sqrt{n}}$$

Após o valor de n ser isolado algebricamente, o tamanho da amostra pode ser definido como:

$$n = \left(z \frac{\sigma_x}{e} \right)^2$$

É importante destacar que o desvio (σ_x) e o erro (e) devem estar referenciados sempre na mesma unidade: se o desvio estiver fornecido em metros, o erro deve estar em metros. Algumas vezes, é comum o erro desejado ser expresso em termos percentuais e desvio padrão em unidade como metros, litros, quilos etc.

Nessas situações, o erro representa um percentual associado à média. Para poder empregá-lo na equação, deve-se multiplicá-lo pela média, colocando-o na mesma unidade do desvio padrão fornecido.

Havendo a necessidade de aproximações, é conveniente aproximar os valores encontrados para cima.

Para ilustrar, suponha que um pesquisador precisasse analisar os rendimentos mensais de trabalhadores assalariados da lavoura canavieira em determinada localidade. Ele definiu que o erro máximo aceitável deva ser igual a \$ 16,00. Sabe--se que o desvio padrão populacional dessa classe de trabalhadores assalariados é igual a \$ 63,00 e o nível de confiança da pesquisa é igual a 99%. Qual deve ser o tamanho da amostra a ser estudada?

Para um nível confiança bilateral igual a 99%, o valor de Z é 2,57. Substituindo na equação anterior, é possível obter o tamanho necessário da amostra:

$$n = \left(z \frac{\sigma_x}{e} \right) = \left(2,57 \frac{63}{16} \right)^2 = 102,4018$$

Aproximando para cima, tem-se um tamanho de amostra igual a 103 elementos.

b) Variáveis quantitativas, desvio desconhecido e população infinita: de forma similar à determinação da amostra para desvios conhecidos, o erro pode ser apresentado da seguinte forma:

$$erro = e = t \frac{s_x}{\sqrt{n}}$$

Após o valor de n ser isolado algebricamente, o tamanho da amostra pode ser definido como:

$$n = \left(t \frac{s_x}{e} \right)^2$$

Porém, como não é possível estimar o valor de t, já que o número de graus de liberdade não pode ser determinado, é comum usar o valor de Z como aproximação de t. A equação anterior torna-se igual a:

$$n = \left(z \frac{s_x}{e} \right)^2$$

É importante destacar que o desvio (s_x) e o erro (e) devem estar referenciados sempre na mesma unidade: se o desvio estiver fornecido em metros, o erro deve estar em metros. Existindo a necessidade de aproximações, é conveniente aproximar os valores encontrados para cima.

Suponha que um pesquisador tenha analisado uma amostra formada por 200 frascos de perfume produzidos por uma importante indústria do Sul do país. O volume contido nos frascos revelou um desvio padrão amostral igual a 20 ml. Caso o pesquisador precisasse extrair uma amostra, empregando um nível de confiança igual a 95% e um erro máximo tolerável para a média igual a 1 ml, qual seria o tamanho ideal da amostra?

Aplicando os dados e a equação anterior, tem-se que:

$$n = \left(z\frac{s_x}{e}\right)^2 = \left(1,96\frac{20}{1}\right)^2 = 1.536,6400$$

Assim, o tamanho da amostra a analisar deveria ser igual a 1.537 elementos.

c) Variáveis quantitativas, desvio conhecido e população finita: quando as variáveis analisadas são quantitativas ou intervalares, a população é finita de tamanho N, o tamanho da amostra a ser analisado pode ser apresentado por meio da seguinte equação:

$$n = \frac{z^2\sigma_x^2 N}{z^2\sigma_x^2 + e^2(N-1)}$$

Para ilustrar o uso do cálculo do tamanho da amostra com a análise de variáveis quantitativas, desvio conhecido e população finita, considere o exemplo seguinte.

Uma associação formada por 420 indústrias projetou um desvio padrão dos lucros anuais de seus associados como sendo igual a $ 40.000,00. Sabe-se que a entidade precisa estimar o lucro anual médio com um erro máximo tolerável igual a $ 2.000,00 e um nível de confiança igual a 95%. Quantas empresas precisariam ser analisadas em uma amostra representativa?

Para um nível de confiança igual a 95%, tem-se um valor de z igual a 1,96. Substituindo as informações na equação anterior, é possível calcular o valor da amostra:

$$n = \frac{z^2\sigma_x^2 N}{z^2\sigma_x^2 + e^2(N-1)} = \frac{(1,96)^2(40.000)^2 420}{(1,96)^2(40.000)^2 + (2.000)^2(420-1)^2}$$
$$= 330,0141$$

Aproximadamente, 331 empresas deveriam ser analisadas.

Pede-se refazer o cálculo da amostra, supondo que o universo fosse formado por: (a) 200 empresas; (b) 5.000 empresas.

Substituindo os valores na equação anterior, tem-se que:

a) $N = 200$

$$n = \frac{z^2\sigma_x^2 N}{z^2\sigma_x^2 + e^2(N-1)} = \frac{(1,96)^2(40.000)^2 200}{(1,96)^2(40.000)^2 + (2.000)^2(200-1)^2}$$
$$= 177,0690$$

138 SPSS: Guia Prático para Pesquisadores • Bruni

Caso o universo fosse formado por 200 empresas, o tamanho da amostra seria igual a 178 empresas.

b) $N = 5.000$

$$n = \frac{z^2 \sigma_x^2 N}{z^2 \sigma_x^2 + e^2(N-1)} = \frac{(1,96)^2(40.000)^2 5.000}{(1,96)^2(40.000)^2 + (2.000)^2(5.000-1)^2}$$
$$= 1.175,5849$$

Caso o universo fosse formado por 5.000 empresas, o tamanho da amostra seria igual a 1.176 empresas.

Uma síntese dos valores poderia ser construída. Veja a Tabela 5.8.

Tabela 5.8   *Relação entre universo e amostra.*

N	N	n/N
200	178	89%
420	331	79%
5.000	1.176	24%

Uma constatação importante pode ser extraída da leitura da Tabela 5.8: à medida que aumenta o tamanho do universo, reduz percentualmente o tamanho da amostra representativa deste universo. A recíproca é igualmente verdadeira: quando o universo é pequeno, o tamanho de uma amostra representativa torna-se muito próximo ao tamanho do próprio universo.

d) Variáveis quantitativas, desvio desconhecido e população finita: quando as variáveis analisadas são quantitativas ou intervalares, o desvio populacional é desconhecido, usa-se o desvio padrão amostral como aproximação do desvio padrão populacional. Para uma população finita de tamanho N, o tamanho da amostra a ser analisado pode ser apresentado por meio da seguinte equação:

$$n = \frac{z^2 s_x^2 N}{z^2 s_x^2 + e^2(N-1)}$$

Uma amostra aleatória formada por 50 embalagens de ração de um lote formado por 5.000 embalagens apresentou um desvio padrão amostral do peso igual a 28 g. Assumindo um erro máximo tolerável associado à média populacional igual a 4 g e um nível de confiança igual a 95%, o tamanho da amostra a ser analisada pode ser obtido por meio da equação anterior:

$$n = \frac{1,96^2(28)^2 5.000}{1,96^2(28)^2 + 4^2(5.000-1)} = 181,4438$$

Seria preciso analisar 182 embalagens.

Uma síntese das fórmulas empregadas na determinação de tamanhos de amostras necessários ao processo de inferência da média pode ser vista na Figura 5.24.

População Infinita	População finita
Desvio padrão populacional conhecido	
$n = \left(z \dfrac{\sigma_x}{e} \right)^2$	$n = \dfrac{z^2 \sigma_x^2 N}{z^2 \sigma_x^2 + e^2 (n-1)}$
Desvio padrão populacional desconhecido	
$n = \left(z \dfrac{S_x}{e} \right)^2$	$n = \dfrac{z^2 S_x^2 N}{z^2 S_x^2 + e^2 (n-1)}$

Figura 5.24 *Fórmulas para a estimação do tamanho da amostra (cálculo das médias).*

e) Variáveis qualitativas e população infinita: para variáveis qualitativas, ordinais ou nominais, a estimativa do tamanho da amostra a ser analisada dependerá das proporções estudadas e do nível de confiança do estudo. Se a população for considerada infinita, o tamanho da amostra pode ser feito empregando a seguinte equação:

$$n = z^2 \frac{p(1-p)}{e^2}$$

Para simplificar a notação da equação anterior, pode-se escrever $(1-p)$ como q, simplesmente. Assim, a equação anterior pode ser igualmente apresentada da seguinte forma:

$$n = z^2 \frac{pq}{e^2}$$

Para poder usar a equação anterior, é preciso possuir uma sugestão sobre o valor de p.

Ilustrando, imagine que um pesquisador precise determinar o tamanho de uma amostra para estimar a verdadeira percentagem populacional com um erro máximo igual a 5% e utilizando um nível de confiança de 95%. Nessa situação, é razoável suspeitar que o valor de p seja igual ou menor que 0,30.

Para um nível de confiança igual a 95%, o valor de Z é igual a 1,96. Substituindo os dados fornecidos na equação, é possível calcular o tamanho da amostra:

$$n = z^2 \frac{p(1-p)}{e^2} = 1,96^2 \frac{0,30(1-0,30)}{0,05^2} = 322,6944$$

Aproximando o valor obtido para o inteiro superior, encontra-se que o tamanho da amostra deverá ser igual a 323 elementos.

Quando não for possível estimar os valores de p e q, ambos devem ser assumidos como iguais a 50% ou 0,5. Esse fato possibilita maximizar o valor do produto $(p . q)$ e do tamanho da amostra a ser analisado. Veja a Tabela 5.9. Para $p = q = 0,50$, o produto $(p . q)$ assume o maior valor, igual a 0,25.

Tabela 5.9 *Valores para* p e q.

p	q	p.q
0,00	1,00	0,00
0,10	0,90	0,09
0,20	0,80	0,16
0,30	0,70	0,21
0,40	0,60	0,24
0,50	0,50	0,25
0,60	0,40	0,24
0,70	0,30	0,21
0,80	0,20	0,16
0,90	0.10	0,09
1,00	0,00	0,00

Conforme apresentado na Tabela 5.9, para valores de p e q iguais a 0,5, o produto $p . q$ assume valor máximo, igual a 0,25.

Em relação ao exemplo anterior, assumindo um total desconhecimento sobre p, deve-se assumir p igual a 0,50. O novo tamanho da amostra calculado pode ser visto na equação seguinte:

$$n = z^2 \frac{p(1-p)}{e^2} = 1,96^2 \frac{0,5(0,5)}{0,05^2} = 384,16 =$$

385, aproximando para o inteiro superior.

Assumindo um valor desconhecido para p, o tamanho da amostra (385 elementos) deveria ser ligeiramente superior ao tamanho anterior (n igual a 323), que assumia um valor para p igual a 0,30.

f) **Variáveis qualitativas e população finita:** para determinar o tamanho de amostras empregadas em estudos com variáveis qualitativas ordinais ou nominais, a estimativa do tamanho da amostra a ser analisada dependerá das proporções estudadas e do nível de confiança do estudo. Se a população for considerada finita de tamanho N, o tamanho da amostra pode ser feito empregando a seguinte equação:

$$n = \frac{z^2 pqN}{z^2 pq + (N-1)e^2}$$

Para ilustrar, imagine que um pesquisador precisasse dimensionar uma amostra de eleitores a entrevistar em um vilarejo com 2.000 habitantes. Pretende inferir qual o percentual de eleitores que pensam em votar no atual prefeito. O pesquisador acredita em um p igual a 0,70, sempre trabalha com um nível de confiança igual a 90% e precisa assumir um erro máximo igual a 8%.

Para calcular o tamanho da amostra necessária ao seu estudo, bastaria usar a equação anterior:

$$n = \frac{z^2 pqN}{z^2 pq + (N-1)e^2} = \frac{1,64^2 (0,70)(0,30) 2.000}{1,64^2 (0,70)(0,30) + (2.000 - 1)0,08^2}$$
$$= 84,5633$$

A amostra precisaria ser formada por 85 eleitores, aproximadamente.

Caso não existissem informações disponíveis sobre p, seria preciso assumir p como sendo igual a 0,50.

Em relação ao exemplo da pesquisa com os eleitores apresentada anteriormente, seria preciso assumir p como sendo igual a 0,50 ou 50%. O número de eleitores da amostra seria:

$$n = \frac{z^2 pqN}{z^2 pq + (N-1)e^2} = \frac{1,64^2 (0,50)(0,50) 2.000}{1,64^2 (0,50)(0,50) + (2.000 - 1)0,08^2}$$
$$= 99,8663$$

Caso não existissem informações sobre p, a amostra precisaria ser ligeiramente superior, formada por 100 eleitores, aproximadamente.

Quando a inferência sobre proporções ou frequências associadas a variáveis qualitativas é conduzida em população finita, em que nada se sabe sobre p, é possível apresentar uma tabela com o tamanho da amostra sugerido, em função do nível de confiança, do erro máximo tolerável e do tamanho do universo. Veja os números apresentados na Tabela 5.10. Como nada é assumido sobre os valores de p e q, ambos são assumidos como sendo iguais a 0,50.

142 SPSS: Guia Prático para Pesquisadores • Bruni

Tabela 5.10 *Cálculo do tamanho da amostra.*

Tamanho do Universo	Erro inferencial									
	1%	2%	3%	4%	5%	6%	7%	8%	9%	10%
Nível de confiança igual a 90%										
10	10	10	10	10	10	10	10	10	10	9
50	50	49	47	45	43	40	37	35	32	29
100	99	95	89	82	74	66	59	52	46	41
250	242	218	188	158	131	108	90	75	63	54
500	466	387	301	230	176	137	109	88	72	60
1 000	872	629	430	298	214	159	122	96	78	64
2.000	1544	917	547	350	239	172	130	101	81	66
5.000	2876	1264	654	390	257	182	135	104	83	67
10.000	4036	1447	700	406	264	185	137	105	83	68
50.000	5958	1636	741	420	270	188	138	106	84	68
100.000	6336	1663	746	421	270	188	138	106	84	68
500.000	6674	1686	751	423	271	188	139	106	84	68
1 000 000	6719	1689	751	423	271	188	139	106	84	68
5.000.000	6755	1691	752	423	271	188	139	106	84	68
10.000.000	6760	1691	752	423	271	188	139	106	84	68
Nível de confiança igual a 95%										
10	10	10	10	10	10	10	10	10	10	10
50	50	49	48	47	45	43	40	38	36	34
100	99	97	92	86	80	73	67	61	55	50
250	244	227	203	177	152	130	111	95	81	70
500	476	414	341	274	218	175	142	116	96	81
1.000	906	707	517	376	278	211	165	131	107	88
2.000	1656	1092	697	462	323	236	179	140	112	92
5.000	3289	1623	880	536	357	254	189	146	116	95
10.000	4900	1937	965	567	370	260	193	148	118	96
50.000	8057	2291	1045	594	382	266	196	150	119	96
100.000	8763	2345	1056	597	383	267	196	150	119	96
500.000	9423	2390	1065	600	384	267	196	151	119	97
1.000.000	9513	2396	1066	600	384	267	196	151	119	97
5.000.000	9586	2400	1067	601	385	267	196	151	119	97
10.000.000	9595	2401	1067	601	385	267	196	151	119	97
Nível de confiança igual a 99%										
10	10	10	10	10	10	10	10	10	10	10
50	50	50	49	48	47	46	44	43	41	39
100	100	98	95	92	88	83	78	73	68	63
250	247	236	221	202	182	163	145	128	113	100
500	486	447	394	338	286	241	203	171	146	125
1.000	944	806	649	510	400	316	254	206	171	143
2.000	1785	1350	960	684	499	375	290	230	186	154
5.000	3843	2268	1347	859	586	422	318	247	197	161
10.000	6240	2932	1557	940	623	441	328	253	201	164
50.000	12456	3830	1778	1016	655	457	337	258	204	166
100.000	14228	3982	1810	1027	660	459	338	259	205	166
500.000	16055	4113	1837	1035	663	461	339	260	205	166
1.000.000	16317	4130	1840	1036	664	461	339	260	205	166
5000 000	16533	4144	1843	1037	664	461	339	260	205	166
10.000.000	16560	4146	1843	1037	664	461	339	260	205	166

Usando a Tabela 5.10, caso um pesquisador precisasse dimensionar o tamanho de uma amostra representativa de um universo com tamanho igual a 5.000, nível de confiança igual a 95% e erro máximo igual a 3%, encontraria o valor 880. Nessa situação, a amostra deveria ser formada por 880 elementos. O processo está ilustrado na Tabela 5.11.

Tabela 5.11   *Tamanho de amostra para NC = 95%, e = 3% e N = 5.000.*

Tamanho do Universo	Erro inferencial									
	1%	2%	3%	4%	5%	6%	7%	8%	9%	10%
	Nível de confiança igual a 95%									
1.000	906	707	517	376	278	211	165	131	107	88
2.000	1656	1092	697	462	323	236	179	140	112	92
5.000	3289	1623	880	536	357	254	189	146	116	95
10.000	4900	1937	965	567	370	260	193	148	118	96
50.000	8057	2291	1045	594	382	266	196	150	119	96

Uma síntese das fórmulas empregadas na determinação do tamanho de amostras em estudos de inferência de proporções pode ser vista na Figura 5.25.

População Infinita	População Finita
$n = z^2 \dfrac{pq}{e^2}$	$n = \dfrac{z^2 pqN}{(N-1)e^2 + z^2 pq}$

Figura 5.25   *Fórmulas para a estimação do tamanho da amostra (cálculo das proporções).*[2]

DETERMINAÇÃO DO TAMANHO DA AMOSTRA COM O SPSS

O SPSS não apresenta procedimento específico para a determinação do tamanho da amostra. É preciso aplicar manualmente uma das equações apresentadas na Figura 5.24 ou na Figura 5.25.

EXERCÍCIOS

[1] Carregue a base de dados **filmes_infantis.sav**. Usando o menu *Analisar > Estatísticas descritivas > Explorar*, calcule o que se pede a seguir.

---

[2]   Observação importante: na impossibilidade de estimar p e q, considerar ambos iguais a 0,50.

144 SPSS: Guia Prático para Pesquisadores • Bruni

[a] Qual a duração média dos filmes em minutos?

[b] Qual o desvio padrão da duração dos filmes em minutos?

[c] Qual o número de elementos dessa amostra?

[d] Considerando um intervalo de confiança de 95%, calcule algebricamente o intervalo de confiança para a média populacional da duração. Para isso, use uma tabela com a distribuição normal padronizada. Compare seu cálculo com o valor do SPSS. O que é possível constatar?

[e] E se o nível de significância fosse igual a 1%? Qual seria o intervalo de confiança da média da duração? Calcule algebricamente e com o apoio do SPSS.

[f] E se o nível de significância fosse igual a 10%? Qual seria o intervalo de confiança? Calcule algebricamente usando a média e o desvio padrão calculados pelo SPSS e a tabela com a distribuição normal padronizada e, posteriormente, com o apoio do SPSS.

[g] Padronize a variável duração do filme usando menu *Analisar > Estatísticas descritivas > Descritivos*. O que o valor padronizado representa? Assumindo um nível de confiança de 95%, quais seriam os valores limites para Z e quais seriam os *outliers* verificados? Use a tabela padronizada da distribuição normal para obter os limites.

[h] E para a variável uso de fumo? Quais filmes seriam *outliers*, considerando um nível de confiança de 90%? Use a tabela padronizada da distribuição normal para obter os limites.

[i] Um *expert* em cinema afirmou categoricamente que o universo apresentava uma duração média exatamente igual a 80 minutos. Apresente as hipóteses nula e alternativa que permitiriam testar essa alegação.

[j] Caso o *expert* afirmasse que a duração média do universo seria superior a 78 minutos, quais seriam as hipóteses testadas?

[2] Carregue a base de dados **filmes.sav**. Usando o menu *Analisar > Estatísticas descritivas > Explorar*, calcule o que se pede a seguir.

[a] Qual o faturamento médio dos filmes em $ milhões?

[b] Qual o desvio padrão do faturamento dos filmes em $ milhões?

[c] Qual o número de elementos dessa amostra?

[d] Considerando um intervalo de confiança de 95%, calcule algebricamente o intervalo de confiança para a média populacional do faturamento. Para isso, use uma tabela com a distribuição normal padronizada. Compare seu cálculo com o valor do SPSS. O que é possível constatar?

[e] E se o nível de significância fosse igual a 3%? Qual seria o intervalo de confiança? Calcule algebricamente e com o apoio do SPSS.

[f] E se o nível de significância fosse igual a 20%? Qual seria o intervalo de confiança? Calcule algebricamente usando a média e o desvio padrão calculados

Estimando e Testando Hipóteses   145

pelo SPSS e a tabela com a distribuição normal padronizada e, posteriormente, com o apoio do SPSS.

[g] Padronize a variável Faturamento do filme usando menu *Analisar > Estatísticas descritivas > Descritivos*. O que o valor padronizado representa? Assumindo um nível de confiança de 95%, quais seriam os valores limites para Z e quais seriam os *outliers* verificados? Use a tabela padronizada da distribuição normal para obter os limites.

[h] E para a variável Gasto? Quais filmes seriam *outliers* considerando um nível de confiança de 90%. Use a tabela padronizada da distribuição normal para obter os limites.

[i] Um *expert* em cinema afirmou categoricamente que o universo apresentava um gasto médio exatamente igual a $ 58 milhões. Apresente as hipóteses nula e alternativa que permitiriam testar esta alegação.

[j] Caso o *expert* afirmasse que o faturamento médio do universo seria superior a $ 140 milhões, quais seriam as hipóteses testadas?

[3] Carregue a base de dados **vestibularIES.sav**.

Analise a variável Pontos. Calcule:

[a] Média

[b] Mediana

[c] Moda

[d] Desvio padrão

Compare a variável Pontos por curso em primeira opção.

[e] Qual o valor da maior média?

[f] A qual curso pertence a maior média?

[g] Qual o valor do menor desvio padrão?

[h] Qual curso apresenta a menor dispersão?

Analise a variável Pontos por língua escolhida. Um educador suspeita que os alunos que optam por realizar a prova de língua inglesa apresentam maior média de pontos do que aqueles que optam por língua espanhola. Para isso, deseja construir um teste de hipóteses.

[i] Qual hipótese contém a suposição do pesquisador?

[j] Qual a hipótese nula do teste?

[4] Carregue a base de dados **atividades_fisicas.sav**.

Apresente as hipóteses nula e alternativa associadas a cada uma das proposições a seguir.

[a] Média ser diferente de 168.

[b] Média ser maior que 168.

[c] Média ser maior ou igual a 168.
[d] Média ser menor que 168.
[e] Média ser menor ou igual a 168.

Qual dos dois grupos apresenta a maior média de altura?

[f] Homens ou mulheres?
[g] Fumantes ou não fumantes?

Compare as médias do peso por condição física.

[h] Qual o peso médio daqueles que se julgam em má condição física?
[i] Qual grupo apresenta maior média de peso?
[j] Qual grupo apresenta menor média de peso?

[5] Carregue a base de dados **jardim_de_infancia.sav**. Considere a suposição da média da variável Resultado do teste de definição verbal ser igual a 25. Apresente as hipóteses nula e alternativa associadas a cada uma das proposições a seguir.

[a] Média ser maior ou igual a 25.
[b] Média ser diferente de 25.
[c] Média ser maior que 25.
[d] Média ser menor que 25.
[e] Média ser menor ou igual que 25.

Analise os resultados do teste de definição verbal comparados pelo fato de os indivíduos terem cursado ou não o jardim de infância.

[f] Qual grupo apresentou maior média?
[g] Qual o valor da maior média?

Analise os resultados do teste de nomeação comparados pelo fato de os indivíduos terem cursado ou não o jardim de infância.

[h] Qual grupo apresentou menor média?
[i] Qual o valor da menor média?
[j] Qual o valor da maior média?

ACESSANDO AS BASES DE DADOS NA WEB
O *site* <www.MinhasAulas.com.br> disponibiliza muitas bases de dados para uso no SPSS, incluindo todos os dados empregados neste livro.

6

Aplicando Testes Paramétricos de Hipóteses

"A Matemática não mente. Mente quem faz mau uso dela."
Einstein

OBJETIVOS DO CAPÍTULO

O processo de estimação generaliza resultados de amostras para diferentes universos. Um intervalo de confiança costuma ser construído, apresentando a distribuição dos possíveis parâmetros no universo. Uma evolução do uso da estimação é apresentada por meio dos testes de hipóteses, que buscam confrontar alegações sobre o todo com resultados obtidos de amostras. Quando os testes assumem premissas sobre a distribuição de parâmetros da população, são denominados testes paramétricos.

Este capítulo possui o objetivo de explicar tópicos relacionados aos testes de hipóteses no SPSS, abordando e explicando os testes de hipótese de uma e duas amostras para média. Para facilitar a leitura e a fixação do aprendizado, são propostos diversos exercícios, todos com as suas respectivas respostas.

ESTIMAÇÃO E HIPÓTESES

A gerência industrial da Fábrica dos Dados Coloridos tinha uma grave suspeita. A empresa fabricava e comercializava três diferentes produtos: Dados Amarelos, Dados Verdes e Dados Vermelhos. Acreditava que uma falha do processo produtivo fazia com que os números sistematicamente sorteados fossem diferentes nos dados amarelos.

148 SPSS: Guia Prático para Pesquisadores • Bruni

A média esperada do lance de um dado honesto e perfeito seria igual a 3,5, resultado de $[(1 + 2 + 3 + 4 + 5 + 6) \div 6]$. Porém, a empresa acreditava que, no caso específico dos dados amarelos, os valores encontrados seriam significativamente diferentes.

Para analisar o problema, a empresa extraiu uma amostra com 12 dados, sendo quatro amarelos, quatro vermelhos e quatro verdes, realizando em seguida cinco lances ou sorteios. Os resultados estão apresentados na Tabela 6.1. Com base na amostra, será que a empresa teria razão nas suas suspeitas?

Tabela 6.1   *Resultado de cinco lances com 12 dados cada um.*

Dado	Cor	Lance 1	Lance 2	Lance 3	Lance 4	Lance 5	Média	Desvio	Média	Desvio
1	Amarelo	6	5	4	3	5				
2	Amarelo	5	3	4	3	4	3,1500	1,5985	3,1500	1,5985
3	Amarelo	5	2	2	1	2				
4	Amarelo	4	1	2	1	1				
5	Verde	5	6	5	5	6				
6	Verde	4	5	4	3	2	3,3000	1,7502		
7	Verde	4	3	4	3	1				
8	Verde	1	1	2	1	1			3,4750	1,7685
9	Vermelho	6	6	6	4	2				
10	Vermelho	6	4	6	3	2	3,6500	1,8144		
11	Vermelho	5	2	5	2	2				
12	Vermelho	4	1	4	2	1				

Com base nas informações apresentadas na Tabela 6.1, a média amostral dos cinco lances de quatro dados amarelos apresentou uma média igual a 3,15, com desvio igual a 1,5985. Os dados verdes apresentaram média igual a 3,30, com desvio igual a 1,7502. Os dados vermelhos apresentaram média igual a 3,65, com desvio igual a 1,8144. Quando agrupados, os dados vermelhos e verdes de forma conjunta apresentaram média igual a 3,4750, com desvio igual a 1,7685. Aparentemente, com base nas informações da amostra, os dados amarelos apresentaram uma média menor.

Pelo que foi apresentado no capítulo anterior, uma forma simples de verificar as suposições da empresa envolveria a construção de um intervalo de confiança. Assumindo um nível de confiança igual a 95% e usando a fórmula de estimação da média, tem-se que:

$$\mu = \bar{x} \pm t \frac{s}{\sqrt{n}}$$

Para um nível de confiança igual a 95%, tem-se um nível de significância igual a 5% e 19 graus de liberdade ($n - 1$ ou $20 - 1$). Na tabela padronizada da distribuição t, tem-se o valor apresentado na Tabela 6.2.

Tabela 6.2   *Distribuição t (nível de significância igual a 5% e 19 graus de liberdade).*

Graus de liberdade ($n - 1$)	α bicaudal									
	0,10	0,09	0,08	0,07	0,06	0,05	0,04	0,03	0,02	0,01
	α unicaudal									
	0,05	0,045	0,04	0,035	0,03	0,025	0,02	0,015	0,01	0,005
18	1,7341	1,7918	1,8553	1,9264	2,0071	2,1009	2,2137	2,3562	2,5524	2,8784
19	1,7291	1,7864	1,8495	1,9200	2,0000	2,0930	2,2047	2,3457	2,5395	2,8609
20	1,7247	1,7816	1,8443	1,9143	1,9937	2,0860	2,1967	2,3362	2,5280	2,8453

Substituindo os valores na equação anterior, tem-se que:

$$\mu = 3,15 \pm 2,0930 \frac{1,5985}{\sqrt{20}} = 3,15 \pm 0,7481$$

A média populacional poderia ser apresentada em um intervalo de confiança:

$$2,4019 \le \mu \le 3,8981$$

Com base no intervalo de confiança construído, a média do universo dos dados amarelos estaria compreendida entre 2,4019 e 3,8981. Um dado honesto, perfeito, teria média igual a 3,5. Como o valor 3,5 está incluído no intervalo construído a partir da amostra, é possível dizer que, embora a média amostral tenha sido diferente de 3,50, a amostra poderia ter sido proveniente de uma população com média igual a 3,50.

O intervalo de confiança possibilitou analisar os dados da amostra, inferi-los em relação ao universo e, posteriormente, analisar as suspeitas da empresa. Porém, outra forma de análise poderia ser feita mediante o uso de testes de hipóteses.

ALEGAÇÕES SOBRE PARÂMETROS POPULACIONAIS *VERSUS* ESTIMATIVAS AMOSTRAIS

O teste de hipótese tem por objetivo verificar a veracidade de determinada suposição dentro do âmbito amostral para ser aceita dentro do âmbito populacional. Isto é, se a alegação em questão acerca de um parâmetro populacional pode ser aceita ou não com base em dados amostrais coletados.

No caso do problema dos dados amarelos da Fábrica dos Dados Coloridos, existe a expectativa de que a média populacional ou *verdadeira* dos lances de um dado honesto seja igual a 3,5. Porém, a empresa alegava que a média *verdadeira* dos dados amarelos seria diferente de 3,5.

Para analisar as suspeitas, uma amostra foi extraída, resultante de cinco lances com quatro dados cada lance. Os dados da amostra deveriam ser confrontados com a alegação sobre o todo. Isto é, desejava-se testar se os resultados da amostra, com média igual a 3,15, seria compatível com uma população com média igual a 3,5. Tais testes poderiam ser feitos com o uso de testes de hipóteses estatísticos.

Testes de hipóteses confrontam estimativas amostrais com parâmetros populacionais. São comumente utilizados em pesquisas educacionais, socioeconômicas, políticas, controle de qualidade e outros.

Em outro exemplo, um tradicional fabricante de bobinas de papel para máquinas registradoras afirma nos rótulos de seus produtos que estes contêm, em média, 5.000 centímetros. Um consumidor, desejando verificar a validade da afirmação da fábrica, comprou 50 bobinas de papel e encontrou que estas apresentaram uma média amostral igual a 4.950 cm, com um desvio padrão de 100 cm. Será, então, que o fabricante estaria mentindo, já que a média amostral foi inferior ao alegado nos rótulos?

Para poder verificar a legitimidade da alegação, deve-se observar que os dados apresentam certa dispersão, com desvio padrão igual a 100 cm. Assim, em função da dispersão natural dos dados e da distribuição amostral das médias, é possível, em decorrência do mero acaso, obter uma média amostral inferior à alegação sobre o parâmetro na população. Para poder melhor analisar o estudo, seria necessário aplicar um teste de hipóteses.

Um teste de hipóteses inicia com a análise da situação e da alegação estabelecida. Posteriormente, formulam-se duas hipóteses de trabalho, apresentadas como hipótese nula ou H zero, apresentada como H_0, e a hipótese alternativa ou H um, apresentada como H_1.

Na hipótese nula, supõe-se que a alegação de igualdade seja aceita como verdadeira para a população. Em H_0 sempre apresentamos uma alegação de igualdade. Já a hipótese alternativa, como o próprio nome sugere, oferece uma negação para a hipótese nula. Essa negação pode ser por meio da alegação de diferença, maioridade ou menoridade. H_1 apresenta uma alegação do tipo "≠", "<" ou ">".

Em relação ao exemplo da Fábrica dos Dados Coloridos, a alegação de igualdade apresentada é de que a média de todos os lances dos dados amarelos seja igual a 3,5. A alegação de desigualdade é a de que os lances apresentariam média diferente de 3,5. Formalizando a apresentação das hipóteses:

H_0: Média populacional de todos os lances é igual a 3,50 ou H_0: $\mu = 3{,}50$

H_1: Média populacional de todos os lances é diferente de 3,50 ou H_1: $\mu \neq$ 3,50

No caso do fabricante de bobinas de papel, a alegação de igualdade apresentada é de que a média de todas as bobinas produzidas seja igual a 5.000 cm. A alegação de desigualdade é a de que a média seja diferente de 5.000 cm. Formalizando a apresentação das hipóteses:

H_0: Média populacional de todas as bobinas seja igual a 5.000 cm ou H_0: $\mu = 5.000$

H_1: Média populacional de todas as bobinas seja diferente de 5.000 cm ou H_1: $\mu \neq 5.000$

A regra para a construção das hipóteses nula e alternativa deve ser sempre respeitada.

H_0: sempre deve estabelecer uma igualdade. A igualdade pode ser entendida por meio de uma igualdade simples, "=", por meio de situação do tipo maior ou igual, "≥", ou de uma situação do tipo menor ou igual, "≤". Embora diferentes situações possam ser entendidas, costuma-se apresentá-la apenas por meio da igualdade simples. Porém, será sempre complementar ao que estabelece a hipótese alternativa.

H_1: sempre deve estabelecer uma desigualdade. A desigualdade pode ser entendida por meio de uma diferença simples, "≠", por meio de situação do tipo maior, ">", ou de uma situação do tipo menor, "<".

Assim, caso uma situação seja apresentada com H_0: $\mu = 10$ e H_1: $\mu > 10$, entende-se que a hipótese nula H_0, embora apresentada com uma igualdade simples, contempla, na verdade, o complemento da hipótese alternativa. Como a hipótese H_1 apresenta uma situação do tipo maior que 10, a hipótese nula, ao se referir ao complemento, aceitará qualquer situação do tipo menor ou igual a 10.

Embora apresentadas, por convenção nas formas "H_0: $\mu = 10$" e "H_1: $\mu > 10$", na prática os procedimentos de testes trabalharão com "H_0: $\mu \leq 10$" e "H_1: $\mu > 10$".

Como exemplo de situação alegada e hipóteses formuladas, veja os exemplos fornecidos a seguir. Em todos, deve ser respeitada a regra básica da manutenção da alegação de igualdade na hipótese nula.

Exemplo 1: um pesquisador gostaria de testar a alegação de a média populacional das alturas de um grupo de alunos ser igual a 1,70 m, contra a alternativa de a média ser diferente. As hipóteses formuladas seriam:

H_0: Média populacional das alturas é igual a 1,70 m ou H_0: $\mu = 1,70$ m

H_1: Média populacional das alturas é diferente de 1,70 m ou H_1: $\mu \neq$ 1,70 m

O exemplo é muito simples. A alegação de igualdade e a de diferença estão claramente apresentadas.

Exemplo 2: um fabricante de lâmpadas alega que seus produtos duram, em média e no mínimo, 400 horas. As hipóteses formuladas seriam:

H_0: Média populacional da duração é igual a 400 h ou H_0: μ = 400 h

H_1: Média populacional da duração é menor que 400 h ou H_1: μ < 400 h

O exemplo traz uma alegação pelo fabricante do tipo no mínimo ou "≥". Assim, essa alegação de igualdade deve ser colocada na hipótese nula, embora apresentada apenas com sinal de igualdade, "=". A hipótese alternativa será do tipo menor que ou "<".

A alegação do fabricante apenas poderá ser rejeitada se a amostra apresentar uma média significativamente menor. Não basta ter uma amostra com média mais baixa. Ela precisa ser significativamente mais baixa.

Exemplo 3: uma indústria química alega que a quantidade de impurezas presentes em determinado produto é igual ou menor que 16 gramas. As hipóteses formuladas seriam:

H_0: Média populacional das impurezas é igual a 16 g ou H_0: μ = 16 g

H_1: Média populacional das impurezas é maior que 16 g ou H_1: μ > 16 g

A alegação da indústria é do tipo igual ou menor, "≤". A alegação de igualdade está formulada e deve ser apresentada na hipótese nula, embora apenas o sinal de igualdade "=" seja apresentado em H_0. A hipótese alternativa apresenta o complemento, ou seja, ">".

Apenas seria possível rejeitar a alegação da indústria com uma média amostra significativamente maior. Não bastaria apenas ser maior. Teria que ser significativamente maior.

Quando alegação formulada envolve uma desigualdade, esta costuma ser expressa por meio da hipótese alternativa, H_1. Vide os exemplos fornecidos a seguir:

Exemplo 4: um economista gostaria de testar a hipótese da média do crescimento da renda familiar em uma região ter sido diferente de zero. As hipóteses formuladas envolvem a alegação da desigualdade em H_1.

H_0: Média populacional do crescimento de renda é igual a 0 ou H_0: μ = 0

H_1: Média populacional do crescimento de renda é diferente de 0 ou H_1: $\mu \neq 0$

Nesse caso, a alegação da diferença está clara e deve ser colocada na hipótese alternativa, H_1.

Exemplo 5: uma prestadora de serviços de desinsetização alega que a aplicação de seus produtos dura, em média, mais de 180 dias. As hipóteses formuladas envolvem a alegação da desigualdade em H_1.

H_0: Média populacional da duração é igual a 180 dias ou H_0: μ = 180 dias

H_1: Média populacional da duração é maior que 180 dias ou H_1: $\mu > 180$ dias

No exemplo, a alegação da desigualdade do tipo maior que, ">", está clara e deve ser colocada na hipótese alternativa, H_1.

Exemplo 6: uma fábrica de defensivos agrícolas alega que a sua emissão de efluentes mensal é menor que 100.000 litros. As hipóteses formuladas envolvem a alegação da desigualdade em H_1.

H_0: Média populacional das emissões mensais é igual a 100.000 l ou H_0: $\mu = 100.000$ l

H_1: Média populacional das emissões é menor que 100.000 l ou H_1: $\mu < 100.000$ l

No caso, a alegação da desigualdade do tipo menor que, "<", está clara e deve ser colocada na hipótese alternativa, H_1.

Para aplicar, de forma completa, os testes de hipóteses, recomenda-se a aplicação de cinco passos distintos. Todos estão descritos a seguir.

OS PROCEDIMENTOS ALGÉBRICOS PARA OS TESTES DE HIPÓTESES SEM O SPSS

A realização dos testes inferenciais de hipóteses sem o SPSS, com a confrontação de dados amostrais com alegações acerca de características da população, costuma empregar uma rotina de procedimentos sequenciais, comumente representada através de uma sequência de cinco passos, denominados por Passo 1, Passo 2, Passo 3, Passo 4 e Passo 5. As etapas dos testes estão apresentadas a seguir.

Passo 1: a primeira etapa consiste na formulação da hipótese nula (H_0) e da hipótese alternativa (H_1). É importante destacar que a hipótese nula sempre conterá uma alegação de igualdade. A hipótese alternativa sempre conterá uma alegação de desigualdade. Os procedimentos inferenciais empregados costumam envolver a estimativa e os testes sobre médias ou proporções populacionais.

De modo geral, as hipóteses formuladas podem ser estabelecidas da seguinte forma:

H_0: também denominada hipótese nula. Alega a **igualdade** de determinado parâmetro. Por exemplo, $\mu = \$ 160,00$; $\mu = 400$ kg, $\mu = 4$ dias ou $P = 40\%$.

Importante: a hipótese nula H_0 sempre alega a igualdade de determinado parâmetro.

H_1: também denominada hipótese alternativa. Alega a desigualdade de um determinado parâmetro. Pode envolver a alegação de três tipos diferentes de hipóteses: diferença ($\neq$), maior ($>$) ou menor ($<$). Por exemplo: H_1: $\mu \neq 40$ h; H_1: $\mu > 40$ h ou H_1: $\mu < 40$ h.

É importante destacar que a hipótese nula sempre apresenta uma igualdade. Por outro lado, a hipótese alternativa deve apresentar uma desigualdade, com uma alegação do tipo diferente de, maior que ou menor que.

Caso seja necessário construir hipóteses para as situações apresentadas a seguir, a regra de que a hipótese nula deve conter a igualdade deve ser sempre respeitada.

Situação 1: um comerciante alega que suas vendas médias diárias nunca são iguais a \$ 400,00. Nesse caso, a desigualdade já está alegada. A construção das hipóteses consiste em:

H_0: $\mu = \$ 400,00$

H_1: $\mu \neq \$ 400,00$

Situação 2: um fabricante alega que suas embalagens de amaciante têm, em média, sempre mais que 200 ml. Nesse caso, de forma similar à situação anterior, a desigualdade já está alegada. A construção das hipóteses consiste em:

H_0: $\mu = 200$ ml

H_1: $\mu > 200$ ml

Situação 3: uma indústria de papel alega que suas resmas sempre contêm em média e no mínimo 500 folhas. Nesse caso, a igualdade está contida na alegação da empresa, já que conter no mínimo 500 folhas é conter uma quantidade **igual** ou maior que 500 folhas. Assim, a hipótese nula estabelece a igualdade alegada pelo fabricante, enquanto a hipótese alternativa a nega, afirmando uma média menor que 500 folhas. A afirmação do fabricante apenas será negada se a quantidade média encontrada for significativamente menor que 500 folhas. A construção das hipóteses consiste em:

H_0: $\mu = 500$ folhas

H_1: $\mu < 500$ folhas

Passo 2: na segunda etapa do teste de hipóteses, deve-se escolher a distribuição amostral adequada. As regras aplicáveis para a escolha da distribuição e os procedimentos empregados são similares aos utilizados na estimação de intervalos de confiança e apresentados na Figura 6.1.

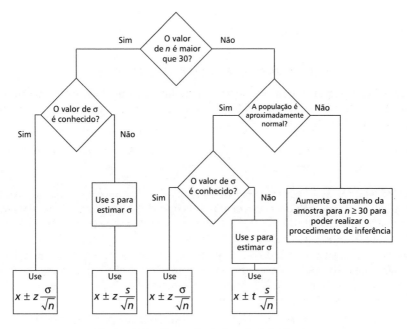

Figura 6.1   *Procedimentos de inferência.*

De modo geral, na segunda etapa, observam-se as seguintes regras:

Se o tamanho da amostra for maior ou igual a 30, pode-se usar a distribuição normal, representada na tabela Z, conforme estabelecido no teorema central do limite, trabalhado anteriormente. Para amostras com pelo menos 30 elementos, a distribuição das médias amostrais deve se comportar como uma distribuição normal, com média igual à média amostral e desvio igual ao desvio padrão da variável dividido pela raiz de n.

Se o desvio padrão populacional (σ) for conhecido, este será empregado nos cálculos da estatística teste. Caso o desvio populacional seja desconhecido, o desvio padrão amostral deverá ser empregado como estimativa do desvio populacional nos cálculos subsequentes.

Se o tamanho da amostra for menor que 30 elementos, mas a população for aproximadamente normal e o desvio padrão populacional for conhecido, deve-se também empregar a distribuição normal.

Quando a distribuição da variável na população for aproximadamente normal e o desvio padrão populacional for desconhecido e o tamanho da amostra for menor que 30, deve ser utilizada a distribuição de Student, representada por meio da tabela t, apresentada mais adiante.

Quando n for menor que 30 e a população não for normalmente distribuída, não se deve aplicar nenhuma das tabelas Z ou t. Nessas situações, devem ser empregados testes não paramétricos de hipóteses ou deve-se buscar um aumento do tamanho da amostra estudada.

> **PECULIARIDADES E CUIDADOS NO SPSS**
>
> Embora diferentes considerações possam ser feitas no teste algébrico de hipóteses, conforme apresentado mais adiante, o SPSS sempre usa o procedimento mais genérico, que envolve o cálculo da estatística teste t.
>
> $$t_t = \frac{\bar{x} - \mu_0}{\frac{s}{\sqrt{n}}}$$
>
> Convém lembrar que a distribuição de Student é mais abrangente que a distribuição normal. Quando o tamanho da amostra é grande, a distribuição de Student converge para uma Normal. Assim, a distribuição Normal poderia ser entendida como um caso particular da distribuição de Student para n grandes.
>
> Porém, é preciso tomar cuidado no SPSS. Quando n for menor que 30 e a população não for normalmente distribuída,[1] devem ser empregados testes não paramétricos de hipóteses ou deve-se buscar um aumento do tamanho da amostra estudada.

Passo 3: na terceira etapa, devem-se estabelecer o nível de significância e o nível de confiança, marcá-los no gráfico da distribuição determinada no passo anterior e calcular os valores críticos. O nível de confiança expressa o percentual da probabilidade de acerto da conclusão. Geralmente, é assumido como igual a 95%. O nível de significância expressa o erro possível de ser cometido – geralmente assumido como sendo igual a 5%.

Por meio do nível de confiança, é possível expressar a área de aceitação da hipótese nula, H_0. O nível de significância expressa a área associada à aceitação da hipótese alternativa, H_1. Para uma hipótese alternativa definida através de uma suposição de diferença (H_1: $\mu \neq 10$, por exemplo), as áreas de aceitação (nível de confiança) e rejeição (nível de significância) da hipótese nula podem ser vistas na Figura 6.2.

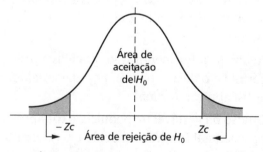

Figura 6.2 *Áreas de aceitação e rejeição da hipótese nula* H_0.

---

[1] Para saber se a amostra foi extraída de uma população normalmente distribuída, poderíamos usar o teste de Kolmogorov-Smirnof, apresentado no Capítulo 7, que trata dos testes não paramétricos.

Apresentando as áreas de aceitação ou rejeição por meio do nível de confiança e do nível de significância, pode-se construir a representação da Figura 6.3.

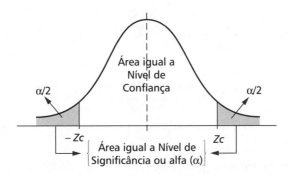

Figura 6.3   *Nível de confiança e significância, com H_1 do tipo "≠".*

Quando a hipótese alternativa (H_1) apresenta o parâmetro analisado com a desigualdade expressa através de uma expressão de maioridade, as áreas de aceitação (nível de confiança) e rejeição (nível de significância ou alfa) podem ser vistas na Figura 6.4.

Figura 6.4   *Nível de confiança e significância, com H_1 do tipo ">".*

Se a hipótese alternativa (H_1) apresentar o parâmetro analisado com a desigualdade expressa através de uma expressão de menoridade, as áreas de aceitação (nível de confiança) e rejeição (nível de significância ou alfa) poderiam ser vistas na Figura 6.5.

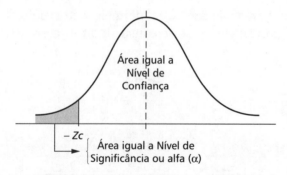

Figura 6.5 *Nível de confiança e significância, com H$_1$ do tipo "<".*

De modo geral, as formas de partição dos testes de hipóteses podem ser resumidas por meio da Figura 6.6.

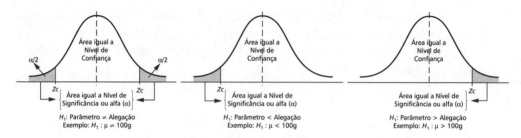

Figura 6.6 *Diferentes partições para diferentes H$_1$.*

Com a partição do gráfico, devem-se determinar os valores críticos para a variável Z, representados por Zc. Para encontrar o valor crítico da variável, é preciso conhecer os valores do nível de significância ou confiança. Alguns dos principais valores críticos de Z podem ser vistos na Tabela 6.3.

Tabela 6.3 *Valores críticos de variável padrão Z.*

Nível de significância bicaudal	Nível de significância unicaudal	Área na tabela padronizada de Z	Valor crítico (Zc)
20%	10%	0,40	1,28
10%	5%	0,45	1,65
5%	2,5%	0,475	1,96
2%	1%	0,49	2,33
1%	0,5%	0,495	2,58

Os valores críticos de Z, Zc, foram obtidos na tabela padronizada da distribuição normal. Veja a Tabela 6.4.

Tabela 6.4 *Valores críticos de Z.*

Z	0,00	0,01	0,02	0,03	0,04	0,05	0,06	0,07	0,08	0,09
1,10	0,3643	0,3665	0,3686	0,3708	0,3729	0,3749	0,3770	0,3790	0,3810	0,3830
1,20	0,3849	0,3869	0,3888	0,3907	0,3925	0,3944	0,3962	0,3980	0,3997	0,4015
1,50	0,4332	0,4345	0,4357	0,4370	0,4382	0,4394	0,4406	0,4418	0,4429	0,4441
1,60	0,4452	0,4463	0,4474	0,4484	0,4495	0,4505	0,4515	0,4525	0,4535	0,4545
1,90	0,4713	0,4719	0,4726	0,4732	0,4738	0,4744	0,4750	0,4756	0,4761	0,4767
2,30	0,4893	0,4896	0,4898	0,4901	0,4904	0,4906	0,4909	0,4911	0,4913	0,4916
2,40	0,4918	0,4920	0,4922	0,4925	0,4927	0,4929	0,4931	0,4932	0,4934	0,4936
2,50	0,4938	0,4940	0,4941	0,4943	0,4945	0,4946	0,4948	0,4949	0,4951	0,4952

Passo 4: a quarta etapa consiste no cálculo da estatística teste e na comparação dessa resposta com as áreas particionadas e os seus valores críticos. Existem diferentes equações a utilizar para encontrar a estatística teste.

Para testes de hipóteses com uma amostra para a média, os valores da estatística teste podem ser apresentados de diferentes formas:

a) Se o desvio padrão populacional for conhecido ou o tamanho da amostra for igual ou maior que 30:

$$z_t = \frac{\overline{x} - \mu_0}{\dfrac{\sigma}{\sqrt{n}}} \quad \text{ou} \quad z_t = \frac{\overline{x} - \mu_0}{\dfrac{s}{\sqrt{n}}}$$

b) Se o desvio padrão populacional for desconhecido e o tamanho da amostra for menor que 30:

$$t_t = \frac{\overline{x} - \mu_0}{\dfrac{s}{\sqrt{n}}}$$

Onde:

μ = média da amostra

σ = desvio padrão populacional

s = desvio padrão amostral

n = número de elementos da amostra

Passo 5: na última etapa, a depender do resultado da estatística teste e de sua posição no gráfico particionado anteriormente no passo 3, aceita-se ou não a hipótese nula.

Para ilustrar melhor a aplicação de um teste de hipóteses, considere o exemplo da Fábrica dos Dados Coloridos, que suspeitava que a *verdadeira* média dos dados amarelos seria diferente de 3,5. Por meio do processo de inferência, conclui-se que a amostra seria compatível com uma população com média igual a 3,5.

Caso a análise fosse feita com um teste de hipóteses, seria preciso seguir os cinco passos apresentados.

Passo 1: definição das hipóteses. Na situação, as hipóteses foram apresentadas em função de a média populacional ser igual ou diferente de 3,5.

$$H_0: \mu = 3,5$$
$$H_1: \mu \neq 3,5$$

Passo 2: escolha da distribuição amostral adequada. Como o tamanho é igual a 20 ($n < 30$) e o desvio populacional é desconhecido, deve-se usar a distribuição de Student.

Passo 3: partição da distribuição. Assumindo um nível de confiança padrão igual a 95%, e considerando-se 19 graus de liberdade, o valor da estatística teste t é igual a 2,0930.

Tabela 6.5   *Distribuição t (nível de significância igual a 5% e 19 graus de liberdade).*

Graus de liberdade ($n - 1$)	α bicaudal									
	0,10	0,09	0,08	0,07	0,06	0,05	0,04	0,03	0,02	0,01
	α unicaudal									
	0,05	0,045	0,04	0,035	0,03	0,025	0,02	0,015	0,01	0,005
18	1,7341	1,7918	1,8553	1,9264	2,0071	2,1009	2,2137	2,3562	2,5524	2,8784
19	1,7291	1,7864	1,8495	1,9200	2,0000	2,0930	2,2047	2,3457	2,5395	2,8609
20	1,7247	1,7816	1,8443	1,9143	1,9937	2,0860	2,1967	2,3362	2,5280	2,8453

Com o valor obtido para tc, pode-se representar a partição de acordo com a Figura 6.7. Valores para a estatística teste entre $-2,0930$ e $+2,0930$ indicam a aceitação da hipótese nula, H_0. Valores da estatística teste menores que $-2,0930$ ou maiores que $+2,0930$ indicam a rejeição da hipótese nula e a aceitação da hipótese alternativa, H_1.

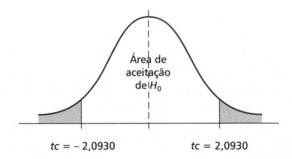

Figura 6.7   *Áreas de aceitação e rejeição da hipótese nula* H_0.

Passo 4: cálculo da estatística teste e comparação com as áreas particionadas e os valores críticos. Usando a fórmula para a estatística *t* teste:

$$t_t = \frac{\bar{x} - \mu_0}{\frac{s}{\sqrt{n}}} = \frac{3,15 - 3,5}{\frac{1,5985}{\sqrt{20}}} = -0,9792$$

Representando a estatística teste nas áreas de aceitação e rejeição, tem-se o resultado da Figura 6.8.

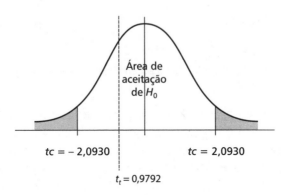

Figura 6.8   *Áreas de aceitação, rejeição e estatística teste.*

Passo 5: aceita-se ou não a hipótese nula. Como o resultado da estatística teste foi igual a – 0,9792, esse valor encontra-se entre os limites das estatísticas críticas, iguais a – 2,0930 e + 2,0930. Assim, o valor da estatística teste, conforme representado na Figura 6.8, indica a aceitação da hipótese nula.

Ou seja, mediante a aplicação do teste de hipótese, é possível aceitar a alegação de que a amostra tenha sido proveniente de uma população com média igual a 3,5. Não é possível aceitar a hipótese da média populacional ser diferente de 3,5.

É importante destacar que os testes podem ser bicaudais ou unicaudais em função da hipótese alternativa apresentada em H_1.

a) Teste bicaudal ou bilateral: é utilizado quando se analisam condições extremas, nas quais não existe a possibilidade da incerteza tanto para maior como para menor. Existe grande interesse na análise dos valores extremos para a média amostral em ambos os lados da distribuição normal. Como característica dessa situação, podem-se citar alguns exemplos *sui generis*, como: a porca e o parafuso, a chave e a fechadura, o tamanho do pé e o calçado... Todos esses exemplos demonstram compatibilidade entre os meios, pois o diâmetro do parafuso tem que ser compatível com o diâmetro da porca para se ter utilidade, assim como o segredo de determinada chave só abre a porta exata. Quaisquer diferenças significativas implicam na rejeição da hipótese de igualdade.

Ao realizar o gráfico da distribuição normal baseado no nível de significância (α), por ser um teste bilateral, calcula-se a área da cauda dividindo-se o valor de α por dois ($\alpha/2$). Veja a Figura 6.9.

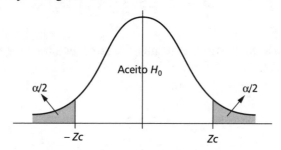

Figura 6.9 *Partição em teste bilateral.*

Por exemplo, uma empresa alega que a quantidade média de açúcar contida nas embalagens *standard* é exatamente igual a 200 g. Uma pesagem de 14 embalagens escolhidas ao acaso apresentou um peso médio igual a 180 g. Estudos feitos com produtos similares indicam que o desvio padrão populacional dos produtos analisados é igual a 25 g. Para um nível de significância igual a 5%, o que se pode dizer sobre a alegação do fabricante?

Para verificar a coerência da alegação da indústria com os dados amostrais, é preciso aplicar os cinco passos padrões do teste de hipóteses:

Passo 1: no primeiro passo, por meio da interpretação do enunciado, devem ser formuladas as hipóteses nula (H_0) e alternativa (H_1). A hipótese nula sempre contém a alegação de igualdade.

$H_0: \mu = 200$: segundo a alegação de igualdade formulada, a média seria igual a 200 g

$H_1: \mu \neq 200$: de forma alternativa, supõe-se que a média seja diferente de 200 g

Passo 2: no segundo passo, deve-se identificar o desvio padrão, e a depender deste define-se que tabela será utilizada. Nesta questão, como tem-se o desvio padrão populacional (σ) conhecido, deve ser utilizada a distribuição normal.

Passo 3: no terceiro passo, deve-se, então, definir a região de aceitação e rejeição usando a curva normal. Nesse caso, tem-se que o nível de significância (α) é igual a 5%. Logo, existe um nível de confiança igual a 95% para a aceitação da hipótese nula.

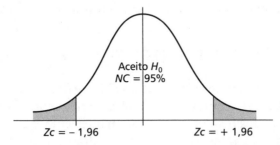

Figura 6.10 *Partição para nível de confiança igual a 95%.*

Com base no nível de confiança igual a 95% ou no nível de significância igual a 5%, é possível encontrar os valores críticos de Z, no caso iguais a ± 1,96.

Passo 4: na quarta etapa, deve-se calcular a estatística teste z. Nesse caso, a fórmula a ser utilizada é a seguinte:

$$z_t = \frac{\bar{x} - \mu_0}{\frac{\sigma}{\sqrt{n}}}$$

Substituindo os dados na fórmula:

$$z_t = \frac{180 - 200}{\frac{25}{\sqrt{14}}} = -2,9933$$

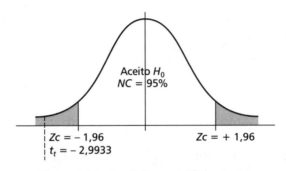

Figura 6.11 *Partição e estatística teste.*

Passo 5: deve-se comparar o resultado da estatística teste com os valores de aceitação ou rejeição do gráfico realizada no 3º passo. Nesse caso, o valor da estatística teste (– 2,9933) é inferior ao limite mínimo ou Z crítico da área de aceitação (– 1,96).

Veja a Figura 6.11. Como Z teste situa-se na área de rejeição, não é possível aceitar a alegação do fabricante. Com base nos dados amostrais, seria possível rejeitar a alegação formulada pelo fabricante. Os dados da amostra indicam uma média significativamente diferente daquela alegada pelo fabricante.

TESTES DE HIPÓTESES NO SPSS

Quando testes de hipóteses são feitos no SPSS, é importante destacar a importância da análise dos relatórios de saída, geralmente centrada na observação do nível de significância dos resultados. É comum que estudos e análises inferenciais sejam feitas assumindo um nível de confiança padrão e igual a 95%, com um nível de significância igualmente padrão e igual a 5%, conforme ilustra a Figura 6.12.

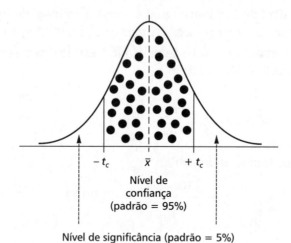

Figura 6.12 *Níveis de confiança e significância.*

Quando o teste de hipótese é do tipo paramétrico e a média é o parâmetro testado, o SPSS sempre calcula a estatística teste t.

$$t_t = \frac{\bar{x} - \mu_0}{\frac{s}{\sqrt{n}}}$$

O SPSS executa um procedimento ligeiramente diferente aos passos usuais dos testes de hipóteses, já que para a estatística teste (t_t) calculada, o SPSS calcula o nível de significância bicaudal. Seus *outputs* ou relatórios sempre apresentam o nível de significância dos resultados (Sig.). Ou seja, o *output* apresenta o cálculo da área sob a curva correspondente à estatística teste calculada.

Duas situações devem ser sempre consideradas:

1ª) **Sig. ≥ 0,05**: aceito a hipótese nula, de igualdade e inexistência de diferenças significativas. Quando o nível de significância (Sig.) calculado pelo SPSS for superior a 0,05, existirá superposição das áreas, ilustrada na Figura 6.13. Nessa situação, aceita-se a hipótese nula – que sempre estabelece uma igualdade.

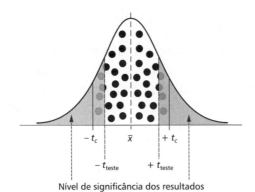

Nível de significância dos resultados

Figura 6.13 *Teste feito pelo SPSS (Aceita-se H$_0$).*

2ª) **Sig. < 0,05**: aceito a hipótese alternativa, de desigualdade e existência de diferenças significativas. Quando o nível de significância (Sig.) calculado pelo SPSS for inferior a 0,05, aceita-se a hipótese alternativa que estabelece uma desigualdade, conforme apresenta a Figura 6.14. Nessa situação, costuma-se aceitar a alegação da existência de diferenças significativas.

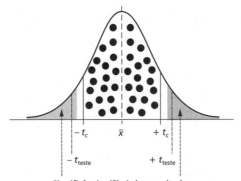

Significância (Sig.) dos resultados

Figura 6.14 *Teste feito pelo SPSS (Rejeita-se H$_0$).*

Os principais testes de hipóteses feitos no SPSS estão apresentados ao longo das próximas páginas.

b) Teste unicaudal ou unilateral: a característica típica dos testes de hipóteses unicaudais ou unilaterais consiste no fato de permitir verificar a existência de dois limites únicos e opostos, existindo interesse na análise de apenas um dos extremos. Neste tipo de teste, podem-se utilizar desigualdades maiores ou menores para se testar a veracidade das hipóteses.

Teste unicaudal com limite superior: os testes de hipóteses com limite superior possuem o propósito de analisar se os dados amostrais sustentam a hipótese de a estimativa obtida ser igual ou menor que um parâmetro alegado. Como exemplos práticos em relação ao extremo máximo na curva normal, pode-se citar a validade de produtos perecíveis – o produto não deve ser utilizado após o prazo limite estabelecido pelo fabricante; a quantidade máxima permitida de CO_2 a ser expelida por um veículo; e a quantidade máxima permitida de agrotóxicos encontrada em determinados produtos agrícolas.

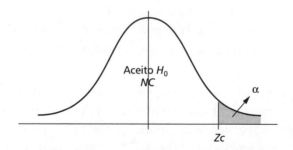

Figura 6.15   *Partição unicaudal à direita.*

Para ilustrar o uso de teste unicaudal com limite superior, considere o exemplo de determinado fabricante de rações para aves que produz tipo especial de mistura. O fabricante alega que uma embalagem com 20 kg conterá em média, **no máximo**, 4,5 kg de determinado composto. A alegação do fabricante pode ser entendida que a verdadeira média deverá ser igual ou menor que 4,5 kg, ou H_0: $\mu \leq 4,5$ kg. Convencionalmente, a hipótese nula é apresentada apenas com a igualdade. Ou seja, H_0: $\mu = 4,5$ kg.

A hipótese alternativa H_1 que rejeita a alegação do fabricante deve estabelecer uma média populacional **superior** a 4,5 kg do composto nas embalagens de 20 kg. Ou seja, H_1: $\mu > 4,5$ kg. Assim, as duas hipóteses podem ser apresentadas como:

H_0: $\mu = 4,5$ kg

H_1: $\mu > 4,5$ kg

Uma pesquisa realizada por um criatório cliente, utilizando-se de uma amostra de 190 embalagens de 20 kg, revelou uma quantidade média de 4,8 kg com um desvio padrão de 0,3 kg. Considerando um nível de confiança igual a 96% ou um nível de significância igual a 4%, é possível aceitar a alegação do fabricante?

Note que caso a média amostral encontrada fosse igual ou menor que 4,5 kg, nada mais haveria a ser feito, já que a estimativa amostral seria coerente com a alegação do fabricante. O problema é que amostra apresentou uma média superior a 4,5 kg. O problema, então, consiste em saber se a diferença a maior é, de fato, significativa.

Para testar a alegação do fabricante, seria preciso estruturar um teste de hipóteses. Veja os passos apresentados a seguir.

Passo 1: por meio da interpretação do enunciado, deve-se formular H_0 e H_1. Nesse caso, as hipóteses já foram definidas como sendo:

$$H_{0:}\ \mu = 4,5$$
$$H_{1:}\ \mu > 4,5$$

Passo 2: nesta etapa, se deve identificar se o desvio padrão populacional é conhecido ou se o tamanho da amostra é grande. A partir dessas informações, define-se a distribuição de probabilidades que será utilizada.

No exemplo da fábrica de rações, como a amostra é grande ($n > 30$) e, além disso, tem-se o desvio populacional conhecido, será utilizada a distribuição normal, com o apoio da tabela padronizada com os valores de Z.

Passo 3: deve-se definir a região de aceitação e rejeição das hipóteses usando a distribuição de probabilidades definida anteriormente.

No caso das rações, tem-se um nível de significância igual a 4%. Logo, há um nível de confiança ou uma área de aceitação da hipótese nula igual a 96%. Como a hipótese alternativa H_1 apresenta uma desigualdade do tipo maior que, ">", H_1: $\mu > 4,5$, a participação é do tipo unicaudal à direita. A área para o valor correspondente de Z_c na partição é igual a 0,46.

Na tabela padronizada para os valores de Z, tem-se para área igual a 0,46 (o valor mais próximo é 0,4599) um valor de Z igual a 1,75. Veja a Tabela 6.6.

Tabela 6.6 *Valor de Z para área igual a 0,4599.*

Z	0,00	0,01	0,02	0,03	0,04	0,05	0,06	0,07	0,08	0,09
1,50	0,4332	0,4345	0,4357	0,4370	0,4382	0,4394	0,4406	0,4418	0,4429	0,4441
1,60	0,4452	0,4463	0,4474	0.4484	0,4495	0,4505	0,4515	0,4525	0,4535	0,4545
1,70	0,4554	0,4564	0,4573	0,4582	0,4591	0,4599	0,4608	0,4616	0,4625	0,4633
1,80	0,4641	0,4649	0,4656	0,4664	0,4671	0,4678	0,4686	0,4693	0,4699	0,4706

O Z crítico da partição unicaudal é igual a 1,75. A partição pode ser vista na Figura 6.16.

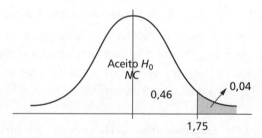

Figura 6.16   *Partição para nível de confiança unicaudal.*

Passo 4: na quarta etapa, deve-se calcular a estatística teste Z.

$$z_t = \frac{\bar{x} - \mu_0}{\frac{s}{\sqrt{n}}} = \frac{4,8 - 4,5}{\frac{0,3}{\sqrt{190}}} = 13,7840$$

Passo 5: deve-se comparar o resultado da estatística teste com os valores de aceitação/rejeição do gráfico realizada no 3º passo.

No caso da fábrica de rações, o valor de Z_{teste} (13,7840) está na área de rejeição, já que seu valor é superior ao valor de $Z_{crítico}$ (+ 1,75). Logo, não é possível aceitar a alegação do fabricante. Os dados da amostra não condizem com as informações alegadas pelo fabricante.

Teste unicaudal com limite inferior: os testes de hipóteses unicaudais ou unilaterais com limites inferiores são empregados em situações em que se deseja verificar se determinada estimativa amostral pode corroborar com a alegação de o parâmetro populacional ser igual ou maior que um limite alegado.

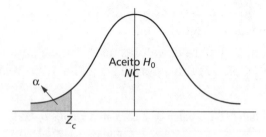

Figura 6.17   *Partição unicaudal à esquerda.*

Considerando os extremos mínimos, podem-se citar como exemplos a vida útil mínima de determinados veículos garantida pelo seu fabricante; ou ainda o mínimo de pontos necessários para ser aprovado em um exame qualquer, a quantidade de combustível mínima necessária para que haja o bom funcionamento de um veículo e outros.

Para ilustrar, imagine que uma empresa de pesquisas econômicas alegue que, em determinada região da cidade, a renda média familiar seria, no mínimo, igual a $ 100.000,00. Porém, uma amostra formada por 60 famílias da região apresentou renda média igual a $ 93.300,00, com desvio padrão amostral igual a $ 13.400,00. Assumindo um nível de significância igual a 5%, seria possível concordar com a alegação formulada?

Para fornecer uma resposta, é preciso aplicar um teste de hipóteses, seguindo os cinco passos.

Passo 1: por meio da interpretação do enunciado, deve-se formular H_0 e H_1.

$H_0: \mu = 100.000$
$H_1: \mu < 100.000$

Passo 2: consiste em identificar se o desvio padrão populacional é conhecido ou se o tamanho da amostra é maior que 30. A depender dessas informações, define-se qual distribuição será utilizada. Nesse exemplo, como o tamanho da amostra é maior que 30, pode-se usar a distribuição normal e a tabela padronizada com os valores de Z.

Passo 3: deve-se então definir a região de aceitação e rejeição usando a distribuição normal. Como o nível de significância é de 5%, existe um nível de confiança ou uma área de aceitação igual a 95%.

A área à esquerda da média é igual a 0,45. Na tabela padronizada de Z, para área igual a 0,45 (assumindo valor exato 0,4505), o valor correspondente de Z é 1,65. A partição pode ser vista na Figura 6.18.

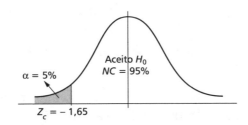

Figura 6.18 *Partição para o teste da empresa de pesquisas econômicas.*

Passo 4: no quarto passo, deve-se calcular a estatística teste Z. Substituindo os valores na equação de Z_t, tem-se:

$$Z_t = \frac{\bar{x} - \mu_0}{\frac{s}{\sqrt{n}}} = \frac{93.300 - 100.000}{\frac{13.400}{\sqrt{60}}} = -3,8730$$

Passo 5: no último passo, deve-se comparar o resultado da estatística teste (– 3,8730) com os valores de Z crítico, assinalado no gráfico desenhado no 3º passo. Nesse caso, o valor de Z_t está na área de rejeição do gráfico, já que – 3,8730 < – 1,65. Logo, não é possível aceitar a alegação formulada. Os dados da amostra não condizem com a alegação do fabricante.

TIPOS DE ERROS ASSOCIADOS AOS TESTES DE HIPÓTESES

Existem dois possíveis erros associados ao teste de uma hipótese estatística, comumente denominados erros do tipo I e II. Pode-se rejeitar uma hipótese verdadeira (tipo I) ou aceitar uma hipótese falsa (tipo II).

As probabilidades de ocorrência dos dois tipos de erros são respectivamente denominadas alfa (α) e beta (β). A probabilidade alfa (α) do erro do tipo I é denominada nível de significância do teste de hipóteses. O nível de confiança do teste é apresentado como sendo um menos alfa ($1 - \alpha$).

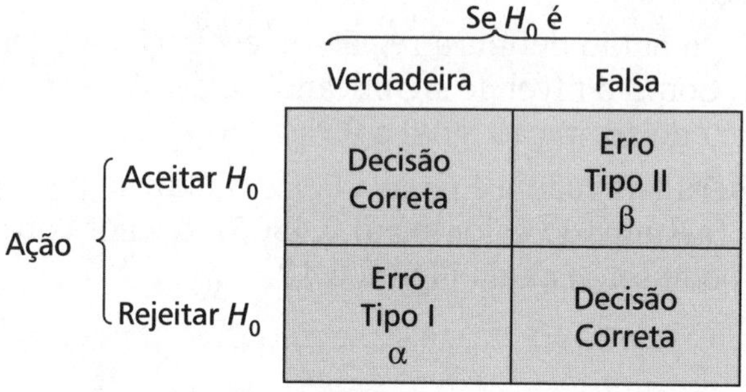

		Se H_0 é	
		Verdadeira	Falsa
Ação	Aceitar H_0	Decisão Correta	Erro Tipo II β
	Rejeitar H_0	Erro Tipo I α	Decisão Correta

Figura 6.19 *Erros associados aos testes de hipóteses.*

Conforme ilustrado na Figura 6.19, o erro tipo I é cometido quando existir a rejeição de H_0, e o erro do tipo II quando se aceitar H_0.

Os testes de hipótese dependem fundamentalmente do nível de significância, apresentado pela letra grega α, alfa. O nível de significância apresenta a probabilidade de uma hipótese nula ser rejeitada, quando é verdadeira.

Quem conduz um teste de hipótese deseja, obviamente, reduzir ao mínimo as probabilidades dos dois tipos de erros. A tarefa é difícil, porque, para uma amostra de determinado tamanho, a probabilidade de se incorrer em um erro tipo II aumenta à medida que diminui a probabilidade do erro tipo I, sendo a recíproca verdadeira.

Aplicando Testes Paramétricos de Hipóteses **171**

Para reduzir os dois erros simultaneamente, é preciso aumentar o tamanho da amostra, o que, geralmente, associa-se ao aumento de recursos consumidos pelo estudo, incluindo recursos financeiros.

TESTE DE UMA AMOSTRA PARA MÉDIAS

O teste de uma amostra para médias é característico de situações em que se procura testar alguma afirmação sobre o parâmetro média da população. Posteriormente, a alegação é confrontada com dados de uma amostra extraída da população. A partir do teste, é possível saber se a informação extraída da amostra condiz com alegação sobre a população ou não.

Para a amostra, calculam-se a média e o desvio padrão. Com esses dados, podem-se comparar a média amostral e o erro inferencial tolerável com a média alegada. Busca-se saber se a alegação é aceitável ou não.

Se ocorrerem grandes desvios, a probabilidade de a afirmação ser falsa é maior, e vice-versa. Para ilustrar, considere o exemplo apresentado a seguir.

Uma grande revista de negócios brasileira afirmou que o faturamento médio das indústrias de determinada região do sul do país seria igual a $ 820.000,00. Sabe-se que o desvio padrão do faturamento de todas as empresas da região é igual a $ 120.000,00.

Um pesquisador independente analisou os dados de uma amostra formada por 19 empresas, encontrando um faturamento médio igual a $ 780.000,00. Assumindo nível de significância igual a 8%, seria possível concordar com a alegação?

Para aplicar o teste de hipótese, seria preciso seguir os cinco passos.

Passo 1: por meio da interpretação do enunciado, devem-se formular H_0 e H_1.

$$H_{0:} \mu = 820.000$$

$$H_{1:} \mu \neq 820.000$$

Passo 2: ao reconhecer que o desvio padrão populacional é conhecido, define-se a distribuição de probabilidade a utilizar. No exemplo, deve-se usar a distribuição normal.

Passo 3: seguindo a sequência dos passos, deve-se definir a região de aceitação e rejeição usando a curva normal. Nesse caso, como o nível de significância é igual a 8%, haverá uma área igual a 92% de aceitação de H_0, conforme ilustra a Figura 6.20.

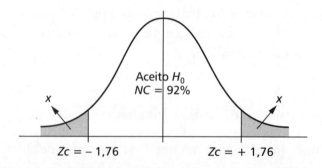

Figura 6.20 Partição para nível de confiança igual a 92%.

Passo 4: deve-se calcular a estatística teste Z.

$$Z_t = \frac{\bar{x} - \mu_0}{\frac{\sigma}{\sqrt{n}}} = \frac{780.000 - 820.000}{\frac{120.000}{\sqrt{19}}} = -1,4530$$

Passo 5: por fim, deve-se então comparar o resultado da estatística teste com os valores de aceitação ou rejeição da Figura 6.20. Nesse caso, o valor de Z_t está na área de aceitação do gráfico ($-1,76 \leq Z_t \leq 1,76$). É possível supor com base nas informações da amostra que a alegação feita pela revista seja verdadeira.

TESTE DE UMA AMOSTRA PARA MÉDIAS NO SPSS

A execução do teste de uma amostra para a média no SPSS pode ser feita conforme ilustra a Figura 6.21. Deve-se usar o menu *Analisar > Comparar médias > Teste T de uma amostra*. No caso, estamos testando a hipótese da média populacional de a variável peso ser igual a 3.200. Ou seja, estamos testando se seria possível assumir se a amostra representada no arquivo **carros.sav** poderia ter sido extraída de uma população com média igual a 3.200.

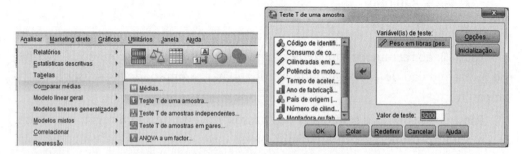

Figura 6.21 Solicitando a execução do teste de hipótese para média do peso igual a 3.200.

Os resultados estão apresentados na Figura 6.22.

One-Sample Statistics

	N	Mean	Std. Deviation	Std. Error Mean
Peso em libras	200	3188,01	941,366	66,565

One-Sample Test

	Test Value = 3200					
				Mean Difference	95% Confidence Interval of the Difference	
	t	df	Sig. (2-tailed)		Lower	Upper
Peso em libras	-,180	199	,857	-11,990	-143,25	119,27

Figura 6.22   *Resultado do teste de hipótese para média do peso igual a 3.200.*

A primeira tabela da Figura 6.22 apresenta as estatísticas descritivas para a variável peso. O SPSS encontrou para a amostra contida na base de dados **carros. sav** um tamanho de amostra (n) igual a 200, uma média igual a 3188,01, um desvio padrão amostral igual a 941,366 e um erro padrão da média igual a 66,565.

A segunda tabela da Figura 6.22 apresenta os resultados do teste de hipótese. O que o SPSS testa de fato é a diferença entre a média amostral e o valor alegado. A diferença encontrada foi igual a –11,990 (ou 3188,01 – 3200), que dividida pelo erro padrão da média (66,565) resulta em uma estatística teste igual a –0,180.

$$t_t = \frac{\bar{x} - \mu_0}{\dfrac{s}{\sqrt{n}}} = \frac{3.188,01 - 3.200}{\dfrac{941,366}{\sqrt{200}}} = \frac{-11,990}{66,565} = -0,180$$

Como a amostra é grande, com $n = 200$ elementos ($n > 30$), poderíamos usar a distribuição normal como aproximação para a distribuição de Student, empregada pelo SPSS. Para um valor de Z igual a – 0,180 (ou 0,180, já que a distribuição é simétrica) temos uma área entre a média e Z igual a 0,0714, conforme apresenta a Tabela 6.7.

Tabela 6.7   *Parte da tabela da distribuição normal padronizada ($Z = 0,18$).*

Z	0,00	0,01	0,02	0,03	0,04	0,05	0,06	0,07	0,08	0,09
0,00	(0,0000)	0,0040	0,0080	0,0120	0,0160	0,0199	0,0239	0,0279	0,0319	0,0359
0,10	0,0398	0,0438	0,0478	0,0517	0,0557	0,0596	0,0636	0,0675	**0,0714**	0,0753
0,20	0,0793	0,0832	0,0871	0,0910	0,0948	0,0987	0,1026	0,1064	0,1103	0,1141

Assim, se a área entre a média e Z é igual a 0,0714, o nível de confiança do resultado considerando uma análise bicaudal será igual ao dobro: $0,0714 \times 2 = 0,1428$. Logo, o nível de significância do resultado será igual à área complementar, ou $1 - 0,1428 = 0,8572$, que corresponde ao valor do nível de significância apresentada na segunda tabela da Figura 6.22.

Assim, como o nível de significância dos resultados obtidos pelo SPSS (Sig.) foi maior que o padrão 5% ou 0,05, aceitamos a hipótese nula, de igualdade da média ao valor alegado e inexistência de diferenças significativas (considerando a diferença entre a média amostral e o valor alegado igual a zero). Como o nível de significância (Sig.) calculado pelo SPSS foi superior a 0,05, existiu superposição das áreas, ilustrada na Figura 6.23. Nessa situação, aceita-se a hipótese nula – que sempre estabelece uma igualdade.

Nível de significância dos resultados

Figura 6.23   *Teste feito pelo SPSS (Aceitou-se H₀).*

É importante destacar que o nível de significância calculado pelo SPSS sempre considera testes bicaudais. Caso o teste conduzido fosse unicaudal, com a hipótese alternativa estabelecendo o fato de o parâmetro ser maior ou menor que o valor alegado, bastaria dividir por dois o nível de significância calculado pelo SPSS.

> Nível de significância para testes unicaudais = Nível de significância para testes bicaudais ÷ 2

TESTES COM DUAS AMOSTRAS

Outra forma de apresentação de testes de hipóteses pode envolver duas diferentes amostras. Nessas situações, se deseja decidir se um grupo é diferente de outro. Por exemplo, um professor poderia comparar a média de amostras de alunos de sexo feminino e masculino, tentando verificar se as amostras são originárias de populações com médias diferentes.

Em outra situação, um candidato a governador poderia comparar sua preferência em amostras de eleitores obtidas na capital e no interior. Poderia desejar saber se as preferências populacionais seriam iguais ou diferentes.

Os principais testes que envolvem a análise de duas amostras costumam envolver alegações acerca de médias ou proporções.

I – Teste de igualdade de médias populacionais: o teste de hipóteses da igualdade de médias de duas amostras é similar ao teste de igualdade para uma amostra. Basicamente, as principais alterações consistem na definição do tamanho da amostra, nas hipóteses a usar e no cálculo da estatística teste.

a) Tamanho da amostra: neste caso, será igual à soma dos tamanhos das duas amostras. Matematicamente, $n = n_1 + n_2$, onde n_1 representa o tamanho da amostra do primeiro grupo e n_2 representa o tamanho da amostra do segundo grupo.

b) Definição de H_0 e H_1, primeiro passo do teste de hipóteses.

H_0 sempre apresentará a igualdade das médias ou: H_0: $\mu_1 = \mu_2$

H_1 sempre oferecerá uma alternativa ou: H_1: $\mu_1 \neq \mu_2$ ou $\mu_1 < \mu_2$ ou $\mu_1 > \mu_2$

c) O valor da estatística teste dependerá dos tamanhos das amostras e do conhecimento dos desvios populacionais.

Se $n_1 + n_2 \geq 30$ e se os desvios populacionais forem conhecidos:

$$z_{teste} = \frac{\overline{x}_1 - \overline{x}_2}{\sqrt{\dfrac{\sigma_1^2}{n_1} + \dfrac{\sigma_2^2}{n_2}}}$$

Se $n_1 + n_2 \geq 30$ e se os desvios populacionais forem desconhecidos:

$$z_{teste} = \frac{\overline{x}_1 - \overline{x}_2}{\sqrt{\dfrac{s_1^2}{n_1} + \dfrac{s_2^2}{n_2}}}$$

Se $n_1 + n_2 < 30$ e se os desvios populacionais forem desconhecidos e $n_1 = n_2$:

$$t_{teste} = \frac{\overline{x}_1 - \overline{x}_2}{\sqrt{\dfrac{s_1^2}{n_1} + \dfrac{s_2^2}{n_2}}}$$

Se $n_1 + n_2 < 30$ e se os desvios populacionais forem desconhecidos e $n_1 \neq n_2$:

$$t_{teste} \approx \frac{\overline{x}_1 - \overline{x}_2}{\sqrt{\left[\dfrac{(n_1 - 1)s_1^2 + (n_2 - 1)s_2^2}{n_1 + n_2 - 2}\right]\left(\dfrac{1}{n_1} + \dfrac{1}{n_2}\right)}}$$

Para ilustrar o uso de testes de hipóteses com duas amostras, considere os exemplos apresentados a seguir.

176 SPSS: Guia Prático para Pesquisadores • Bruni

Primeiro exemplo: a indústria de Chocolates Delícia afirmava que seus chocolates eram os mais vendidos, em média, no canal de distribuição de supermercados, quando comparados com as vendas médias do rival, Chocolates Saborosos. Duas amostras com 14 observações cada obtidas em 14 lojas revelaram os dados apresentados na tabela seguinte. É possível aceitar a hipótese de que ambas vendem a mesma quantidade média de chocolate? O nível de confiança é igual a 95%.

Estatística	Delícia	Saborosos
Média das Vendas	14 toneladas/mês	12 toneladas/mês
Desvio Padrão das Vendas	4 toneladas/mês	2 toneladas/mês

Passo 1: definição das hipóteses. Existe a suposição de que as médias populacionais são iguais, relação expressa na hipótese nula, H_0. Na hipótese alternativa, H_1, deve ser expressa a opção de que a venda média populacional dos Chocolates Delícia é maior que a venda média populacional dos Chocolates Saborosos.

H_0: $\mu_D = \mu_S$; sempre é expressa sob a forma de igualdade.

H_1: $\mu_D > \mu_S$; oferece uma alternativa.

Passo 2: definição da distribuição de probabilidades que deverá ser utilizada. Como apenas os desvios fornecidos foram os amostrais e $n_1 + n_2 < 30$, deve-se empregar o t teste, com uso da distribuição de Student.

Passo 3: definição da partição na curva, determinando a área de aceitação e a área de rejeição de H_0.

> **Observação importante:** em testes de hipóteses com duas amostras que envolvem o emprego da tabela t, o número de graus de liberdade será sempre igual a $n_1 + n_2 - 2$.

Conforme destacado na Tabela 6.8, o valor crítico para t unicaudal é igual a 1,7056, considerando nível de significância ou alfa igual a 5%, unicaudal, e 26 graus de liberdade, já que $n_1 + n_2 - 2 = 14 + 14 - 2 = 26$.

Tabela 6.8 *Valor de* t_c *na distribuição de Student.*

Graus de Liberdade ($n - 1$)	α bicaudal									
	0,10	0,09	0,08	0,07	0,06	0,05	0,04	0,03	0,02	0,01
	α unicaudal									
	0,05	0,045	0,04	0,035	0,03	0,025	0,02	0,015	0,01	0,005
25	1,7081	1,7637	1,8248	1,8929	1,9701	2,0595	2,1666	2,3011	2,4851	2,7874
26	**1,7056**	1,7610	1,8219	1,8897	1,9665	2,0555	2,1620	2,2958	2,4786	2,7787

A Figura 6.24 apresenta a partição, assumindo-se um valor para a estatística t_c igual a 1,7056.

Passo 4: calcula-se a estatística teste t_t. Como $n_1 + n_2 < 30$ e o desvio padrão populacional é desconhecido e $n_1 = n_2$, tem-se que:

$$t_t = \frac{\bar{x}_1 - \bar{x}_2}{\sqrt{\dfrac{s_1^2}{n_1} + \dfrac{s_2^2}{n_2}}} = \frac{14 - 12}{\sqrt{\dfrac{4^2}{14} + \dfrac{12^2}{14}}} = 0{,}175$$

Passo 5: na última etapa, define-se qual hipótese deve ser aceita. Como o valor de t teste foi inferior ao valor crítico, deve-se aceitar a hipótese nula. Ou seja, não é possível concordar com a alegação de que as vendas da Delícia são superiores.

É importante destacar que, no caso de testes de hipóteses com duas amostras que envolvem o emprego da tabela t, o número de graus de liberdade será sempre igual a $n_1 + n_2 - 2$.

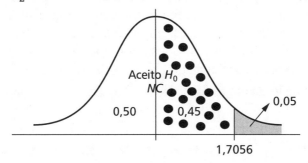

Figura 6.24 *Partição na distribuição de Student.*

Segundo exemplo: duas amostras de notas finais de alunos de diferentes escolas constituídas por 20 e 30 alunos foram examinadas. Na primeira, o grau médio foi 54, com desvio padrão 7. Na segunda, a média foi 58, com desvio igual a 6. Deseja-se testar se há uma diferença significativa entre as médias populacionais das duas escolas, no nível de significância igual a 0,05.

Passo 1: definição das hipóteses.

$H_0: \mu_A = \mu_B$
$H_1: \mu_A \neq \mu_B$

Passo 2: definição da distribuição de probabilidades a usar. Embora apenas desvios amostrais tenham sido apresentados, a soma de n_1 e n_2 foi maior que 30. Assim, pode-se usar a distribuição normal e tabela com os valores padronizados de Z.

Passo 3: considerando um nível de significância bicaudal igual a 5% e de confiança igual a 95%, tem-se que Z_c igual a ± 1,96.

Passo 4: empregando a fórmula anteriormente definida, encontra-se $Z_t = -2,0937$.

$$z_{teste} = \frac{\bar{x}_1 - \bar{x}_2}{\sqrt{\dfrac{s_1^2}{n_1} + \dfrac{s_2^2}{n_2}}} = \frac{54 - 58}{\sqrt{\dfrac{7^2}{20} + \dfrac{6^2}{30}}} = -2,0937$$

Passo 5: como Z_t encontra-se fora da região de aceitação, rejeita-se H_0. Não é possível supor que as médias populacionais dos dois grupos sejam iguais.

Terceiro exemplo: um professor de cálculo desconfiava que os alunos do turno vespertino estudavam com intensidade maior do que os alunos do turno da noite, que seria refletido na média das notas de ambos os grupos. Assim, o professor desejava testar a hipótese alternativa da média das notas da tarde ser maior que a média das notas da noite.

Uma amostra aleatória formada por 37 alunos da tarde revelou uma nota média em cálculo igual a 7,2, com um desvio padrão amostral igual a 1,4. Outra amostra, formada por 33 alunos da noite, revelou uma média igual a 6,7, com desvio padrão amostral igual a 0,8. Considerando um nível de confiança igual a 95%, pede-se testar a desconfiança do professor de cálculo.

Passo 1: definição das hipóteses.

H_0: $\mu_V = \mu_N$

H_1: $\mu_V > \mu_N$

Passo 2: definição da distribuição de probabilidades. Embora apenas desvios amostrais tenham sido apresentados, a soma de n_1 e n_2 foi maior que 30. Assim, pode-se usar a distribuição normal.

Passo 3: para um nível de significância unicaudal igual a 5% e de confiança igual a 95%, tem-se que Z_c igual a 1,65.

Passo 4: empregando a fórmula anteriormente definida, encontra-se $Z_t = 1,8587$.

$$z_{teste} = \frac{\bar{x}_1 - \bar{x}_2}{\sqrt{\dfrac{s_1^2}{n_1} + \dfrac{s_2^2}{n_2}}} = \frac{7,2 - 6,7}{\sqrt{\dfrac{1,4^2}{37} + \dfrac{0,8^2}{33}}} = +1,8587$$

Passo 5: como a estatística teste Z_t encontra-se fora da região de aceitação, rejeita-se H_0 e aceita-se a hipótese alternativa, concordando-se com a suspeita do professor de que a nota média de todos os alunos da tarde é maior.

II – Teste de diferença de médias populacionais: quando se deseja testar a diferença de médias populacionais, de modo geral, apenas os passos A e C do teste de hipóteses sofrem alterações significativas.

Aplicando Testes Paramétricos de Hipóteses **179**

No Passo 1, as hipóteses devem ser definidas com base na diferença alegada.

H_0: $\delta = \delta_0$. Sempre estabelece uma igualdade. No caso, a de que a diferença entre médias (δ) deve ser igual a um determinado valor alegado (δ_0).

H_1: $\delta \neq \delta_0$ ou $\delta > \delta_0$ ou $\delta < \delta_0$. Oferece uma alternativa para a hipótese alegada em H_0.

No **Passo 3**, o cálculo da estatística teste deve ser alterado. O numerador deve ser subtraído da diferença alegada (δ_0).

Estatística teste:

Se $n_1 + n_2 \geq 30$ e se o desvio padrão populacional for conhecido:

$$z_{teste} = \frac{(\bar{x}_1 - \bar{x}_2) - \delta_0}{\sqrt{\dfrac{\sigma_1^2}{n_1} + \dfrac{\sigma_2^2}{n_2}}}$$

Se $n_1 + n_2 \geq 30$ e se o desvio padrão populacional for desconhecido:

$$z_{teste} = \frac{(\bar{x}_1 - \bar{x}_2) - \delta_0}{\sqrt{\dfrac{s_1^2}{n_1} + \dfrac{s_2^2}{n_2}}}$$

Se $n_1 + n_2 < 30$ e se o desvio padrão populacional for desconhecido e $n_1 = n_2$:

$$t_{teste} = \frac{(\bar{x}_1 - \bar{x}_2) - \delta_0}{\sqrt{\dfrac{s_1^2}{n_1} + \dfrac{s_2^2}{n_2}}}$$

Se $n_1 + n_2 < 30$ e se o desvio padrão populacional for desconhecido e $n_1 \neq n_2$:

$$t_{teste} \approx \frac{(\bar{x}_1 - \bar{x}_2) - \delta_0}{\sqrt{\left[\dfrac{(n_1 - 1)s_1^2 + (n_2 - 1)s_2^2}{n_1 + n_2 - 2}\right]\left(\dfrac{1}{n_1} + \dfrac{1}{n_2}\right)}}$$

Para ilustrar o uso do teste para a diferença de médias, considere os dois exemplos apresentados a seguir.

No primeiro exemplo, duas pesquisas foram feitas sobre as alturas dos habitantes da cidade do Rio de Janeiro nos anos de 1970 e 1990, cada uma com 400 indivíduos com idades variando entre 20 e 25 anos. A primeira pesquisa indicou uma altura média igual a 1,62 m, com desvio padrão amostral igual a 0,18 m. A segunda apresentou altura média igual a 1,73, com desvio padrão igual a 0,12 m. Ao nível de 0,05 de significância, pede-se testar se o aumento médio da altura no universo de indivíduos foi diferente de 0,16 m.

Passo 1: a hipótese nula sempre deverá alegar a igualdade. No caso, da diferença ser igual a 0,16, H_0: $\delta = 0,16$ m. A hipótese alternativa estabelece a desigualdade para a diferença, H_1: $\delta \neq 0,16$.

H_0: $\delta = 0,16$ m

H_1: $\delta \neq 0,16$ m

Passo 2: definição da distribuição de probabilidades. Como a soma dos tamanhos das amostras é maior que 30, pode-se usar a distribuição normal.

Passo 3: a região de aceitação estabelece estatísticas críticas para $Z_c = \pm 1,96$.

Passo 4: aplicando a fórmula para a estatística teste, tem-se $Z_t = -24,9615$.

Passo 5: rejeita-se H_0. Não é possível concordar com a alegação de que a diferença entre as médias populacionais seja igual a 0,16 m.

No segundo exemplo, o fabricante de automóveis Trembeleque afirmou que seu novo motor de 1.000 cilindradas consegue rodar pelo menos 70 km mais do que o concorrente Calhambeque com um tanque de 50 litros. Duas amostras foram analisadas, sendo os dados apresentados na tabela seguinte. Assumindo um nível de confiança de 94%, pede-se testar a alegação do fabricante.

Automóvel	Média de km rodados com um tanque de 50 l	Desvio padrão de km rodados com um tanque de 50 l	Tamanho da amostra analisada
Trembeleque	560	30	18
Calhambeque	510	20	15

Os passos do teste de hipóteses estão apresentados a seguir.

Passo 1: definição das hipóteses. Tem-se como hipótese alternativa a alegação de a diferença ser menor que 70 km, H_1: $\delta < 70$.

H_0: $\delta = 70$

H_1: $\delta < 70$

Passo 2: como a soma dos tamanhos das amostras é maior que 30, pode-se usar a distribuição normal.

Passo 3: a região de aceitação estabelece o limite mínimo $Z_c = -1,55$.

Passo 4: a estatística teste Z_t calculada é igual a $-2,2842$.

Passo 5: assim, rejeita-se H_0. Não é possível concordar com a alegação do fabricante Trembeleque.

TESTE DE IGUALDADE DE MÉDIAS POPULACIONAIS NO SPSS

O SPSS sempre executa o teste de igualdade de médias populacionais. Caso seja preciso testar a diferença de médias, seria preciso ajustar manualmente os cálculos feitos pelo SPSS. O uso do teste paramétrico para a igualdade de médias pode ser executado mediante o menu *Analisar > Comparar médias > Teste T de amostras independentes*, conforme ilustra a Figura 6.25.

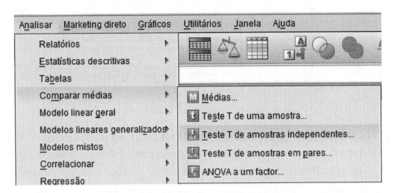

Figura 6.25   *Executando o teste de duas médias no SPSS (carros.sav).*

No caso, desejamos testar se as médias populacionais da variável peso podem ser iguais para as versões *Sedan* e *Hatch* dos automóveis da base de dados **carros.sav**. A configuração do teste pode ser vista na Figura 6.26.

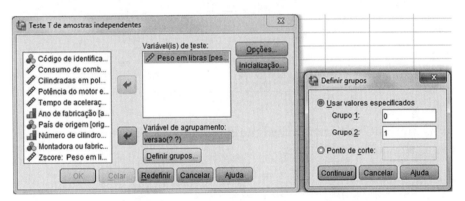

Figura 6.26   *Comparando a média dos pesos das versões dos carros.*

Os resultados exibidos na Figura 6.27 trazem duas tabelas distintas. A primeira apresenta as estatísticas descritivas para as duas amostras. A média do peso da versão *Sedan* (3344,74) foi superior à da versão *Hatch* (3067,29).

T-Test

Group Statistics

	Versão do veículo	N	Mean	Std. Deviation	Std. Error Mean
Peso em libras	Sedan	104	3344,74	936,024	91,785
	Hatch	86	3067,29	950,426	102,487

Independent Samples Test

		Levene's Test for Equality of Variances		t-test for Equality of Means						95% Confidence Interval of the Difference	
		F	Sig.	t	df	Sig. (2-tailed)	Mean Difference	Std. Error Difference	Lower	Upper
Peso em libras	Equal variances assumed	,125	,724	2,020	188	,045	277,450	137,379	6,447	548,453
	Equal variances not assumed			2,017	180,308	,045	277,450	137,579	5,977	548,922

Figura 6.27   *Resultado do teste de hipóteses para a igualdade das médias.*

A segunda tabela da Figura 6.27 traz o resultado do teste de hipóteses em duas condições distintas: assumindo variâncias iguais para os dois grupos (*Equal variances assumed*) ou assumindo variâncias diferentes (*Equal variances not assumed*).

Conforme explica o próprio SPSS,[2] o sistema calcula estatísticas e níveis de significância diferentes, baseados em suposições distintas.

a) **Assumindo variâncias iguais** (*Equal variances assumed*): são calculadas as seguintes estatísticas:

$$t = D/s_D$$

$$df' = \frac{1}{z_1 + z_2}$$

Onde:

$$z_k = \left(\frac{s_k^2/w_k}{s_1^2/w_1 + s_2^2/w_2} \right)^2 /(w_k - 1)$$

b) **Assumindo variâncias desiguais** (*Equal variances not assumed*): são calculadas as seguintes estatísticas:

$$t' = D/s'_D$$

$$df = w_1 + w_2 - 2$$

Assim, antes de ler os resultados para o teste t de igualdade de médias, é preciso analisar os resultados para o teste de igualdade de variâncias. As primeiras colunas do resultado do teste de igualdade de médias trazem os resultados do

---

2   Conforme consta no *help* ou ajuda do SPSS.

teste de igualdade de variâncias de Levene, que é o procedimento que devemos analisar antes de examinar os resultados do teste t feito pelo SPSS.

Para o teste de Levene, o SPSS calcula a estatística L, apresentada como:

$$L = \frac{(w - 2)\sum_{k=1}^{2} w_k (\overline{z}_k - \overline{z})^2}{\sum_{k=1}^{2}\sum_{t=1}^{n_k} w_{kt}(z_{kt} - \overline{z}_k)^2}$$

Onde:

$$z_{kt} = \left| x_{kt} - \overline{x}_k \right|$$

$$\overline{z}_{kt} = \frac{\sum_{t=1}^{n_k} w_{kt} z_{kt}}{w_k}$$

$$\overline{z} = \frac{\sum_{k=1}^{2} w_k \overline{z}_k}{w_1 + w_2}$$

O resultado do teste de hipóteses para a igualdade de variâncias de Levene feita pelo SPSS ao rodar um teste de hipótese de igualdade de duas médias pode ser visto na Figura 6.28.

T-Test

Group Statistics

	Versão do veículo	N	Mean	Std. Deviation	Std. Error Mean
Peso em libras	Sedan	104	3344,74	936,024	91,785
	Hatch	86	3067,29	950,426	102,487

Independent Samples Test

		Levene's Test for Equality of Variances		t-test for Equality of Means						
									95% Confidence Interval of the Difference	
		F	Sig.	t	df	Sig. (2-tailed)	Mean Difference	Std. Error Difference	Lower	Upper
Peso em libras	Equal variances assumed	,125	,724	2,020	188	,045	277,450	137,379	6,447	548,453
	Equal variances not assumed			2,017	180,308	,045	277,450	137,579	5,977	548,922

Figura 6.28 *Teste de hipóteses para a igualdade de variâncias.*

No caso, o valor para a estatística teste F foi igual a 0,125, com um nível de significância (Sig.) igual a 0,724. Logo, como Sig. > 0,05, aceitamos a hipótese nula H_0 de igualdade. É possível supor que as duas amostras *Sedan* e *Hatch* tenham sido extraídas de populações com mesma variância. Assim, devemos ler os resultados do teste t na primeira linha de números.

184   SPSS: Guia Prático para Pesquisadores • Bruni

T-Test

Group Statistics

	Versão do veículo	N	Mean	Std. Deviation	Std. Error Mean
Peso em libras	Sedan	104	3344,74	936,024	91,785
	Hatch	86	3067,29	950,426	102,487

Independent Samples Test

		Levene's Test for Equality of Variances		t-test for Equality of Means					95% Confidence Interval of the Difference	
		F	Sig.	t	df	Sig. (2-tailed)	Mean Difference	Std. Error Difference	Lower	Upper
Peso em libras	Equal variances assumed	,125	,724	2,020	188	,045	277,450	137,379	6,447	548,453
	Equal variances not assumed			2,017	180,308	,045	277,450	137,579	5,977	548,922

Figura 6.29   *Teste de hipóteses para a igualdade das médias assumindo variâncias iguais.*

Os resultados do teste t indicam uma estatística teste t_t igual a 2,02, com um número de graus de liberdade (df) igual a 188 e um nível de significância bicaudal, Sig. (2-tailed), igual a 0,045. Como o nível de significância dos resultados (Sig.) foi menor que 0,05, rejeita-se a hipótese nula de igualdade. Existem diferenças significativas entre as médias dos pesos da versão *Sedan* e da versão *Hatch*.

Assim, é importante destacar a análise do teste de igualdade de variâncias antes da análise do teste de igualdade de médias. Observe o exemplo da Figura 6.30.

Independent Samples Test

		Levene's Test for Equality of Variances		t-test for Equality of Means					95% Confidence Interval of the Difference	
		F	Sig.	t	df	Sig. (2-tailed)	Mean Difference	Std. Error Difference	Lower	Upper
Peso em kg	Equal variances assumed	36,376	,000	1,347	94	,181	3,570	2,650	-1,692	8,832
	Equal variances not assumed			1,609	93,448	,111	3,570	2,218	-,835	7,975
Nota final no curso de graduação	Equal variances assumed	,006	,936	-13,117	58	,000	-3,8311	,2921	-4,4158	-3,2465
	Equal variances not assumed			-13,143	41,305	,000	-3,8311	,2915	-4,4197	-3,2426

Figura 6.30   *Teste de hipóteses de variâncias e de médias.*

Conforme assinala a Figura 6.30, as duas primeiras colunas numéricas trazem o resultado do teste de igualdade de variâncias. Para a variável Peso em kg, o nível de significância dos resultados foi igual a 0,000. Logo, não é possível aceitar a hipótese nula H_0 que estabelece a igualdade das variâncias. Devemos analisar a segunda linha do teste t, conforme destacado.

Por outro lado, para a variável Nota final do curso de graduação, o resultado do teste de Levene indica uma significância igual a 0,936. É possível supor que as duas amostras tenham sido extraídas de populações com mesma variância. Assim,

Aplicando Testes Paramétricos de Hipóteses **185**

podemos analisar os resultados do teste de igualdade de médias na primeira das duas linhas em que ele é apresentado, conforme assinala o retângulo tracejado da Figura 6.30.

EXERCÍCIOS

[1] Carregue a amostra contida na base de dados **filmes.sav**. Execute o que se pede a seguir.

Apresente as hipóteses nulas e alternativas para cada uma das situações apresentadas a seguir.

[a] O crítico de cinema Alfredo afirmou que a nota média do público para todos os filmes seria igual a 7,0.

[b] O crítico de cinema André afirmou que a nota média do público para todos os filmes seria maior que 6,9.

[c] O crítico de cinema Afonso afirmou que a nota média do público para todos os filmes seria igual ou maior que 7,3.

Execute o procedimento de teste de hipóteses de uma média com o SPSS por meio do menu *Analyse > Compare Means > One Sample t test*.

[d] Qual o nível de significância do resultado do teste das hipóteses apresentado em [a]? Você poderia aceitar a hipótese nula? Você poderia concordar com o crítico de cinema?

[e] Qual o nível de significância do resultado do teste das hipóteses apresentado em [b]? Você poderia aceitar a hipótese nula? Você poderia concordar com o crítico de cinema?

[f] Qual o nível de significância do resultado do teste das hipóteses apresentado em [c]? Você poderia aceitar a hipótese nula? Você poderia concordar com o crítico de cinema?

Execute o procedimento de teste de hipóteses de duas médias com o SPSS por meio do menu *Analisar > Comparar médias > Teste t de amostras independentes*. Compare as médias das durações dos filmes feitos no ano de 1997 ou depois com os filmes feitos antes de 1997 (*cut point = 1997*).

[g] Qual a duração média dos filmes iguais ou posteriores a 1997?

[h] Analise as médias dos dois grupos. O que é possível constatar?

[i] Analise o desvio de cada um dos dois grupos. O que é possível constatar?

[j] Analise o resultado do teste de hipótese para a diferença de médias conduzido pelo SPSS. O que o nível de significância apresentado pelo SPSS indica?

[2] Carregue a base de dados **filmes_infantis.sav**.

Crie uma nova variável denominada empresa_ag. Considere Disney = 1, Outras empresas = 0.

[a] Qual a média da duração da Disney?

[b] Qual a média da duração das Outras empresas?

[c] Use o teste *t* para comparar as duas médias da variável duração. O que é possível concluir?

Analise a variável uso de fumo.

[d] Qual a média da Disney?

[e] Qual a média das Outras empresas?

[f] Use o teste *t* para comparar as duas médias. O que é possível concluir?

Analise a variável uso de álcool.

[g] Qual a média da Disney?

[h] Qual a média das Outras empresas?

Use o teste *t* para comparar as duas médias.

[i] É possível assumir variâncias iguais para as duas amostras?

[j] Analisando o teste *t* e o nível de significância dos resultados, o que é possível concluir?

[3] Carregue a base de dados **vestibularIES.sav**.

Compare as médias da variável pontos por sexo do candidato.

[a] Qual o valor da maior média?

[b] Quem apresentou a maior média: homens ou mulheres?

[c] Caso se desejasse testar a existência de uma diferença significativa entre as médias, quais as hipóteses testadas?

[d] É possível assumir o fato de a variância dos dois grupos ser igual?

[e] Qual o resultado do teste *t* do SPSS?

[f] Qual o nível de significância do teste t? O que isso quer dizer?

Compare as médias da variável pontos por *status* de aprovação entre os 60 primeiros.

[g] Qual o valor da maior média?

[h] Quem apresentou a maior média: aprovados ou não?

[i] É possível assumir o fato de a variância dos dois grupos ser igual?

[j] Qual o resultado do teste *t* do SPSS e qual o seu nível de significância? O que isso quer dizer?

[4] Carregue a base de dados **vestibularIES.sav**.

Compare as médias das seis notas (Nota em Português, Nota em Redação, Nota em Inglês, Nota em Matemática, Nota em Humanas e Nota em Naturais) por sexo.

[a] Em qual prova a diferença foi maior?
[b] Quem obteve maior média: homens ou mulheres? Considera a prova de [a].
[c] Em qual prova a diferença foi menor?
[d] Em qual prova a diferença mostrou-se mais significativa?
[e] Em qual prova a diferença mostrou-se menos significativa?
[f] Em alguma das provas, é possível supor a existência de uma diferença significativa entre as variâncias?

Execute a instrução *Dados > Dividir arquivo > Comparar grupos baseados em* Curso em 1ª opção. Agora compare a variável pontos agrupada por sexo.

[g] Em qual curso a diferença foi maior?
[h] Em qual curso a diferença foi menor?
[i] Em qual curso a diferença mostrou-se mais significativa?
[j] Em qual curso a diferença mostrou-se menos significativa?

[5] Carregue a base de dados **atividades_fisicas.sav**.

Compare o peso de fumantes de não fumantes e responda ao que se pede a seguir.

[a] Qual o peso médio dos fumantes?
[b] Qual o peso médio dos não fumantes?
[c] Qual a diferença entre as médias?
[d] A diferença entre variâncias é significativa?
[e] A diferença entre médias é significativa?

Selecione apenas os que estão em má condição física, compare o peso de fumantes com o de não fumantes e responda ao que se pede a seguir.

[f] Qual o peso médio dos fumantes?
[g] Qual o peso médio dos não fumantes?
[h] Qual a diferença entre as médias?
[i] A diferença entre variâncias é significativa?
[j] A diferença entre médias é significativa?

SISTEMA ELABORADOR DE PROVAS

Muitos recursos complementares como exercícios extras, comentários de filmes, *slides*, planilhas e bases de dados podem ser encontrados no *site* <www.MinhasAulas.com.br>. Professores podem solicitar acesso ao aplicativo elaborador de provas de diferentes disciplinas enviando *e-mail* para <atendimento@minhasaulas.com.br>.

7

Usando Testes Não Paramétricos de Hipóteses

"Imaginação é tudo."
Einstein

OBJETIVOS DO CAPÍTULO

A análise de pequenas amostras pode implicar na não aceitação da validade do teorema central do limite e na impossibilidade de construção de suposições sobre a forma de distribuição da variável analisada. Quando não é possível supor ou assumir características sobre parâmetros da população de onde a amostra foi extraída, como, por exemplo, a premissa de população normalmente distribuída, torna-se necessário entender e aplicar testes não paramétricos de hipóteses.

Este capítulo possui o objetivo de discutir a validade e a aplicação de modelos da estatística não paramétrica no SPSS, apresentando alguns dos seus principais testes não paramétricos de hipóteses, a exemplo dos testes do qui-quadrado, dos sinais, de Wilcoxon, de Mann-Whitney, da mediana e de Kruskal-Wallis.

POPULAÇÕES COM DISTRIBUIÇÕES VARIADAS E AMOSTRAS PEQUENAS

O maior problema dos testes de hipóteses apresentados anteriormente que empregam as distribuições Normal e Student consiste no fato de serem paramétricos: isto é, exigirem a validade da premissa de populações normalmente distribuídas. Para amostras grandes, em função do teorema central do limite, essa premissa pode ser relaxada. Porém, quando as amostras são pequenas, a validade da premissa é fundamental. O primeiro passo a ser seguido pelo pesquisador deveria ser a análise da distribuição e a verificação da aceitabilidade da distribuição normal dos dados.

Quando as amostras são pequenas e não é possível verificar a normalidade dos dados do universo, a aplicação da inferência estatística e dos testes de hipóteses fica condicionada ao uso de modelos não paramétricos – que não necessitam de populações normalmente distribuídas e não são afetados por valores extremos dos dados.

Os modelos não paramétricos, como o próprio nome já revela, não dependem de parâmetros populacionais (como média, variância, desvio padrão, proporção e outros) e de suas respectivas estimativas amostrais. Geralmente, exigem poucos cálculos simples.

A depender da situação-problema analisada, diferente poderá ser o modelo não paramétrico empregado. Dentre os principais modelos de testes não paramétricos, podem ser destacados os relacionados a seguir:

a) Teste de Kolmogorov-Smirnov: analisa se os dados da amostra foram extraídos de uma população com uma distribuição peculiar de frequências, como a distribuição Normal;

b) Teste do qui-quadrado: empregado na análise de frequências, quando uma característica da amostra é analisada;

c) Teste do qui-quadrado para independência ou associação: também empregado na análise de frequências, porém quando duas características da amostra são analisadas;

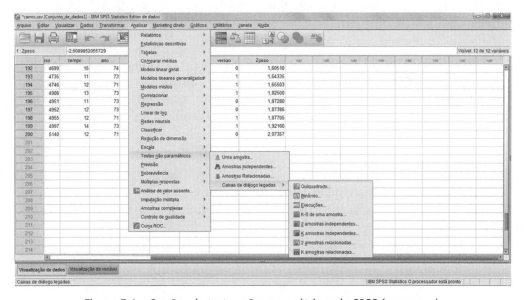

Figura 7.1   *Opções de testes não paramétricos do SPSS (carros.sav).*

190 SPSS: Guia Prático para Pesquisadores • Bruni

d) Teste dos sinais: empregado no estudo de dados emparelhados, quando um mesmo elemento é submetido a duas medidas;

e) Teste de Wilcoxon: também analisa dados emparelhados, permitindo, porém, uma consideração das magnitudes encontradas;

f) Teste de Mann-Whitney: analisa se dois grupos originam-se de populações com médias diferentes;

g) Teste da mediana: analisa se dois grupos originam-se de populações com medianas diferentes;

h) Teste de Kruskal-Wallis: analisa se K ($K > 2$) grupos originam-se de populações com médias diferentes.

O SPSS fornece outras opções para testes não paramétricos, não exploradas neste livro.

O SPSS E SUAS MUITAS OPÇÕES

Este livro busca discutir os mais importantes aspectos da Estatística para uso de pesquisadores. Em decorrência desse objetivo, exploramos ao longo do texto os testes paramétricos mais usuais. Porém, o SPSS disponibiliza diversos outros testes. Para saber mais sobre os outros testes, consulte o *help* ou ajuda do aplicativo pressionando a tecla F1 ou clicando com o *mouse* sobre o menu *Help*.

TESTE DE KOLMOGOROV-SMIRNOV

O teste de Kolmogorov-Smirnov busca analisar se a função distribuição cumulativa observada de uma variável com uma função teórica específica, que pode ser a distribuição normal, uniforme, Poisson, ou exponencial.

Uma estatística Z de The Kolmogorov-Smirnov Z é calculada a partir da maior diferença (em valor absoluto) entre as funções de distribuição cumulativa teórica e observada. Uma estatística de qualidade do ajuste testa se os pontos observados podem ter sido originários da distribuição teórica analisada.

PASSOS COM O SPSS

Para poder usar o teste de Kolmogorov-Smirnov, é preciso acionar a instrução *Analisar > Testes não paramétricos > K-S de uma amostra*, conforme apresenta a Figura 7.2.

Usando Testes Não Paramétricos de Hipóteses   191

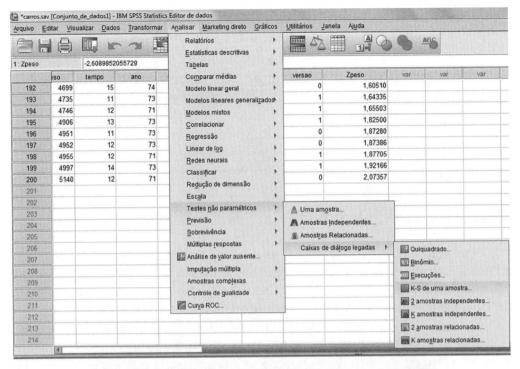

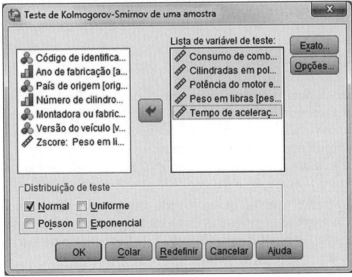

Figura 7.2   *Executando o teste de Kolmogorov-Smirnov.*

Os passos anteriores exibem a configuração do teste de Kolmogorov-Smirnov para as variáveis Consumo, Cilindradas, Potência, Peso e Tempo de aceleração da base de dados **carros.sav**. Todas as variáveis foram testadas em relação à distribuição Normal apenas. Os resultados estão na Figura 7.3.

One-Sample Kolmogorov-Smirnov Test

		Consumo de combustível em milhas por galão	Cilindradas em polegadas cúbicas	Potência do motor em HPs	Peso em libras	Tempo de aceleração entre 0 e 60 mph em segundos
N		193	200	198	200	200
Normal Parameters[a,b]	Mean	19,56	226,09	117,69	3188,01	14,78
	Std. Deviation	5,789	116,639	43,319	941,366	2,901
Most Extreme Differences	Absolute	,125	,180	,174	,098	,053
	Positive	,125	,180	,174	,098	,053
	Negative	-,070	-,122	-,080	-,088	-,044
Kolmogorov-Smirnov Z		1,731	2,542	2,443	1,389	,744
Asymp. Sig. (2-tailed)		,005	,000	,000	,042	,638

a. Test distribution is Normal.

b. Calculated from data.

Figura 7.3   *Resultados do teste de Kolmogorov-Smirnov.*

Conforme apresenta a Figura 7.3, as variáveis Consumo, Cilindradas, Potência e Peso apresentaram níveis de significância inferiores a 0,05, rejeitando a hipótese H_0, que estabelece o fato de a variável ter distribuição normal. Tais variáveis não seriam normalmente distribuídas, a um nível de confiança de 95%.

Por outro lado, a variável Tempo de aceleração apresentou nível de significância igual a 0,638, superior ao padrão 0,05. Assim, como sig. > 0,05, podemos assumir o fato de o tempo de aceleração ser normalmente distribuído na população, com um nível de confiança de 95%.

TESTE DO QUI-QUADRADO

O teste não paramétrico do qui-quadrado, também denominado teste de adequação do ajustamento, é, provavelmente, um dos mais simples e usuais testes da estatística não paramétrica. Seu nome deve-se ao fato de empregar uma variável estatística padronizada, expressa pela letra grega *qui* (χ) elevada ao quadrado (χ^2). Tabela com valores padronizados de χ^2 pode ser vista nos arquivos disponíveis para *download* no *site* do livro (www.MinhasAulas.com.br).

De modo geral, o teste do qui-quadrado analisa a hipótese nula de não existir discrepância entre as frequências observadas de determinado evento e as frequências esperadas. A hipótese alternativa alega a existência de discrepância entre frequências observadas e esperadas.

PASSOS SEM O SPSS

Para aplicar o teste, devem ser seguidas etapas similares aos passos dos testes de hipóteses paramétricos:

Passo 1: consiste na definição das hipóteses nula e alternativa. A hipótese nula deve alegar o fato de as frequências serem iguais, enquanto a hipótese alternativa deve alegar a diferença das frequências.

$H_0: F_1 = F_2$

$H_1: F_1 \neq F_2$

Passo 2: com base no valor definido do nível de significância do teste (alfa) e no número de graus de liberdade – representado pela letra grega fi, ϕ, onde $\phi = K - 1$, sendo K o número de eventos.

Em tabelas padronizadas, como a parte apresentada na Tabela 7.1, é possível obter o valor crítico de χ^2. Por exemplo, para um nível de significância igual a 0,05 e $\phi = 6$, o valor de χ^2_c é igual a 12,592.

Tabela 7.1 Parte de tabela de qui-quadrado.

α / φ	0,995	0,99	0,975	0,95	0,9	0,75	0,5	0,25	0,1	0,05	0,025	0,01	0,005
1	0,000	0,000	0,001	0,004	0,016	0,102	0,455	1,323	2,706	3,841	5,024	6,635	7,879
2	0,010	0,020	0,051	0,103	0,211	0,575	1,386	2,773	4,605	5,991	7,378	9,210	10,597
3	0,072	0,115	0,216	0,352	0,584	1,213	2,366	4,108	6,251	7,815	9,348	11,345	12,838
4	0,207	0,297	0,484	0,711	1,064	1,923	3,357	5,385	7,779	9,488	11,143	13,277	14,860
5	0,412	0,554	0,831	1,145	1,610	2,675	4,351	6,626	9,236	11,070	12,833	15,086	16,750
6	0,676	0,872	1,237	1,635	2,204	3,455	5,348	7,841	10,645	12,592	4,449	16,812	18,548
7	0,989	1,239	1,690	2,167	2,833	4,255	6,346	9,037	12,017	14,067	16,013	18,475	20,278

Passo 3: com o auxílio da tabela de qui-quadrado, devem ser determinadas as áreas de aceitação e rejeição da hipótese nula.

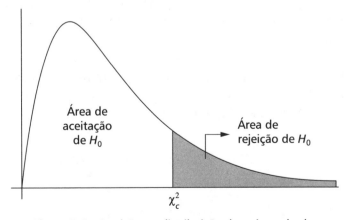

Figura 7.4 Partição na distribuição do qui-quadrado.

Passo 4: deve-se calcular o valor da estatística teste, representada por χ^2_c. Algebricamente, o valor desta variável pode ser apresentado como:

$$\chi^2_c = \sum_{i=1}^{k} \frac{(F_{oi} - F_{ei})^2}{F_{ei}} = \frac{(F_{o1} - F_{e1})^2}{F_{e1}} + \ldots + \frac{(F_{ok} - F_{ek})^2}{F_{ek}}$$

Passo 5: compara-se o valor de χ^2_t com as áreas de aceitação e rejeição determinadas no Passo 3. Duas conclusões são possíveis:

a) se $\chi^2_t \leq \chi^2_c$, não se pode rejeitar a hipótese nula, H_0, aceitando-se o fato de as frequências observadas e esperadas não serem discrepantes. Nesse caso, aceita-se a hipótese da adequação do ajustamento. Ou seja, aceita--se a hipótese nula de as frequências serem iguais na população;

b) se $\chi^2_t > \chi^2_c$, rejeita-se a hipótese nula, H_0, aceitando-se o fato de as frequências observadas e esperadas serem discrepantes, com um risco igual a alfa. Nesse caso, aceita-se a hipótese da não adequação do ajustamento, ou seja, aceita-se a hipótese alternativa de as frequências serem desiguais na população.

PASSOS COM O SPSS

O SPSS calcula o nível de significância para a estatística teste calculada. Assim, bastaria analisar o nível de significância dos resultados calculados no SPSS.

Sig $\geq 0,05$: não se pode rejeitar a hipótese nula, H_0, aceitando-se o fato de as frequências observadas e esperadas não serem discrepantes. Nesse caso, aceita-se a hipótese da adequação do ajustamento. Ou seja, aceita-se a hipótese nula de as frequências serem iguais na população;

Sig $\leq 0,05$: rejeita-se a hipótese nula, H_0, aceitando-se o fato de as frequências observadas e esperadas serem discrepantes, com um risco igual a alfa. Nesse caso, aceita-se a hipótese da não adequação do ajustamento. Ou seja, aceita-se a hipótese alternativa de as frequências serem desiguais na população.

Para ilustrar o uso do teste do qui-quadrado no SPSS, considere a análise das frequências da variável versão na base de dados **carros.sav**. O menu *Analyse > Nonparametric Tests > One Sample* permite a realização de testes do qui-quadrado para uma variável, conforme apresenta a Figura 7.5.

Usando Testes Não Paramétricos de Hipóteses 195

Figura 7.5   Executando o teste do qui-quadrado.

Os resultados do teste podem ser vistos na Figura 7.6.

→ **NPar Tests**

[DataSet1] D:\dados\slides\estatistica\copia_de_bases\bases_spss\carros.sav

Chi-Square Test

Frequencies

Versão do veículo

	Observed N	Expected N	Residual
Sedan	104	95,0	9,0
Hatch	86	95,0	-9,0
Total	190		

Test Statistics

	Versão do veículo
Chi-Square[a]	1,705
df	1
Asymp. Sig.	,192

a. 0 cells (,0%) have expected frequencies less than 5. The minimum expected cell frequency is 95,0.

Figura 7.6   Resultados do teste do qui-quadrado.

O valor do qui-quadrado foi igual a 1,705 e seu nível de significância foi igual a 0,192. Como o nível de significância foi superior ao padrão 0,05 ou 5%, aceita-

-se a hipótese nula e rejeita-se a hipótese alternativa. É possível supor que as frequências sejam iguais na população.

TESTE DO QUI-QUADRADO PARA INDEPENDÊNCIA OU ASSOCIAÇÃO

O teste do qui-quadrado para independência ou associação é bastante similar ao teste do qui-quadrado simples. A diferença consiste no fato de permitir que duas características sejam analisadas. As frequências analisadas costumam ser fornecidas em tabelas de dupla entrada ou de contingência, conforme apresentado no exemplo seguinte.

Tabela 7.2 *Frequências observadas: montadora versus versão.*

Montadora ou fabricante * Versão do veículo Crosstabulation

Count

		Versão do veículo		Total
		Sedan	*Hatch*	*Sedan*
Montadora ou fabricante	Calhambeque	30	14	44
	Possante	28	25	53
	Reluzente	23	20	43
	Veloz	18	18	36
	Fobica	0	7	7
	Total	99	84	183

A Tabela 7.2 ilustra o cruzamento das frequências observadas de montadora *versus* versão da base **carros.sav** gerada com base no menu *Analyze > Descriptive Statistics > Crosstabs*.

A estimativa das frequências esperadas fundamenta-se na definição de variáveis aleatórias independentes. Duas variáveis x e y são independentes se a distribuição conjunta de (x, y) for igual ao produto das distribuições marginais de x e y. Algebricamente:

$$P(xi, Yi) = P(xi) . P(yi), \text{ para todo } i \text{ e } j$$

PASSOS SEM O SPSS

Os passos empregados no teste do qui-quadrado para independência ou associação são similares às etapas seguidas no teste do qui-quadrado simples.

Passo 1: consiste na definição das hipóteses nula e alternativa. A hipótese nula deve alegar o fato de as variáveis serem independentes, não associadas, enquanto a hipótese alternativa deve alegar a dependência ou associação das variáveis.

H_0: as variáveis são independentes, não associadas

H_1: as variáveis são dependentes, estão associadas

Passo 2: com base no valor definido do nível de significância do teste (alfa) e no número de graus de liberdade, o número de graus de liberdade é, também, representado pela letra grega fi, ϕ, onde, porém, $\phi = (L - 1).(C - 1)$, sendo L e C o número de linhas e colunas na tabela de contingências, respectivamente.

Passo 3: com o auxílio da tabela de qui-quadrado, devem ser determinadas as áreas de aceitação e rejeição da hipótese nula.

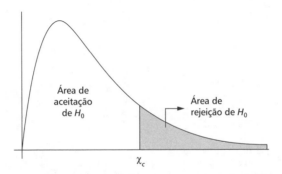

Figura 7.7 *Áreas de aceitação e rejeição da hipótese nula.*

Passo 4: deve-se calcular o valor da estatística teste, representada por χ^2_t. Algebricamente, o valor desta variável pode ser apresentado como:

$$\chi^2_t = \sum_{i=1}^{L} \sum_{j=1}^{C} \frac{(FO_{ij} - FE_{ij})^2}{FE_{ij}} \quad \text{onde}$$

$$FE_{ij} = \frac{(\text{soma da linha } i) \cdot (\text{soma da coluna } j)}{\text{total de observações}}$$

Passo 5: compara-se o valor de χ^2_t com as áreas de aceitação e rejeição determinadas no Passo 3. Duas conclusões são possíveis:

a) se $\chi^2_t \leq \chi^2_c$, não se pode rejeitar a hipótese nula, H_0, aceitando-se o fato da independência das variáveis. Nesse caso, aceita-se a hipótese da não associação;

b) se $\chi^2_t > \chi^2_c$, rejeita-se a hipótese nula, H_0, aceitando-se o fato de as frequências observadas e esperadas serem discrepantes, com um risco igual a alfa. Nesse caso, aceita-se a hipótese da dependência das variáveis, com presença de associação.

PASSOS COM O SPSS

O SPSS calcula o nível de significância para a estatística teste calculada. Assim, bastaria analisar o nível de significância dos resultados calculados no SPSS.

Sig ≥ 0,05: não se pode rejeitar a hipótese nula, H_0, aceitando-se o fato da independência das variáveis. Nesse caso, aceita-se a hipótese da não associação;

Sig ≤ 0,05: rejeita-se a hipótese nula, H_0, aceitando-se o fato de as frequências observadas e esperadas serem discrepantes, com um risco igual a alfa. Nesse caso, aceita-se a hipótese da dependência das variáveis, com presença de associação.

Em relação ao exemplo fornecido na Tabela 7.2, para analisar a associação entre montadora e versão, é preciso construir o cruzamento das frequências observadas de montadora *versus* versão da base **carros.sav** gerada com base no menu *Analisar > Estatísticas descritivas > Tabela de referência cruzada*, conforme ilustra a Figura 7.8.

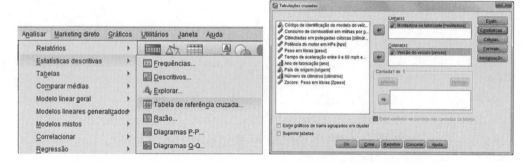

Figura 7.8   *Solicitando a tabulação cruzada das frequências observadas.*

A opção *Estatísticas* do menu *Tabela de referência cruzada* permite calcular e posteriormente analisar a estatística do qui-quadrado, conforme apresenta a Figura 7.9. Note que o SPSS disponibiliza opções para cálculo de outras estatísticas não exploradas neste livro, como outras medidas de correlações como o tau-b e o tau-c de Kendall e o coeficiente de contingência e de incerteza.

O SPSS E SUAS MUITAS OPÇÕES

Este livro busca apresentar os mais importantes aspectos da Estatística para uso de pesquisadores. Em decorrência desse objetivo, exploramos ao longo do texto as considerações mais usuais, a exemplo do teste do qui-quadrado, empregado na análise da associação de variáveis qualitativas nominais. Porém, o SPSS disponibiliza diversas outras alternativas. Para saber mais sobre os outros coeficientes, consulte o *help* ou ajuda do aplicativo pressionando a tecla F1 ou clicando com o *mouse* sobre o menu *Help*.

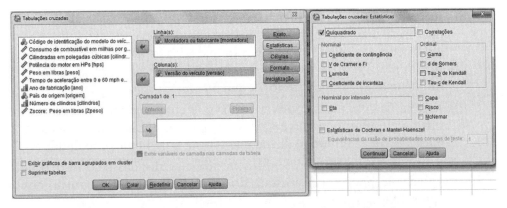

Figura 7.9 *Solicitando a tabulação cruzada das frequências observadas.*

Os resultados do teste de associação estão apresentados na Figura 7.10.

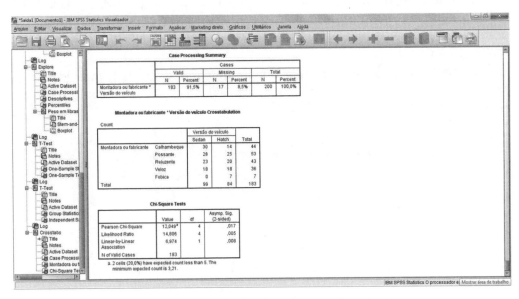

Figura 7.10 *Resultados do teste do qui-quadrado.*

Conforme apresenta a Figura 7.10, o valor do qui-quadrado foi igual a 12,049, com um nível de significância igual a 0,017. Assim, é possível aceitar a hipótese da existência de associação entre as duas variáveis analisadas. Existem diferenças significativas das frequências das versões produzidas pelas montadoras.

CUIDADOS COM O TESTE DO QUI-QUADRADO

Devem ser tomados alguns cuidados com os testes do qui-quadrado:

a) recomenda-se aplicar o teste qui-quadrado de associação quando o tamanho da amostra for razoavelmente grande, devendo ser aplicado com maior cuidado quando existirem frequências esperadas menores que 5. Nessas situações, recomenda-se o agrupamento de classes, evitando-se frequências esperadas menores que 5;

b) se uma das variáveis contiver níveis que contemplem todas as categorias da população, como a variável sexo – só existem as possibilidades masculino e feminino –, diz-se que o teste é de homogeneidade;

c) o grau de associação entre duas variáveis analisadas pelo teste do qui--quadrado pode ser representado pelo **coeficiente de contingência**, apresentado como:

$$C = \sqrt{\frac{\chi_t^2}{\chi_t^2 + n}}$$

Teoricamente, o coeficiente de contingência pode variar entre 0 e 1. Quanto maior o valor de C, maior será a associação entre as variáveis. O limite superior, na prática, dependerá da tabela de contingência – quanto maior for a tabela, maior será o valor de C.

No SPSS, pode-se calcular o coeficiente de contingência por meio do menu *Analizar > Estatísticas Descritivas > Tabela de referência cruzada*, conforme apresenta a Figura 7.11.

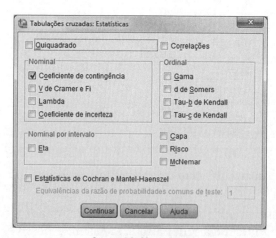

Figura 7.11 *Coeficiente de contingência calculado no SPSS*.

TESTE DOS SINAIS

O teste não paramétrico dos sinais é empregado na análise de dados emparelhados (quando um mesmo elemento é submetido a duas medidas). Deve ser empregado em situações em que o pesquisador deseja estudar a diferença de duas condições, podendo utilizar variáveis quantitativas, intervalares ou ordinais.

O nome deve-se ao fato de o teste empregar os sinais "+" (mais) e "−" (menos) no lugar dos dados numéricos originais. Quando a alteração for para um número maior, usa-se "+"; quando a alteração for maior; um número menor, usa-se o "−". Empates, isto é, a inexistência de variações, devem ser desconsiderados no teste.

A mecânica de funcionamento do teste não paramétrico dos sinais é bastante simples: se as condições forem iguais, a proporção de sinais positivos e negativos deverá ser aproximadamente igual a 0,50 ou 50%.

PASSOS SEM O SPSS

Os passos empregados sem o SPSS podem ser apresentados como:

Passo 1: consiste na definição das hipóteses nula e alternativa. A hipótese nula deve alegar o fato da inexistência de diferenças entre os grupos, enquanto a hipótese alternativa deve alegar a desigualdade das proporções dos grupos, o que pode ser feito sob a forma de maior, menor ou diferente.

H_0: $P = 0,50$ *Comentário*: se a proporção de um dos sinais for igual a 0,50 ou 50%, aceita-se a suposição de as condições serem iguais.

H_1: $P \neq 0,50$ *Comentário*: se a proporção de um dos sinais for diferente de 0,50 ou 50%, aceita-se a suposição de as condições serem diferentes.

Ou

H_1: $P > 0,50$ *Comentário*: se a proporção de um dos sinais for maior que 0,50 ou 50%, aceita-se a suposição de as condições serem diferentes.

Ou

H_1: $P < 0,50$ *Comentário*: se a proporção de um dos sinais for menor que 0,50 ou 50%, aceita-se a suposição de as condições serem diferentes.

Passo 2: com base no valor definido do nível de significância do teste (alfa), define-se a distribuição a ser empregada: Normal (se $N > 25$) ou Binomial (se $N \leq 25$).

Passo 3: com o auxílio da tabela da distribuição definida no passo anterior, devem ser determinadas as áreas de aceitação e rejeição da hipótese nula.

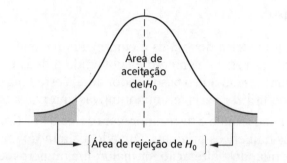

Figura 7.12 *Partição na distribuição normal.*

Passo 4: deve-se calcular o valor da estatística teste, representada por Z_t. Algebricamente, o valor desta variável pode ser apresentado como:

$$Z_t = \frac{y - n \cdot p}{\sqrt{n \cdot p \cdot q}}$$

Onde:

y = número de sinais "+" (positivos)

n = tamanho da amostra subtraído dos empates

$p = 0,5$

$q = 1 - p = 1 - 0,5 = 0,5$

Passo 5: aceitação ou rejeição das hipóteses formuladas, a depender da localização de Z_t nas áreas particionadas no Passo 3.

PASSOS COM O SPSS

O SPSS calcula o nível de significância para a estatística teste calculada. Assim, bastaria analisar o nível de significância dos resultados calculados no SPSS.

Sig ≥ 0,05: não se pode rejeitar a hipótese nula, H_0, aceitando-se o fato da igualdade entre as duas séries;

Sig ≤ 0,05: rejeita-se a hipótese nula, H_0, rejeitando-se o fato da igualdade entre as duas séries.

Para ilustrar a aplicação do teste não paramétrico dos sinais, veja o exemplo da análise conduzida pela empresa de pesquisas mercadológicas Expertisse Ltda.

A empresa gostaria de analisar o fato da introdução de um novo filme comercial de propaganda e sua relação com as vendas diárias de uma amostra formada por 16 lanchonetes de uma grande rede internacional. Buscava analisar se a exposição do filme havia contribuído, de fato, para o aumento das vendas médias das lanchonetes. Os dados coletados na pesquisa estão apresentados na Figura 7.13.

Figura 7.13   *Vendas diárias em $ 1.000,00 (lanchonete.sav)*.

As médias de vendas das lanchonetes calculadas antes e depois da introdução do filme foram respectivamente iguais a $ 11,7500 e $ 13,3125 (em $ 1.000,00). A empresa deseja analisar a significância desses resultados com um teste de sinais.

Figura 7.14   *Executando testes não paramétricos para duas amostras pareadas (lanchonete.sav)*.

A instrução para a execução do teste dos sinais está apresentada na Figura 7.14. É preciso usar o menu *Analisar > Testes não paramétricos > Caixas de diálogo legadas > 2 amostras relacionadas*.

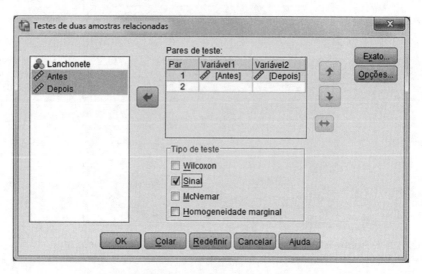

Figura 7.15 *Executando o teste dos sinais.*

Conforme apresenta a Figura 7.15, desejamos comparar as variáveis apresentadas como Antes e Depois. Os resultados estão apresentados na Figura 7.16.

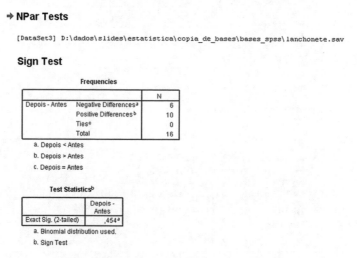

Figura 7.16 *Resultado do teste dos sinais.*

Os resultados da Figura 7.16 indicam um nível de significância dos resultados igual a 0,454. Como o nível de significância dos resultados foi maior que o padrão

0,05, aceita-se a hipótese H_0 de igualdade. Não é possível supor que existam diferenças significativas entre o Antes e o Depois.

TESTE DE WILCOXON

O teste não paramétrico de Wilcoxon consiste, em termos gerais, em uma evolução do teste dos sinais, permitindo considerar a magnitude da diferença de cada par.

PASSOS SEM O SPSS

A primeira etapa da aplicação do teste sem o uso do SPSS consiste em:

a) para cada par, deve ser determinada a diferença (di) entre os resultados;
b) devem ser atribuídos postos em ordem crescente para todas as diferenças (di) encontradas, desconsiderando-se os sinais. No caso de empate, deve ser atribuída a média dos empatados;
c) cada posto deve ser identificado pelo sinal ("+" ou "–") da diferença (di) que ele representa;
d) deve-se calcular o valor de T, que é a menor soma dos postos de mesmo sinal;
e) calcular o número de elementos da amostra, excluindo-se os casos de empates, onde $di = 0$.

Passo 1: consiste na definição das hipóteses nulas e alternativas. A hipótese nula deve alegar o fato da inexistência de diferenças entre os grupos, enquanto a hipótese alternativa deve alegar a existência de diferenças.

H_0: não há diferença entre os grupos

H_1: há diferença entre os grupos

Passo 2: com base no valor definido do nível de significância do teste, define-se a distribuição a ser empregada: normal, se $n \geq 30$, ou outra distribuição apropriada ao teste, como a de Student, se $n < 25$.

Passo 3: com o auxílio da tabela da distribuição definida no passo anterior, devem ser determinadas as áreas de aceitação e rejeição da hipótese nula.

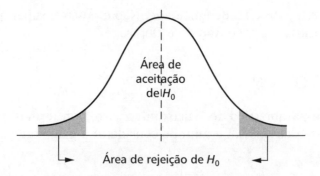

Figura 7.17   *Áreas de aceitação e rejeição de* H_0.

Passo 4: deve-se calcular o valor da estatística teste, representada por Z_{cal}. Algebricamente, o valor dessa variável pode ser apresentado como:

$$Z_{cal} = \frac{T - \mu_T}{\sigma_T}$$

Onde:

T = menor das somas de postos de mesmo sinal

$$\mu_T = \frac{n(n+1)}{4}$$

$$\sigma_T = \sqrt{\frac{n(n+1)(2n+1)}{24}}$$

Passo 5: aceitação ou rejeição das hipóteses formuladas, a depender da localização de Z_{cal} nas áreas particionadas no Passo 3.

PASSOS COM O SPSS

O SPSS calcula o nível de significância para a estatística teste calculada. Assim, bastaria analisar o nível de significância dos resultados calculados no SPSS.

Sig ≥ 0,05: não se pode rejeitar a hipótese nula, H_0, aceitando-se o fato da igualdade entre as duas séries;

Sig ≤ 0,05: rejeita-se a hipótese nula, H_0, rejeitando-se o fato da igualdade entre as duas séries.

Para ilustrar a aplicação do teste não paramétrico de Wilcoxon, veja o mesmo exemplo da análise conduzida pela empresa de pesquisas mercadológicas Expertisse Ltda. apresentado como exemplo para a condução do teste não paramétrico dos sinais. A empresa gostaria de analisar o fato da introdução de um novo filme comercial de propaganda e sua relação com as vendas diárias de uma amostra formada por 16 lanchonetes de uma grande rede internacional. Buscava analisar se a exposição do filme havia contribuído, de fato, para o aumento das vendas médias das lanchonetes.

Caso a empresa desejasse analisar a significância desses resultados com um teste de Wilcoxon, deveria executar os procedimentos de testes não paramétricos para duas amostras pareadas, conforme apresenta a Figura 7.18.

Figura 7.18 *Executando testes não paramétricos para duas amostras pareadas (lanchonete.sav).*

Para o uso de testes pareados, é importante destacar que a configuração de bases de dados no SPSS requer obrigatoriamente que a situação antes e a situação depois (as duas amostras pareadas) estejam obrigatoriamente apresentadas como variáveis do SPSS. A Figura 7.19 mostra a configuração do teste no SPSS.

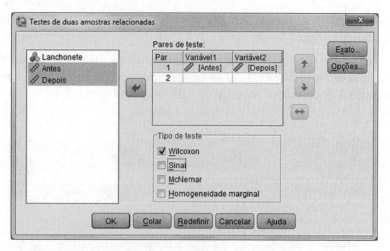

Figura 7.19 Executando o teste não paramétrico de Wilcoxon.

Os resultados podem ser vistos na Figura 7.20.

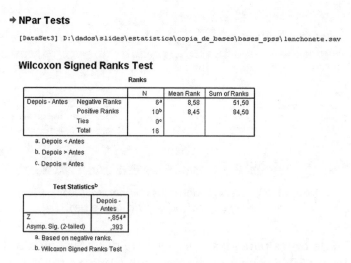

Figura 7.20 Resultado do teste não paramétrico de Wilcoxon.

A estatística teste Z apresentou valor igual a −0,854 com um nível de significância bicaudal igual a 0,393. Assim, aceita-se a hipótese nula H_0. Não é possível supor que existam diferenças significativas na população de cada um dos dois grupos analisados.

TESTE DE MANN-WHITNEY

O teste não paramétrico de Mann-Whitney deve ser empregado na análise sobre o fato de **duas** amostras independentes terem sido extraídas de populações com médias iguais. Pelo fato de ser um teste não paramétrico, não exigindo considerações sobre as distribuições populacionais e suas variâncias, o teste de Mann-Whitney torna-se uma importante alternativa ao teste paramétrico de comparação de médias. Esse teste também pode ser aplicado para variáveis intervalares ou ordinais.

PASSOS SEM O SPSS

Antes de aplicar os passos do teste, é preciso efetuar algumas considerações iniciais:

1. Consideram-se:

n_1 = número de casos do grupo com menor quantidade de observações.

n_2 = número de casos do grupo com maior quantidade de observações.

2. Atribui-se postos em ordem crescente aos dados dos dois grupos, começando em 1 e terminando em $n_1 + n_2$. Quando ocorrer empate, deve-se atribuir como posto a média dos postos correspondentes.

3. Calculam-se:

R_1 = soma dos postos do grupo n_1

R_2 = soma dos postos do grupo n_2

4. Escolhe-se a menor soma entre R_1 e R_2.

5. Calculam-se as estatísticas:

$$u_1 = n_1 \cdot n_2 + \frac{n_1(n_1 + 1)}{2} - R_1$$

$$u_2 = n_1 \cdot n_2 + \frac{n_2(n_2 + 1)}{2} - R_2$$

6. Escolhe-se como estatística u a correspondente ao R selecionado. Por exemplo, se R_2 for escolhido, deve-se selecionar u_2. Se R_1 for selecionado, deve-se escolher u_1.

Os cinco passos para o teste não paramétrico de Mann-Whitney podem ser apresentados como:

Passo 1: consiste na definição da hipótese nula e alternativa. A hipótese nula deve alegar o fato da inexistência de diferenças entre os grupos, enquanto a hipótese alternativa deve alegar a desigualdade das proporções dos grupos, o que pode ser feito sob a forma de maior, menor ou diferente.

H_0: $\mu_1 = \mu_2$ *Comentário*: alega o fato de as médias populacionais serem iguais.

H_1: $\mu_1 \neq \mu_2$ *Comentário*: alega o fato de as médias populacionais serem diferentes.

Ou

H_1: $\mu_1 > \mu_2$ *Comentário*: alega o fato de a média populacional do grupo 1 ser maior que a média populacional do grupo 2.

Ou

H_1: $\mu_1 < \mu_2$ *Comentário*: alega o fato de a média populacional do grupo 1 ser menor que a média populacional do grupo 2.

Passo 2: define-se a distribuição de probabilidades a ser empregada.

Passo 3: com base no valor definido do nível de significância do teste e com o auxílio da distribuição definida no passo anterior, devem ser determinadas as áreas de aceitação e rejeição da hipótese nula.

Passo 4: deve-se calcular o valor da estatística teste, representada por Z_{cal}. Algebricamente, o valor desta variável pode ser apresentado como:

$$z_{col} = \frac{u - \mu(u)}{\sigma(u)}$$

Onde:

$$\mu(u) = \frac{n_1 \cdot n_2}{2}$$

$$\sigma(u) = \sqrt{\frac{n_1 \cdot n_2 (n_1 + n_2 + 1)}{12}}$$

Passo 5: aceitação ou rejeição das hipóteses formuladas, a depender da localização de Z_{cal} nas áreas particionadas no Passo 3.

PASSOS COM O SPSS

O SPSS calcula o nível de significância para a estatística teste calculada. Assim, bastaria analisar o nível de significância dos resultados calculados no SPSS.

Sig $\geq 0,05$: não se pode rejeitar a hipótese nula, H_0, aceitando-se o fato da igualdade entre as duas médias populacionais;

Sig $\leq 0,05$: rejeita-se a hipótese nula, H_0, rejeitando-se o fato da igualdade entre as duas médias populacionais.

Para ilustrar o uso do teste de Mann-Whitney, considere a análise da base de dados **carros.sav**. Teste a hipótese de a média dos pesos ser diferente na população quando agrupada segundo a versão do veículo.

A execução do teste pode ser solicitada conforme apresenta a Figura 7.21.

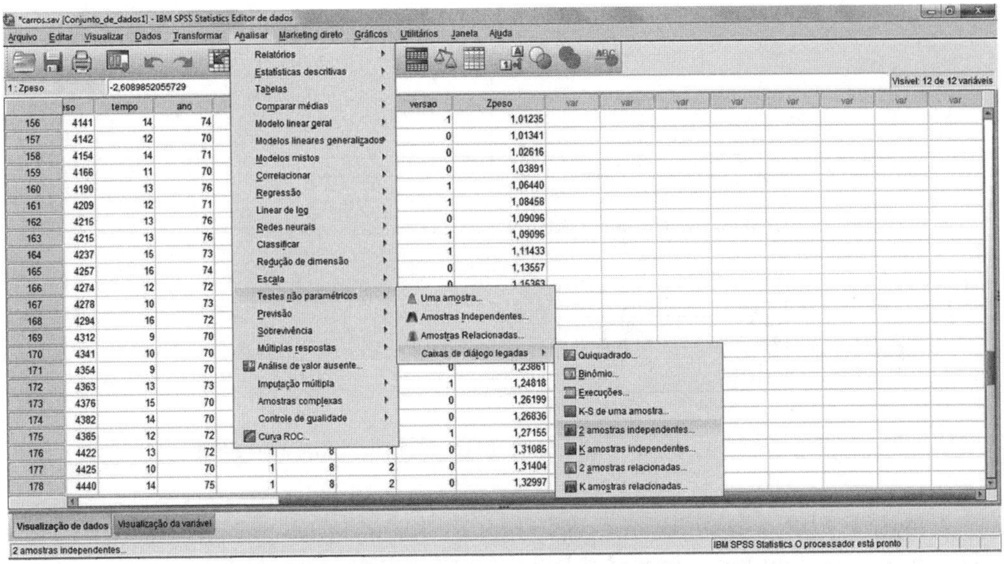

Figura 7.21 Executando testes não paramétricos para duas amostras independentes (carros.sav).

A Figura 7.22 apresenta a configuração do teste de Mann-Whitney no SPSS. Nesse caso, a variável de agrupamento é a variável versão. Os dois grupos a comparar correspondem ao grupo 0 e ao grupo 1.

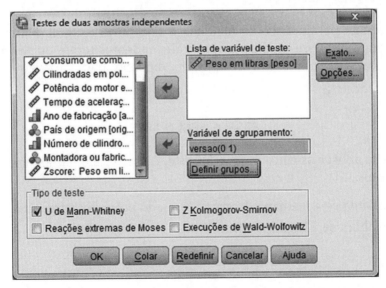

Figura 7.22 Configurando o teste de Mann-Whitney.

Os resultados podem ser visualizados na Figura 7.23.

⇒ NPar Tests

[DataSet1] D:\dados\slides\estatistica\copia_de_bases\bases_spss\carros.sav

Mann-Whitney Test

Ranks

	Versão do veículo	N	Mean Rank	Sum of Ranks
Peso em libras	Sedan	104	103,62	10776,50
	Hatch	86	85,68	7368,50
	Total	190		

Test Statistics[a]

	Peso em libras
Mann-Whitney U	3627,500
Wilcoxon W	7368,500
Z	-2,238
Asymp. Sig. (2-tailed)	,025

a. Grouping Variable: Versão do veículo

Figura 7.23   *Resultados do teste de Mann-Whitney no SPSS.*

A Figura 7.23 apresenta um posto médio (*mean rank*) para as versões *Sedan* e *Hatch*, respectivamente iguais a 103,62 e 85,68. O teste de hipóteses apresentou uma estatística teste Z igual a – 2,238, com um nível de significância igual a 0,025. Rejeita-se a hipótese nula H_0 e aceita-se a hipótese alternativa H_1. Não é possível supor que as médias dos dois grupos sejam iguais. A versão *Sedan* apresentou uma média maior, significativamente diferente[1] da média da versão *Hatch*.

TESTE DA MEDIANA

O teste não paramétrico da mediana é similar ao teste de Mann-Whitney. Porém, testa a hipótese de dois grupos independentes terem ou não medianas populacionais iguais, podendo ser aplicado, também, para variáveis ordinais ou intervalares.

PASSOS SEM O SPSS

Antes de aplicar os cinco passos do teste, é preciso efetuar algumas considerações iniciais:

1. calcula-se a mediana do grupo formado pelas duas amostras juntas;
2. elabora-se a seguinte tabela:

---

[1]   Para poder afirmar que a média foi significativamente maior, seria preciso executar um teste unicaudal.

Frequências observadas	Grupo I	Grupo II
Acima da mediana	Fobs | Fesp	Fobs | Fesp
Abaixo ou igual à mediana	Fobs | Fesp	Fobs | Fesp

Para aplicar o teste de hipóteses, basta seguir os cinco passos:

Passo 1: consiste na definição das hipóteses nula e alternativa. A hipótese nula deve alegar o fato de as medianas serem iguais, enquanto a hipótese alternativa deve alegar a desigualdade das medianas nas populações dos grupos.

H_0: Mediana$_{\text{Grupo I}}$ = Mediana$_{\text{Grupo II}}$
H_1: Mediana$_{\text{Grupo I}}$ ≠ Mediana$_{\text{Grupo II}}$

Passo 2: com base no valor definido do nível de significância do teste (alfa), define-se uma variável qui-quadrado, com ϕ graus de liberdade, onde $\phi = 1$.

Passo 3: com o auxílio da distribuição padronizada do qui-quadrado, devem ser determinadas as áreas de aceitação e rejeição da hipótese nula.

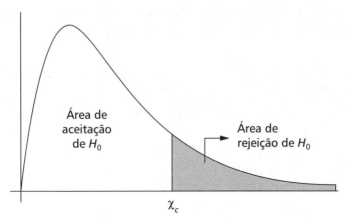

Figura 7.24 *Partição do gráfico.*

Passo 4: deve-se calcular o valor da estatística teste, representada por χ^2_t. Algebricamente, o valor desta variável pode ser apresentado como:

$$\chi^2_t = \sum_{i=1}^{2}\sum_{j=1}^{2} \frac{(Fo_{ij} - Fe_{ij})^2}{Fe_{ij}} \quad \text{onde}$$

$$Fe_{ij} = \frac{(\text{soma da linha } i) \cdot (\text{soma da coluna } j)}{\text{total de observações}}$$

Passo 5: compara-se o valor de χ^2_t com as áreas de aceitação e rejeição determinadas no Passo 3. Duas conclusões são possíveis:

214 SPSS: Guia Prático para Pesquisadores • Bruni

a) Se $\chi^2_t \leq \chi^2_c$, não se pode rejeitar a hipótese nula, H_0, aceitando-se o fato de as medianas serem iguais.

b) Se $\chi^2_t > \chi^2_c$, rejeita-se a hipótese nula, H_0, aceitando-se o fato de as medianas populacionais serem diferentes.

PASSOS COM O SPSS

O SPSS calcula o nível de significância para a estatística teste calculada. Assim, bastaria analisar o nível de significância dos resultados calculados no SPSS.

Sig $\geq$ 0,05: não se pode rejeitar a hipótese nula, H_0, aceitando-se o fato de as medianas serem iguais;

Sig $\leq$ 0,05: rejeita-se a hipótese nula, H_0, aceitando-se o fato de as medianas populacionais serem diferentes.

Para ver a aplicação prática do teste da mediana, analise a base de dados **carros.sav**. Teste a hipótese de a mediana dos pesos ser diferente na população quando agrupada segundo a versão do veículo.

A execução do teste pode ser feita mediante o uso do menu *Analyse > Nonparametric Tests > K Indepedent Samples*, conforme apresenta a Figura 7.25.

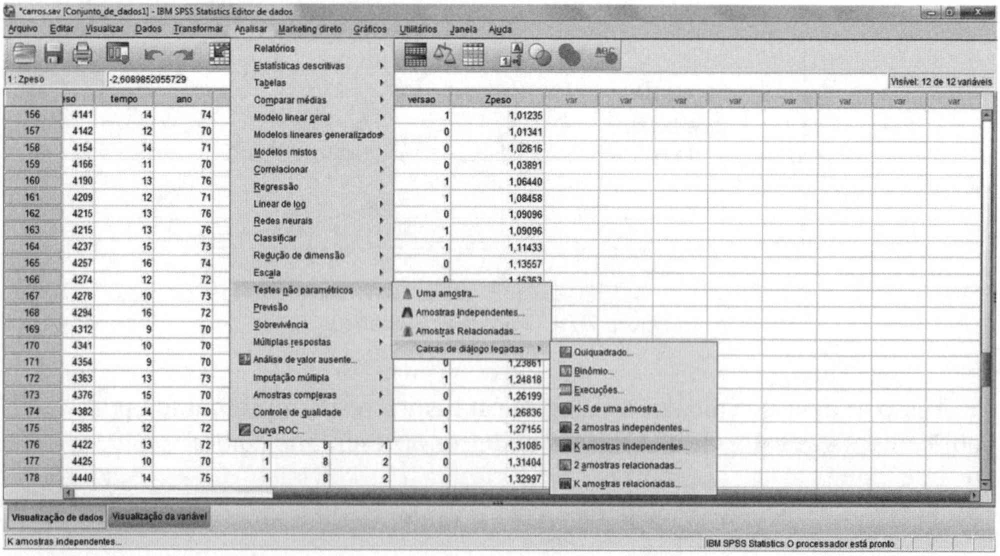

Figura 7.25 *Executando testes não paramétricos para amostras independentes (carros.sav).*

A configuração para a execução do teste está apresentada na Figura 7.26.

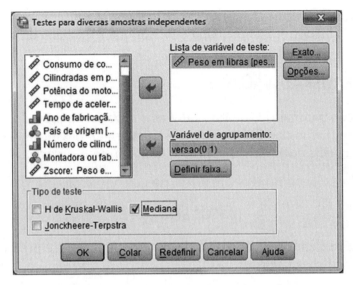

Figura 7.26 · Configurando o teste da mediana.

Os resultados estão apresentados na Figura 7.27.

Figura 7.27 Resultados do teste da mediana.

Os resultados indicam uma estatística do qui-quadrado igual a 5,438 com um nível de significância igual a 0,029. Rejeita-se H_0. Existem diferenças significativas[2] entre as medianas da população dos dois grupos.

Analisando as frequências, é possível verificar que para a versão *Sedan* 60 observações foram maiores que a mediana calculada para os dois grupos contra 51

---

[2] Para poder afirmar que a mediana foi significativamente maior ou menor, seria preciso executar um teste unicaudal.

observações para a versão *Hatch*. Assim, os valores da amostra dos veículos *Hatch* aparentam ser menores. Sua mediana é menor que a mediana da versão *Sedan*.

TESTE DE KRUSKAL-WALLIS

O teste não paramétrico de Kruskal-Wallis deve ser empregado na análise do fato de K ($K > 2$) amostras independentes serem originárias ou não de populações com médias iguais, podendo ser aplicado, também, com variáveis intervalares ou ordinais.

PASSOS SEM O SPSS

Antes de realizar os cinco passos do teste de hipóteses, é preciso efetuar algumas considerações iniciais:

a) atribuem-se postos em ordem crescente aos dados dos K grupos, começando em 1 e terminando em N (soma de elementos de todos os grupos). Quando ocorrer empate, deve-se atribuir como posto a média dos postos correspondentes;

b) calcula-se o valor da soma dos postos para cada um dos K grupos. A soma é genericamente representada por R_i, onde $i = 1, 2,...., K$.

Passo 1: consiste na definição das hipóteses nula e alternativa. A hipótese nula deve alegar o fato da inexistência de diferenças entre as médias dos grupos, enquanto a hipótese alternativa deve alegar a existência de diferenças.

H_0: as médias populacionais são iguais

H_1: há pelo menos um par de médias populacionais diferentes

Passo 2: com base no valor definido do nível de significância do teste (alfa), define-se uma variável qui-quadrado, com ϕ graus de liberdade, onde $\phi = K - 1$.

Passo 3: com o auxílio da tabela qui-quadrado, devem ser determinadas as áreas de aceitação e rejeição da hipótese nula.

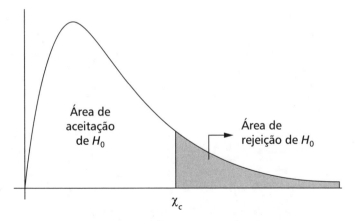

Figura 7.28 Partição no qui-quadrado.

Passo 4: deve-se calcular o valor da estatística teste, representada por H. Algebricamente, o valor desta variável pode ser apresentado como:

$$H = \frac{12}{n(n+1)} \sum_{i=1}^{k} \frac{(R_i)^2}{n_i} - 3 \cdot (n+1)$$

Passo 5: aceitação ou rejeição das hipóteses formuladas, a depender das seguintes condições:

a) Se $H < \chi^2_{sup}$, não se pode rejeitar a hipótese nula, H_0, aceitando-se o fato de as médias populacionais dos K grupos serem iguais.

b) Se $H > \chi^2_{sup}$, rejeita-se a hipótese nula, H_0, aceitando-se o fato de existir pelo menos um par de médias populacionais diferentes.

PASSOS COM O SPSS

O SPSS calcula o nível de significância para a estatística teste calculada. Assim, bastaria analisar o nível de significância dos resultados calculados no SPSS.

Sig $\geq 0{,}05$: não se pode rejeitar a hipótese nula, H_0, aceitando-se o fato de as médias populacionais dos K grupos serem iguais;

Sig $\leq 0{,}05$: rejeita-se a hipótese nula, H_0, aceitando-se o fato de existir pelo menos um par de médias populacionais diferentes.

Para ilustrar uma aplicação prática do teste de Kruskal-Wallis, considere o teste da média da variável peso para as diferentes montadoras apresentadas na base de dados **carros.sav**.

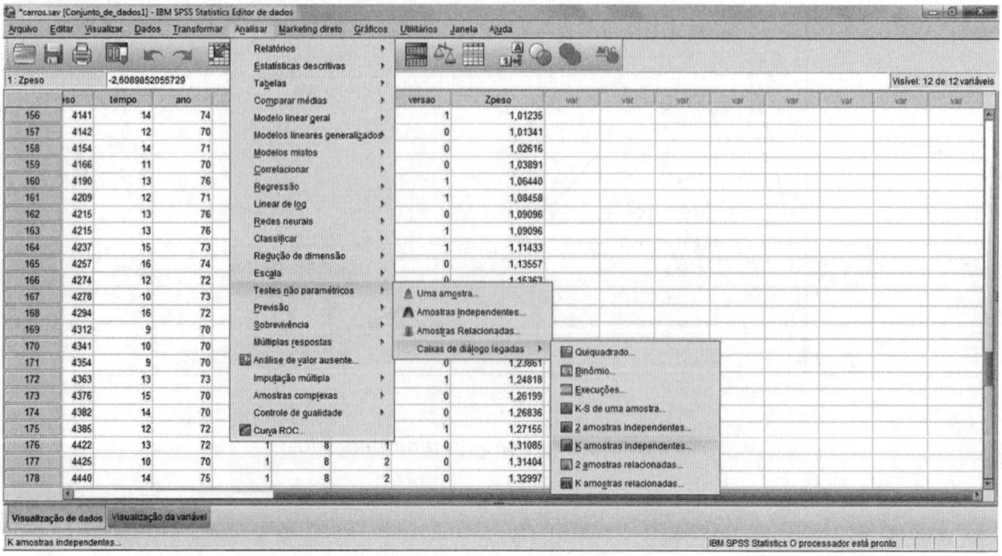

218   SPSS: Guia Prático para Pesquisadores • Bruni

Figura 7.29   *Executando testes não paramétricos para amostras independentes.*

A execução dos testes pode ser vista na Figura 7.29 e na Figura 7.30. Deseja-se testar a variável Peso, agrupada com base em montadora, com códigos variando entre 1 e 5.

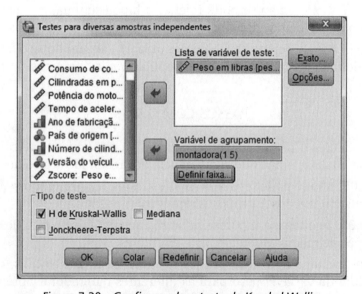

Figura 7.30   *Configurando o teste de Kruskal-Wallis.*

Os resultados dos testes estão apresentados na Figura 7.31.

Kruskal-Wallis Test

Ranks

	Montadora ou fabricante	N	Mean Rank
Peso em libras	Calhambeque	47	89,40
	Possante	56	91,73
	Reluzente	44	103,57
	Veloz	36	96,07
	Fobica	7	112,93
	Total	190	

Test Statistics[a,b]

	Peso em libras
Chi-Square	2,494
df	4
Asymp. Sig.	,646

a. Kruskal Wallis Test

b. Grouping Variable: Montadora ou fabricante

Figura 7.31   *Resultados do teste de Kruskal-Wallis.*

Os números dos resultados do teste de hipóteses indicam um qui-quadrado igual a 2,494, com nível de significância igual a 0,646. Aceitam-se H_0 e o fato de as médias populacionais dos cinco grupos serem iguais.

EXERCÍCIOS

[1] Responda às questões apresentadas a seguir, que buscam explorar aspectos conceituais básicos sobre testes de hipóteses não paramétricos.

[a] Gostaria de usar testes paramétricos em uma amostra pequena. Naturalmente, antes de executar qualquer procedimento, eu precisaria testar a normalidade da distribuição. Qual teste eu deveria usar?

[b] Um pesquisador gostaria de analisar a eventual associação existente entre duas variáveis nominais. Qual teste ele deveria usar?

[c] Quero analisar de modo comparativo as médias de duas amostras com poucos elementos ($n < 30$) e distribuição não normal. Qual teste não paramétrico eu deveria usar?

[d] Um aluno quer comparar as médias de mais que duas amostras com poucos elementos ($n < 30$) e distribuição não normal. Qual teste não paramétrico eu deveria usar?

[e] Preciso comparar as medianas de n amostras com poucos elementos ($n < 30$) e distribuição não normal. Qual teste não paramétrico eu deveria usar?

[f] Preciso comparar as médias de duas amostras emparelhadas com poucos elementos ($n < 30$) e distribuição não normal. Qual teste não paramétrico eu deveria usar?

Eu estou analisando uma amostra pequena. Gostaria de comparar as médias de duas metades dessa amostra. Eu acredito que as médias são diferentes.

220 SPSS: Guia Prático para Pesquisadores • Bruni

[g] Qual a hipótese nula do teste que executarei?

[h] Qual a hipótese alternativa do teste que executarei?

[i] A minha suposição estará sendo afirmada na hipótese nula ou na alternativa?

[j] Fiz os testes no SPSS e obtive no *output* apresentado um nível de significância igual a 0,003. O que isso quer dizer?

[2] Carregue a base de dados **filmes_infantis.sav**.

[a] Use o teste não paramétrico de Kolmogorov-Smirnov. Teste a normalidade das três variáveis: duração, uso de álcool e uso de fumo. Qual variável poderia ser aceita como normalmente distribuída?

Assumindo a variável Uso de fumo no filme em segundos como possuidora de uma distribuição não normal, responda ao que se pede a seguir.

[b] Com base na mediana calculada para a variável Uso de fumo, crie uma nova variável denominada **fumo_ag** e separe os filmes em dois grupos, denominados: 0 – pouco uso de fumo no filme (uso de fumo < mediana) e 1 – muito uso de fumo no filme (uso de fumo ≥ mediana). Depois, use o teste do qui-quadrado para analisar a associação entre a variável Empresa produtora e Uso agrupado de fumo. O que é possível concluir?

[c] Use o teste não paramétrico de Mann-Whitney para comparar a média do uso de fumo da Disney com a MGM. Quem tem a maior média? A diferença é significativa?

[d] Use o teste não paramétrico de Kruskal-Wallis para comparar a média do uso de fumo das diferentes empresas produtoras. A diferença entre as médias é significativa? O que você entende a partir dessa constatação?

[e] Use o teste não paramétrico da mediana para comparar a mediana do uso de fumo das diferentes empresas produtoras. A diferença entre as medianas é significativa? O que você entende a partir dessa constatação?

[f] Use o teste não paramétrico da mediana para comparar a mediana do uso de fumo da Disney com a MGM. Quem tem a maior mediana? A diferença é significativa?

Crie uma nova variável denominada **alcool_ag** com códigos 0 (Alcool_segs < 1,50, e rótulo Pouco uso de álcool) e 1 (Alcool_segs ≥ 1,50, e rótulo Muito uso de álcool).

[g] Use o teste do qui-quadrado para analisar a associação entre a variável **alcool_ag** e **fumo_ag**. O que é possível concluir?

[h] Use o teste não paramétrico de Mann-Whitney para comparar a média do uso de fumo dos filmes agrupados de acordo com a apresentação de consumo de álcool (Pouco × Muito uso de álcool). Quem tem a maior média? A diferença é significativa?

Usando Testes Não Paramétricos de Hipóteses **221**

[i] Use o teste não paramétrico da mediana para comparar a mediana do uso de fumo das duas categorias de alcool_ag. A diferença entre as medianas é significativa? O que você entende a partir dessa constatação?

[j] Use o teste do qui-quadrado para analisar a associação entre a variável **alcool_ag** e **empresa**. O que é possível concluir?

[3] Carregue a base de dados **filmes.sav**.

Use o teste não paramétrico de Kolmogorov-Smirnov.

[a] Quais as hipóteses formuladas para a normalidade da distribuição quando executamos o teste de Kolmogorov-Smirnov?

[b] Teste a normalidade das quatro variáveis faturamento, gasto, duração e nota. Qual variável poderia ser aceita como normalmente distribuída?

[c] Altere a nota do filme Aliens de 8,2 para 820. Com a nota alterada, execute e analise o resultado do teste de Kolmogorov-Smirnov. O que é possível constatar e qual seria a possível explicação para esse fato? Após responder a essa questão, lembre-se de alterar novamente a nota para o seu valor original igual a 8,2.

Crie uma nova variável denominada **fat_agrup** e separe os filmes em três grupos, denominados: 0 – baixo faturamento (menor que $ 50 milhões), 1 – médio faturamento (entre $ 50 e $ 150 milhões), 2 – alto faturamento (maior que $ 150 milhões). Depois, use o teste do qui-quadrado para analisar a associação entre a variável Ano do filme e a variável Faturamento agrupado.

[d] Quais as hipóteses formuladas quando aplicados o teste do qui-quadrado para a associação entre duas variáveis?

[e] O que é possível concluir?

Use o teste não paramétrico de Mann-Whitney para comparar a média do faturamento no ano de 1997 com o ano de 1996.

[f] Quais as hipóteses testadas?

[g] A diferença entre médias é significativa?

[h] Use o teste não paramétrico de Kruskal-Wallis para comparar a média da nota atribuída pelo público ao longo dos diferentes anos. A diferença entre as médias é significativa? O que você entende a partir dessa constatação?

[i] Use o teste não paramétrico da mediana para comparar os gastos dos filmes ao longo dos diferentes anos. A diferença entre as medianas é significativa? O que você entende a partir dessa constatação?

[j] Quais as hipóteses testadas no quesito anterior?

[4] Carregue a base de dados **atividades_fisicas.sav**.

[a] Use o teste não paramétrico de Kolmogorov-Smirnov. Teste a normalidade das quatro variáveis: Idade, Altura, Peso e Salário. Qual variável poderia ser aceita como normalmente distribuída?

Analise mediante o emprego do teste do qui-quadrado a eventual associação existente entre as variáveis apresentadas a seguir. Qual ou quais os pares que apresentam associação significativa? Comente os seus resultados.

[b] gênero *versus* consumo de fumo

[c] condição física *versus* consumo de fumo

[d] condição física *versus* prática de atividades físicas

[e] prática de atividades físicas *versus* consumo de fumo

[f] Use o teste não paramétrico de Mann-Whitney para comparar a média do peso dos homens com a média do peso das mulheres. Quem tem a maior média? A diferença é significativa?

[g] Use o teste não paramétrico de Kruskal-Wallis para comparar a média do peso entre as diferentes atribuições sobre a condição física. A diferença entre as médias é significativa? O que você entende a partir dessa constatação?

[h] Use o teste não paramétrico da mediana para comparar os pesos ao longo das diferentes condições físicas. A diferença entre as medianas é significativa? O que você entende a partir dessa constatação?

[i] Use o teste não paramétrico de Mann-Whitney para comparar a média do peso de fumantes e não fumantes. Quem tem a maior média? A diferença é significativa?

[j] Use o teste não paramétrico de Kruskal-Wallis para comparar a média da idade entre as diferentes atribuições sobre a condição física. A diferença entre as médias é significativa? O que você entende a partir dessa constatação?

[5] Carregue a base de dados **emparelhados.sav**. A base apresenta informações sobre experimento com 40 caprinos que buscou verificar se o consumo de determinada ração fabricada pelas Indústrias Engorda e Faz Crescer Ltda. provocaria um ganho substancial de peso. Dois tipos de ração foram analisados: Engorda Bem (subamostra com código 0) e Engorda Mais (subamostra com código 1).

[a] Qual a hipótese nula inerente ao estudo?

[b] Qual a hipótese alternativa do estudo?

Considere apenas a subamostra do tipo 0, alimentada depois com Engorda Bem.

[c] Qual a média de antes do consumo da ração?

[d] Qual a média posterior ao consumo da ração?

[e] Use o teste não paramétrico de Wilcoxon para comparar a média do peso de antes com o peso de depois. Quais os resultados encontrados?

Usando Testes Não Paramétricos de Hipóteses **223**

[f] Use o teste não paramétrico dos sinais para comparar a média do peso de antes com o peso de depois. Quais os resultados encontrados?

Considere apenas a subamostra do tipo 1, alimentada depois com Engorda Mais.

[g] Qual a média de antes do consumo da ração?

[h] Qual a média posterior ao consumo da ração?

[i] Use o teste não paramétrico de Wilcoxon para comparar a média do peso de antes com o peso de depois. Quais os resultados encontrados?

[j] Use o teste não paramétrico dos sinais para comparar a média do peso de antes com o peso de depois. Quais os resultados encontrados?

8

Aplicando Análise de Correlação e Regressão

"O ignorante afirma, o sábio duvida, o sensato reflete."
Aristóteles

OBJETIVOS DO CAPÍTULO

Análises estatísticas que envolvam o estudo conjunto de duas variáveis quantitativas podem ser feitas com o auxílio das técnicas de regressão e correlação. Enquanto a primeira fornece uma função matemática que descreve a relação entre duas ou mais variáveis, a análise da correlação determina um número que expressa uma medida numérica do grau da relação encontrada.

Este capítulo possui o objetivo de discutir os principais tópicos relacionados às análises de regressão e correlação no SPSS, enfatizando o uso do método dos mínimos quadrados. Para tornar a leitura mais branda e facilitar a fixação dos tópicos apresentados, são propostos inúmeros exercícios, todos com as suas respectivas respostas.

DEFININDO REGRESSÃO E CORRELAÇÃO

A análise da regressão e correlação tem como objetivo estimar numericamente o grau de relação que possa ser identificado entre populações de duas ou mais variáveis, a partir da determinação obtida com base em amostras selecionadas destas populações focalizadas. A regressão e a correlação possibilitam comprovar numericamente se é adequada a postulação lógica realizada sobre a existência de relação entre as populações de duas ou mais variáveis.

Para ilustrar, considere o exemplo de uma rede de lojas de confecções que coletou uma amostra de dados passados referentes a seus gastos com publicidade ($ mil) e seu volume de vendas ($ mil). Os dados estão apresentados na Tabela 8.1.

Tabela 8.1 Vendas versus gastos com publicidade de loja de confecções.

Gastos com publicidade (em $ mil)	3	4	8	12	14
Vendas (em $ mil)	7	14	15	28	32

A apresentação dos dados pode ser feita com o auxílio de um diagrama de dispersão, conforme ilustrado na Figura 8.1.

A análise de regressão preocupa-se com o estudo da relação conjunta entre duas variáveis, como no caso da Figura 8.1. As variáveis costumam ser apresentadas como variável independente, X, no caso os gastos com publicidade, e variável dependente, Y, no caso o volume de vendas.

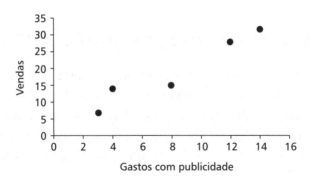

Figura 8.1 Gastos com publicidade versus vendas.

O termo *regressão* teria sido originalmente apresentado por Sir Francis Galton. Em um famoso ensaio, Galton verificou que, embora houvesse uma tendência de pais altos terem filhos altos e pais baixos terem filhos baixos, a altura média de filhos de pais de uma dada altura tendia a se deslocar ou *regredir* até a altura média da população como um todo. Ou seja, a altura dos filhos de pais extraordinariamente altos ou baixos tende a se mover para a altura média da população.

A lei de regressão universal de Galton foi confirmada por um outro matemático, Karl Pearson, que coletou mais de 1.000 registros das alturas dos membros de grupos das famílias. Pearson encontrou que a altura média dos filhos de um grupo de pais altos era inferior à altura de seus pais, e que a altura média dos filhos de um grupo de pais baixos era superior à altura de seus pais. Dessa forma, tanto os filhos altos como baixos *regrediram* em direção à altura média de todos os homens. Em palavras de Galton, tal fato consistiria em uma *regressão à mediocridade*.

De forma mais recente, a análise de regressão ocupa-se do estudo da dependência de uma variável, a variável dependente, em relação a uma ou mais variáveis, as variáveis explicativas ou independentes, com o objetivo de estimar ou prever a média da população ou o valor médio da variável dependente em função dos valores conhecidos ou fixos em amostragem repetida das variáveis explicativas.

ANÁLISE DE REGRESSÃO

A análise de regressão fornece uma função matemática que descreve a relação entre duas ou mais variáveis. A natureza da relação é caracterizada por esta função ou equação de regressão.

Esta equação pode ser usada para estimar ou predizer valores futuros de uma variável, com base em valores conhecidos ou supostos, de uma ou mais variáveis relacionadas. A análise de regressão é útil na administração, economia, agricultura, pesquisa médica etc.

MODELOS MATEMÁTICOS *VERSUS* MODELOS ESTATÍSTICOS

Para poder explicar os modelos desenvolvidos para a análise de regressão, torna-se importante diferenciar os modelos matemáticos e os modelos estatísticos.

Um modelo matemático descreve uma relação entre diferentes variáveis. Por exemplo, um modelo matemático que descreva a relação entre duas variáveis, do tipo $y = f(x)$, ou $y = a + b.x$, pode ser apresentado graficamente por meio da Figura 8.2.

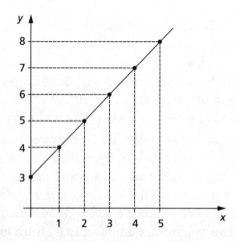

Figura 8.2 *Diagrama de dispersão e modelo matemático.*

No modelo matemático, os valores de x estão diretamente associados aos valores de y. Os valores de y são inteiramente explicados pelos valores de x. Em outra situação, para ilustrar a construção de um modelo matemático, considere o comportamento das variáveis x e y apresentadas na Tabela 8.2.

Tabela 8.2 Valores de x e y.

x	y
0	3
1	4
2	5
3	6
4	7
5	8

Considerando apenas dois dos pontos assinalados e empregando um sistema simples de equações, com duas incógnitas, x e y, e duas equações, seria possível determinar o comportamento da relação: $y = a + b.x$. Ou, $y = 3 + 1.x$.

Um modelo estatístico costuma envolver a determinação do *melhor* modelo ou do modelo que melhor se ajusta aos pontos, e não do modelo exato ou preciso. Aceita-se que, em uma relação do tipo $y = a + b.x$, possam existir outras variáveis que interfiram nos valores de y. O modelo estatístico pode ser representado por $y = a + b.x + e$, onde e consiste em um erro associado ao processo de determinação dos valores de y com base em x. Veja a Figura 8.3.

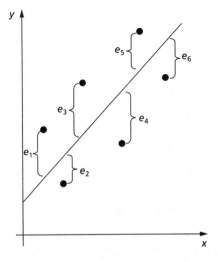

Figura 8.3 *Diagrama de dispersão e melhor modelo de ajuste.*

228   SPSS: Guia Prático para Pesquisadores • Bruni

O processo de estimação do modelo estatístico deve ser feito de forma a diminuir ao máximo possível os valores dos erros encontrados.

REGRESSÃO LINEAR SIMPLES

A análise de regressão linear simples tem por objetivo obter a equação matemática da reta que representa o melhor relacionamento numérico linear entre o conjunto de pares de dados em amostras selecionadas, dos dois conjuntos de variáveis. A equação da reta obtida pode ser apresentada como:

$$y = a + b.x$$

De modo geral, as variáveis x e y, por convenção, são definidas do seguinte modo:

y = variável dependente, explicada

x = variável independente, explicativa

É importante destacar que a análise simples de regressão linear apenas se preocupa em determinar a forma numérica de associação entre x e y. Não estabelece **nenhuma** relação de causação. Os cuidados associados à análise de regressão e correlação serão apresentados com maior profundidade a seguir.

O modelo linear obtido caracteriza a relação entre o conjunto de pares de valores, na amostra analisada. Pode ser utilizado para estimar valores de uma variável com base em valores estipulados para a outra variável, dentro dos limites da amplitude dos valores da amostra, como também para predizer valores de uma variável, com base no conhecimento de quais serão os valores da outra variável, fora dos limites da amplitude dos valores da amostra. O modelo linear obtido consiste em uma estimativa da reta de ajuste para as duas populações.

No processo de determinação da equação de regressão linear simples, objetiva-se elaborar a equação geral da reta, com modelo: $y = a + bx$. Assim, devem ser determinadas as duas constantes:

a = o valor de yi, quando $xi = 0$, ou intercepto da reta no eixo y;

b = o valor do coeficiente angular, que indica a inclinação da reta.

No processo de determinação dos valores das constantes a e b, costuma-se aplicar o método dos mínimos quadrados, que determina a equação de ajuste linear que apresenta a menor soma dos quadrados dos erros e, apresentados na Figura 8.3.

O método foi desenvolvido originalmente por Legendre e aperfeiçoado pelas ideias e trabalhos de Galton e Pearson. Ele permite obter o valor das duas constantes a e b, determinando a reta estimada, ou equação de regressão. Uma dedução algébrica do modelo pode ser vista no livro *Estatística aplicada à gestão empresarial*, publicado pela Editora Atlas.

A aplicação do método dos mínimos quadrados gera três características importantes relacionadas com a reta de regressão obtida:

a) é mínima a soma dos quadrados dos erros ou desvios para a reta de regressão, menor que a de qualquer outra reta de ajuste;

b) é igual a zero a soma algébrica dos desvios verticais entre o valor da ordenada de cada ponto da amostra analisada e a correspondente ordenada da reta estimada;

c) a reta estimada passa pelo ponto de coordenadas $(\bar{x}, \bar{y})$, que correspondem à média dos pares de pontos da amostra.

A reta estimada de regressão é $y = a + bx$, onde:

Y = valor calculado na reta de regressão para os valores de x

a = ordenada do intercepto da reta no eixo y

b = coeficiente angular da reta de regressão

O método dos mínimos quadrados determina que a e b devem ser obtidos de modo que:

$$a = \frac{\sum y - b \sum x}{n}$$

$$b = \frac{n \left(\sum xyy \right) - \left(\sum x \sum y \right)}{n \left(\sum x^2 \right) - \left(\sum x \right)^2}$$

Há algumas hipóteses a serem consideradas na aplicação do método dos mínimos quadrados:

a) para cada valor de x haverá possíveis valores para y;

b) a variável y é aleatória;

c) para cada valor de x há uma distribuição condicional de y que é normal;

d) os desvios padrões de todas as distribuições condicionais são iguais.

Embora modelos lineares possam ser construídos para análise entre duas variáveis X e Y, as equações anteriores nada dizem sobre a qualidade do modelo. Ou seja, sobre quão perto de uma reta perfeita os pontos se encontram. Existem modelos em que os pontos estão mais perto da reta de ajuste, apresentando erros menores. Mas existem modelos com pontos mais dispersos, apresentando maiores erros.

Dessa forma, a informação contida em um modelo de regressão é complementada por estatísticas de correlação, apresentadas a seguir.

ANÁLISE DE CORRELAÇÃO

A análise da correlação determina um número que expressa uma medida numérica do grau da relação encontrada. Esse tipo de análise é muito útil em trabalhos exploratórios em áreas como educação e psicologia, quando se procura determinar as variáveis potencialmente importantes.

Denomina-se simples a análise de correlação ou de regressão linear que envolve apenas duas variáveis. Nesse caso, a amostra é formada por um conjunto de pares de valores. O resultado da análise de correlação linear é expresso na forma de um coeficiente de correlação – número que quantifica o grau de relação linear obtido para os pares de valores de duas variáveis que formam a amostra analisada.

O grau de relação numérica linear entre duas variáveis contínuas é feito por um coeficiente de correlação linear simples denominado r de Pearson.

São hipóteses fundamentais para que a obtenção do coeficiente seja válida:

a) as duas variáveis envolvidas são aleatórias e contínuas;

b) a distribuição de frequência conjunta para os pares de valores das duas variáveis é uma distribuição normal.

O procedimento envolve os seguintes passos:

Passo 1: colocar em ordem crescente os valores de uma das variáveis na amostra e colocá-los ao longo de um dos eixos das abscissas. Como os valores de x e y são estabelecidos, a ordenação de y será determinada pela ordenação de x e vice-versa.

Passo 2: colocar os valores de y no eixo das ordenadas.

Passo 3: construir o diagrama de dispersão, que é a representação dos pares de valores da amostra no plano dos eixos ortogonais. O diagrama permite concluir antecipadamente se é adequado prosseguir para o cálculo de r.

Passo 4: calcular r por meio da seguinte equação:

$$r = \pm \sqrt{\frac{\left(\dfrac{\sum xy}{n} - \dfrac{\sum x}{n} \cdot \dfrac{\sum y}{n}\right)^2}{\left[\dfrac{\sum x^2}{n} - \left(\dfrac{\sum x}{n}\right)^2\right] \cdot \left[\dfrac{\sum y^2}{n} - \left(\dfrac{\sum y}{n}\right)^2\right]}} \quad \text{ou}$$

$$r = \pm \frac{n\sum xy - \sum x \cdot \sum y}{\sqrt{\left[n\sum x^2 - \left(\sum x\right)^2\right] \cdot \left[n\sum y^2 - \left(\sum y\right)^2\right]}}$$

Onde n = número de pares de valores na amostra analisada.

Como o valor encontrado para r foi próximo de 1, o grau de ajuste das retas ao ponto pode ser considerado como muito bom.

Dentre as propriedades do coeficiente de correlação r, pode-se destacar o fato de que seu valor é um número adimensional. É um estimador do correspondente parâmetro ρ para a população.

r = coeficiente de correlação linear simples para amostra

ρ = coeficiente de correlação linear simples para população

Seu sinal pode ser positivo ou negativo e sua faixa de variação está compreendida entre -1 e 1. O coeficiente de correlação indica o grau da relação numérica linear obtida, ou o grau de ajuste de uma reta ao conjunto dos pontos da amostra.

Faixa de variação de r: $-1 \leq r \leq 1$

a) quanto mais próximo r estiver de $+1$, mais próximos estarão os pontos de ajuste integral a uma reta crescente;

b) quanto mais próximo r estiver de -1, mais próximos estarão os pontos de ajuste integral a uma reta decrescente;

c) se $r = 0$, não foi identificada relação numérica linear para os pares de valores de amostra analisada.

A depender do valor do coeficiente de correlação, diferente será a classificação da correlação. Veja os exemplos da Figura 8.4.

Correlação	Diagrama de dispersão	Descrição
Linear Positiva	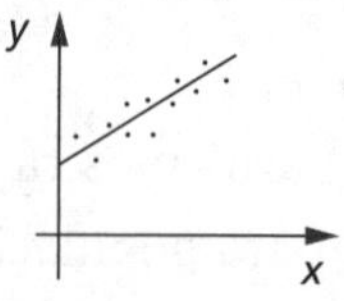	A correlação é positiva se os valores crescentes ou decrescentes x e y estiverem ligados. Ou seja, quando y cresce, x cresce também. Quando y decresce, x decresce também e vice-versa. Nos modelos de correlação linear positiva, o valor do coeficiente de correlação de Pearson, r, é positivo: $0 < r < 1$.
Linear Perfeita Positiva	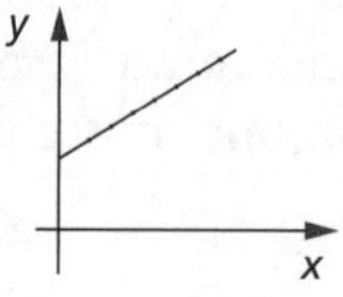	A correlação linear perfeita positiva apenas ocorre quando os valores de x e y estão perfeitamente alinhados. Nessas situações, o valor do coeficiente de correlação de Pearson, r, é igual à unidade: $r = 1$.
Linear Negativa	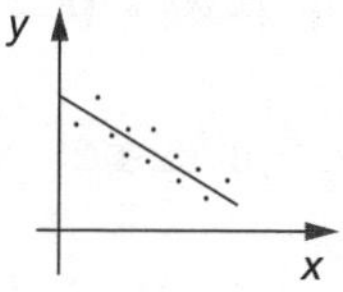	A correlação negativa é percebida quando valores crescentes de x ou y estão associados a valores decrescentes de y ou x, respectivamente. Ou seja, quando y cresce, x decresce e vice-versa. O valor do coeficiente de correlação de Pearson, r, é negativo: $-1 < r < 0$.
Linear Perfeita Negativa	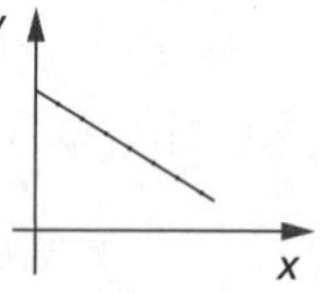	A correlação é considerada perfeita negativa quando os valores de x e y estiverem perfeitamente alinhados, mas em sentido contrário. Nessa situação, o valor do coeficiente de correlação de Pearson, r, é igual a menos um: $r = -1$.
Nula	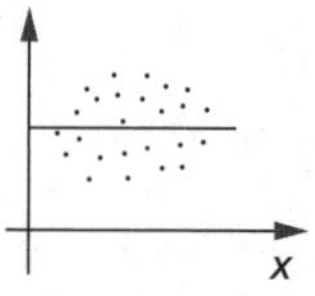	A correlação nula é percebida quando não há relação entre x e y. As variáveis ocorrem independentemente. Nessas situações, o valor do coeficiente de correlação de Pearson, r, é nulo: $r = 0$.

Figura 8.4   *Tipos de correlação.*

O COEFICIENTE DE DETERMINAÇÃO

O coeficiente de determinação, ou, simplesmente, r^2, além de expressar o quadrado do coeficiente de correlação de Pearson, representa, também, a relação entre a variação explicada pelo modelo e variação total. Algebricamente, o valor de r^2 pode ser apresentado como:

$$r^2 = \frac{Variação\ explicada}{Variação\ total}$$

Substituindo os valores da variação explicada – variação explicada pelo modelo, resultado da soma das diferenças dos valores reais e preditos de y – e da variação total – calculada em relação à média, pode-se apresentar a equação:

$$r^2 = \frac{\sum_{i=1}^{n}(\hat{y}_i - \bar{y})^2}{\sum_{i=1}^{n}(y_i - \bar{y})^2}$$

A interpretação do valor de r pode ser feita com o auxílio do gráfico seguinte. Quanto maior o valor de r, maior o percentual da variação explicada em relação à variação total.

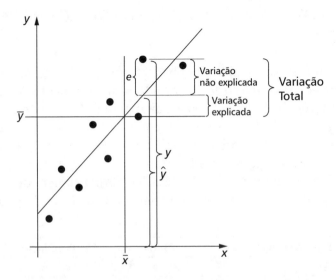

Figura 8.5 *Variação: total, explicada e não explicada.*

O coeficiente de determinação expressa o quanto da variação em relação à média é explicada pelo modelo linear construído. Os valores de r^2 podem variar de 0 a 1. Quando a medida de r^2 é exatamente igual a 1, tal fato significa que a qualidade do ajuste é excelente – toda a variação em relação à média é explicada pelo modelo, todos os pontos analisados da amostra estão exatamente sobre a reta de regressão (ajuste integral). Quando o valor de r^2 é igual a 0, tal fato indica que a qualidade do ajuste linear é péssima, não havendo relação numérica linear para os pontos da amostra analisada. Quando r^2 é igual a 0,8, esse fato indica que 80% das variações totais são explicadas pela reta de regressão.

Substituindo as fórmulas para r^2, tem-se que:

$$r^2 = \frac{(\overline{xy} - \bar{x}\cdot\bar{y})^2}{\left(\overline{x^2} - \bar{x}^2\right)\left(\overline{y^2} - \bar{y}^2\right)} \quad \text{ou}$$

$$r^2 = \frac{\left(\dfrac{\sum xy}{n} - \dfrac{\sum x}{n} \cdot \dfrac{\sum y}{n}\right)^2}{\left[\dfrac{\sum x^2}{n} - \left(\dfrac{\sum x}{n}\right)^2\right] \cdot \left[\dfrac{\sum y^2}{n} - \left(\dfrac{\sum y}{n}\right)^2\right]}$$

De modo geral, para valores de r^2 iguais ou superiores a 0,60, diz-se que o ajuste linear apresenta uma boa qualidade.

TESTES DE HIPÓTESES APLICADOS AOS MODELOS DE REGRESSÃO E CORRELAÇÃO

Os modelos até então trabalhados objetivaram ajustar um conjunto de dados amostrais a uma equação *amostral*, construída com base no método dos mínimos quadrados. A inferência do modelo construído para todo o universo deve ser feita mediante aplicações dos procedimentos comuns da inferência, que envolvem a construção de intervalos de confiança e aplicação de testes de hipóteses. De modo geral, do modelo amostral apresentado como $y = a + b.x$, deve-se inferir o modelo populacional, definido como $y = A + B.x$. De forma similar, do coeficiente de correlação amostral r, deve-se inferir o coeficiente de correlação populacional ρ.

Parâmetro/estimativa	Amostral	Populacional
Equação	$y = a + b.x$	$y = A + B.x$
Coeficiente de correlação	r	ρ

Alguns dos principais procedimentos de inferência aplicados à análise de regressão e correlação estão apresentados a seguir.

ERRO PADRÃO DA ESTIMATIVA

O erro padrão da estimativa s_e, do inglês, *standard error*, calcula a dispersão dos resíduos (diferença entre valores reais e preditos) dos valores amostrados ao redor da reta de regressão. Seu cálculo se baseia na hipótese de dispersão uniforme. Quanto maior a dispersão, menor a precisão das estimativas.

Algebricamente, o erro padrão pode ser calculado por meio da seguinte equação:

$$s_e = \sqrt{\frac{\sum (y_i - \hat{y}_i)^2}{n - 2}} \quad \text{ou}$$

$$s_e = \sqrt{\frac{\sum y^2 - a\sum y - b\sum xy}{n-2}}$$

Onde:

s_e = é o erro padrão associado a y

n = número de observações

ERRO PADRÃO DO COEFICIENTE ANGULAR

O cálculo do erro padrão do coeficiente angular amostral b é importante para poder construir o intervalo de confiança e efetuar os testes de hipóteses apropriados para o coeficiente angular populacional β.

Algebricamente, o erro padrão de b pode ser apresentado por meio da seguinte equação:

$$s_b = t\frac{s_e}{\sqrt{(n-1)\cdot s_x}}$$

Onde:

s_e = erro padrão

s_x = desvio padrão de x

n = número de pares analisados

INTERVALO DE CONFIANÇA DO COEFICIENTE ANGULAR

No processo de inferência do coeficiente angular para a população, β, torna-se necessário aplicar a distribuição t de Student, quando o número de pares amostrados for inferior a 30. O número de graus de liberdade da distribuição será igual ao número de pares menos dois, ou $n-2$.

$$\beta = b \pm t\frac{s_e}{\sqrt{(n-1)\cdot s_x}}$$

TESTE DE HIPÓTESE PARA A NULIDADE DO COEFICIENTE ANGULAR

Os testes de hipóteses aplicados nas análises de regressão e correlação buscam verificar a possibilidade de aceitação da hipótese de nulidade dos coeficientes populacionais inferidos. Como nos procedimentos tradicionais dos testes de hipóteses, devem ser seguidos cinco passos:

Passo 1: na primeira etapa, definem-se as hipóteses nula e alternativa, ou H_0 e H_1. A hipótese nula H_0 deve alegar a nulidade do coeficiente. A hipótese alternativa H_1 deve alegar a não nulidade do coeficiente. Vide as expressões seguintes:

$H_0: \beta = 0$

$H_1: \beta \neq 0$

Passo 2: na segunda etapa do teste de hipóteses, deve ser definida a distribuição de probabilidades mais apropriada. De modo geral, para valores de n iguais ou superiores a 30, deve-se empregar a distribuição normal. Para valores de n inferiores a 30, deve-se empregar a distribuição t de Student.

Passo 3: na terceira etapa do teste de hipóteses, deve ser feita a partição do gráfico da distribuição, determinando as áreas de aceitação das hipóteses nula ou alternativa e os valores críticos das variáveis padronizadas z ou t.

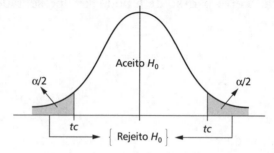

Passo 4: na quarta etapa do teste de hipóteses, deve-se calcular o valor da estatística teste. Considerando uma quantidade de pares de dados inferior a 30, algebricamente, o valor da estatística teste pode ser apresentado como:

$$t_t = \frac{b - B}{s_b}$$

Como o valor de β_0, coeficiente populacional alegado, é igual a zero nos testes de hipóteses formulados, o valor da estatística teste será igual a:

$$t_t = \frac{b - 0}{s_b} = \frac{b}{s_b}$$

Passo 5: na última etapa do teste de hipóteses, deve-se comparar a estatística teste calculada com os valores críticos determinados após a partição da distribuição. O resultado obtido pode sugerir a aceitação da hipótese de nulidade do coeficiente ou não.

De forma simplificada, os testes de hipóteses para a nulidade dos coeficientes das análises de regressão ou correlação basicamente calculam o valor da estatística teste, geralmente expressa por t_t. Posteriormente, esse valor é comparado com o valor crítico e a hipótese de nulidade é aceita ou não. Os demais passos não são formalizados.

ERRO PADRÃO DO COEFICIENTE LINEAR

Nos procedimentos de inferência do coeficiente linear populacional, β_0, é preciso calcular e considerar o erro padrão do coeficiente linear, algebricamente representado por:

$$s_a = s_e \sqrt{\frac{1}{n} + \frac{\bar{x}^2}{(n-1) \cdot s_x^2}}$$

INTERVALO DE CONFIANÇA DO COEFICIENTE LINEAR

De forma similar à construção do intervalo de confiança para o coeficiente angular, pode-se construir um intervalo de confiança para o coeficiente linear, mediante emprego, geralmente, da tabela t. Algebricamente, o intervalo construído será do tipo:

$$\beta_0 = a \pm t \cdot s_a$$

Substituindo o valor de s_a na equação anterior:

$$\beta_0 = a \pm t \cdot s_e \sqrt{\frac{1}{n} + \frac{\bar{x}^2}{(n-1) \cdot s_x^2}}$$

TESTE DE HIPÓTESE PARA A NULIDADE DO COEFICIENTE LINEAR

De forma simplificada, a aplicação dos testes de hipóteses para a verificação da nulidade do coeficiente linear populacional (β_0) envolve a alegação da igualdade a zero na hipótese nula, contra a desigualdade alegada na hipótese alternativa. Os passos resumidos envolvem o cálculo da estatística teste (geralmente t_t) e sua comparação com os valores críticos.

Algebricamente, o valor da estatística teste pode ser apresentado como:

$$t_t = \frac{a}{s_a}$$

ERRO PADRÃO DO COEFICIENTE DE CORRELAÇÃO

O erro padrão do coeficiente de correlação populacional, geralmente expresso pela letra grega rô, ρ, calculado em processos de inferência, pode ser feito por meio da seguinte expressão:

$$s_\rho = \sqrt{\frac{1 - r^2}{n - 2}}$$

Onde:

r^2 = coeficiente de determinação

n = número de pares analisados

INTERVALO DE CONFIANÇA DO COEFICIENTE DE CORRELAÇÃO

O processo de construção de intervalo de confiança para o verdadeiro valor do coeficiente de correlação, r, pode ser feito mediante a aplicação da distribuição t de Student e considerando a existência de dois graus de liberdade.

$$\rho = r \pm t \cdot s_p = r \pm t \cdot \sqrt{\frac{1 - r^2}{n - 2}}$$

TESTE DE HIPÓTESE PARA A NULIDADE DO COEFICIENTE DE CORRELAÇÃO

Testar a hipótese de nulidade para o coeficiente de correlação populacional ρ equivale a testar a hipótese de nulidade do coeficiente β. Algebricamente, a estatística teste t construída pode ser representada pela seguinte equação:

$$t_t = \frac{r}{\sqrt{\dfrac{1 - r^2}{n - 2}}}$$

INTERVALO DE CONFIANÇA PARA A PROJEÇÃO

Quando o modelo de regressão encontrado é empregado na predição de valores da variável Y, deve-se obter, também, o intervalo de confiança para o valor estimado de y ($\hat{y}$). O intervalo de confiança construído indica, com base no nível de confiança ou significância arbitrado, qual deve ser o verdadeiro valor de Y, em relação ao universo de dados trabalhados e inferidos.

Algebricamente, o intervalo de confiança para Y pode ser construído com base na expressão seguinte:

$$y = \hat{y}_i \pm t_e \cdot s_e \cdot \sqrt{\frac{1}{n} + \frac{(x_i - \overline{x})^2}{\sum_{i=1}^{n}(x_i - \overline{x})^2}} = \hat{y}_i \pm t_e \cdot s_e \cdot \sqrt{\frac{1}{n} + \frac{(x_i - \overline{x})^2}{\sum_{i=1}^{n}x_i^2 - \dfrac{\left(\sum_{i=1}^{n}x_i\right)^2}{n}}}$$

Em outras palavras, cada ponto estimado de Y apresentará um intervalo de confiança próprio.

ANÁLISE DE VARIÂNCIA

A análise de variância, ou, simplesmente, Anova, consiste em um teste de hipóteses para a igualdade de médias, verificando se determinados fatores produzem mudanças sistemáticas em algumas variáveis relevantes no estudo. Pode ser empregado na análise inferencial dos modelos de regressão e correlação construídos.

Os coeficientes da reta de regressão podem ser testados mediante a aplicação dos testes t, com o emprego da distribuição de Student. Porém, uma alternativa aos testes de hipóteses dos coeficientes consiste no teste da equação do modelo, mediante a aplicação da análise de variância e da distribuição F de Snedecor – que testa a hipótese de que nenhum dos coeficientes de regressão tenha significado.

Para aplicar o teste de hipóteses, as hipóteses formuladas consistem em:

H_0: $\beta_1 = \beta_0 = 0$
H_1: pelo menos um dos coeficientes β é diferente de zero

O cálculo da estatística teste deve ser feito com o auxílio da estatística F_0, F observado, conforme a seguinte equação:

$$F_0 = \frac{Variância\ explicada}{Variância\ não\ explicada}$$

Substituindo os valores da variância explicada e da variância não explicada, a expressão anterior torna-se igual a:

$$F_0 = \frac{\dfrac{\sum_{i=1}^{n}(\hat{y}_i - \overline{y})^2}{k-1}}{\dfrac{\sum_{i=1}^{n}(\hat{y}_i - \overline{y}_i)^2}{n-k}}$$

Transformando a equação anterior e aplicando o coeficiente de determinação, r^2, obtém-se:

$$F_0 = \frac{\dfrac{r^2}{k-1}}{\dfrac{1-r^2}{n-k}}$$

Onde:

r^2 = coeficiente de determinação

k = número de variáveis analisadas, na análise de regressão simples $k = 2$

n = número de pares de dados analisados

CUIDADOS NECESSÁRIOS NA ANÁLISE DE REGRESSÃO E CORRELAÇÃO

A aplicação da análise de regressão e correlação implica a validade de algumas hipóteses fundamentais para os modelos. Dentre alguns dos principais cuidados a serem tomados na aplicação das técnicas, podem ser destacados:

Multicolinearidade: indica que os coeficientes e testes calculados podem conduzir a conclusões erradas, caso as variáveis exógenas, independentes, apresentem altas correlações cruzadas. Supondo que a multicolinearidade seja estável, os valores estimados ou preditos serão não tendenciosos. Porém, o maior problema existirá em relação ao valor do coeficiente de determinação, r^2, que pode ser alto, mesmo que os coeficientes sejam estatisticamente significantes.

Cointegração: aplica-se quando os dados estão distribuídos ao longo do tempo. Quando as variáveis estão relacionadas com valores anteriores, com tendência ao longo do tempo, associações espúrias podem levar a altos valores de r^2, sem que exista, necessariamente, associação *entre* variáveis.

Heteroscedasticidade: os modelos de regressão e correlação exigem que as variâncias dos resíduos sejam constantes ou homoscedásticas. Quando as variâncias não são uniformes, existe a heterocedasticidade. Para modelos simples, bivariados, de regressão linear, a heteroscedasticidade pode ser facilmente percebida no diagrama de dispersão. Porém, quando a análise envolve mais que duas variáveis, devem ser aplicados testes específicos.

Tendenciosidade pela omissão ou inclusão de variável: os resultados podem ser viciados e inúteis, caso não sejam incluídas variáveis significativas ou sejam incluídas variáveis sem relação racional com a variável estudada. Os efeitos da tendenciosidade dependem da extensão com que variáveis, erroneamente omitidas ou incluídas na análise, estão relacionadas com a variável em estudo. A omissão de variáveis relevantes pode conduzir a estimativas de coeficientes erradas e testes de significância não confiáveis. A inclusão de variáveis não importantes pode ocasionar testes conservadores de significância, com baixa probabilidade de serem encontradas diferenças significativas para a nulidade dos coeficientes, embora as estimativas dos coeficientes obtidos sejam não tendenciosas.

Tendenciosidade para equações simultâneas: quando a variação da variável endógena puder ser determinada pela interação simultânea de outras variáveis. Nessas situações, o pesquisador deve estar consciente, não apenas dos procedimentos de estimação, mas também da necessidade da posse de dados suficientes para identificar todos os parâmetros estruturais.

Estabilidade: consiste na suposição de que os coeficientes obtidos após as análises de regressão e correlação são os mesmos em todo o período analisado. Geralmente, para se testar a estabilidade, é comum a divisão do período analisado em duas partes e a sua posterior comparação.

Intervalo/razão: deve-se assumir a premissa de que a variável dependente é medida na escala de intervalos ou razão. Se a variável dependente for nominal, devem ser empregados modelos *probit* ou *logit*. Para empregar variáveis independentes não numéricas (não intervalares ou razão), devem-se convertê-las para variáveis binárias (*dummy*).

Autocorrelação: os resíduos das regressões devem estar dispersos aleatoriamente ao longo da regressão. A existência de padrões nos resíduos indica a existência de autocorrelação – que pode ser ocasionada em função da imposição de modelo linear a uma relação não linear, ou da omissão de variáveis relevantes. Uma forma disponível para verificar a existência de autocorrelações consiste no teste de Durbin-Watson. Autocorrelações podem indicar testes de significância sem validade e valores indevidamente altos de r^2.

Linearidade: as relações precisam ser linearizadas para a posterior aplicação do método dos mínimos quadrados. Transformações algébricas, como a aplicação de logaritmos, podem permitir a linearização das relações.

Defasagens: os efeitos das variáveis independentes podem ter consequências sobre múltiplos períodos. A depender das variáveis analisadas, o pesquisador pode construir modelos defasados e testar a sua propriedade.

ENTENDENDO O COMPORTAMENTO DAS VARIÁVEIS NO DIAGRAMA DE DISPERSÃO

Para ilustrar a aplicação do método dos mínimos quadrados no SPSS, considere o exemplo das variáveis potência e cilindradas da base de dados **carros.sav**. Uma maneira simples de analisar o comportamento conjunto das duas variáveis envolve a construção de um diagrama de dispersão. Os passos para a sua construção estão apresentados na Figura 8.6.

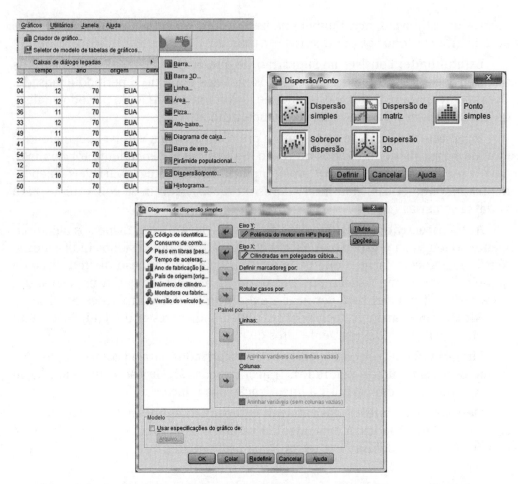

Figura 8.6 Construindo um diagrama de dispersão para potência versus cilindradas.

O diagrama de dispersão das duas variáveis pode ser visto na Figura 8.7.

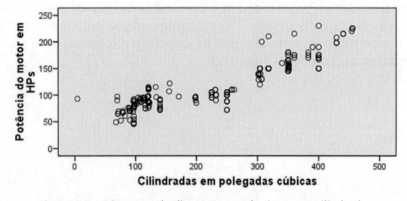

Figura 8.7 Diagrama de dispersão: potência versus cilindradas.

Nota-se uma relação positiva ou crescente entre as cilindradas e a potência. Quanto maiores as cilindradas, maior a potência. O diagrama de dispersão entre x e y, exibido na Figura 8.7, revela a inexistência de uma relação linear *inexata*. Porém, a disposição dos pontos sugere o fato de se aceitar a construção de uma estimativa linear que *minimize* os erros dos ajustes. A equação de ajuste pode ser implementada por meio de um modelo estatístico que minimize os quadrados dos erros existentes entre os pontos e o modelo linear. O método dos mínimos quadrados permite efetuar esse ajuste.

É interessante observar que, caso se deseje construir múltiplos diagramas de dispersão, pode-se fazê-lo com o uso da alternativa *Dispersão de matriz*, mediante os passos apresentados na Figura 8.8.

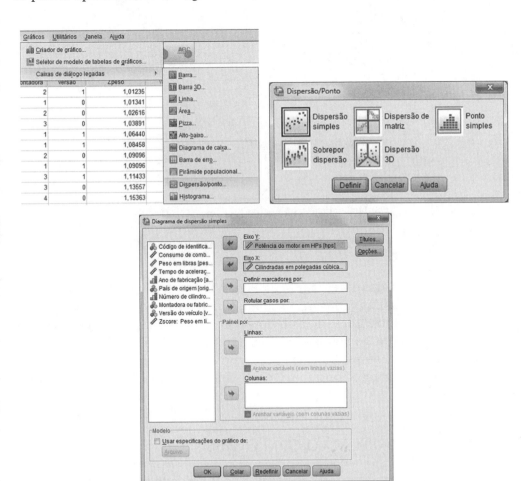

Figura 8.8 *Construindo múltiplos diagramas de dispersão.*

A Figura 8.8 apresenta a configuração necessária para a análise cruzada das correlações das variáveis consumo, cilindradas e potência. Os resultados estão apresentados na Figura 8.9.

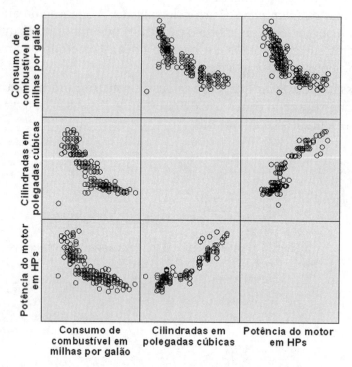

Figura 8.9   Resultado dos múltiplos diagramas de dispersão criados.

Com base no gráfico apresentado na Figura 8.9 podem-se ver as correlações cruzadas duas a duas das variáveis consumo, cilindradas e potência. Nota-se uma relação crescente entre cilindradas e potência, revelando que quanto maior a quantidade de cilindradas maior a potência do veículo. Por outro lado, notam-se relações decrescentes entre potência e consumo e cilindradas e consumo. Quanto maior a potência, menor o consumo. Quanto maior a quantidade de cilindradas, menor o consumo.

ANALISANDO CORRELAÇÃO COM O SPSS

A análise dos coeficientes de correlação pode ser feita no SPSS por meio do menu *Analisar > Correlacionar > Bivariável*, conforme ilustra a Figura 8.10. No caso, adicionalmente foi feita a solicitação para a indicação das correlações significativas (*Flag significant correlations*).

Figura 8.10   *Calculando correlações com o SPSS.*

Conforme destacado na Figura 8.10, o SPSS apresenta a possibilidade de cálculo de diferentes coeficientes de correlação, como os coeficientes de Pearson, de Kendall (tau-b) e de Spearman. Neste livro, estamos explorando apenas o uso do coeficiente de correlação de Pearson, empregado na análise de duas variáveis quantitativas.

O SPSS E SUAS MUITAS OPÇÕES

Conforme já destacado anteriormente, este livro busca discutir os mais importantes aspectos da Estatística para uso de pesquisadores. Em decorrência desse objetivo, exploramos ao longo do texto as considerações mais usuais, a exemplo do coeficiente de correlação de Pearson. Porém, o SPSS disponibiliza diversas outras alternativas. Para saber mais sobre os outros coeficientes, consulte o *help* ou ajuda do aplicativo pressionando a tecla F1 ou clicando com o *mouse* sobre o menu *Help*.

Os coeficientes de correlação calculados para os cruzamentos dois a dois das variáveis consumo, cilindradas e potência estão apresentados na Figura 8.11.

SPSS: Guia Prático para Pesquisadores • Bruni

Correlations

		Consumo de combustível em milhas por galão	Cilindradas em polegadas cúbicas	Potência do motor em HPs
Consumo de combustível em milhas por galão	Pearson Correlation	1	-,853**	-,794**
	Sig. (2-tailed)		,000	,000
	N	193	193	191
Cilindradas em polegadas cúbicas	Pearson Correlation	-,853**	1	,903**
	Sig. (2-tailed)	,000		,000
	N	193	200	198
Potência do motor em HPs	Pearson Correlation	-,794**	,903**	1
	Sig. (2-tailed)	,000	,000	
	N	191	198	198

**. Correlation is significant at the 0.01 level (2-tailed).

Figura 8.11   *Correlações calculadas com o SPSS.*

Os resultados da Figura 8.11 indicam o que os diagramas de dispersão já haviam revelado: correlação positiva entre potência e cilindradas e correlações negativas entre consumo e potência e consumo e cilindradas. A tabela da Figura 8.1 também apresenta o nível de significância dos coeficientes de correlação. No caso, todos os coeficientes foram significativamente diferentes de zero, com nível de significância aproximadamente igual a zero.

É importante destacar que, com a opção para a indicação das correlações significativas (*Sinalizar correlações significativas*) ativada, o SPSS sinaliza todos os coeficientes significativos. Ao lado do coeficiente significativamente diferente de zero o SPSS apresenta um asterisco caso o nível de significância seja menor que 0,05 e dois asteriscos caso seja menor que 0,01.

ANALISANDO REGRESSÃO E CORRELAÇÃO COM O SPSS

A execução simultânea de análises de regressão e correlação no SPSS pode ser feita por meio do uso do menu *Analisar > Regressão > Linear,* conforme apresenta a Figura 8.12.

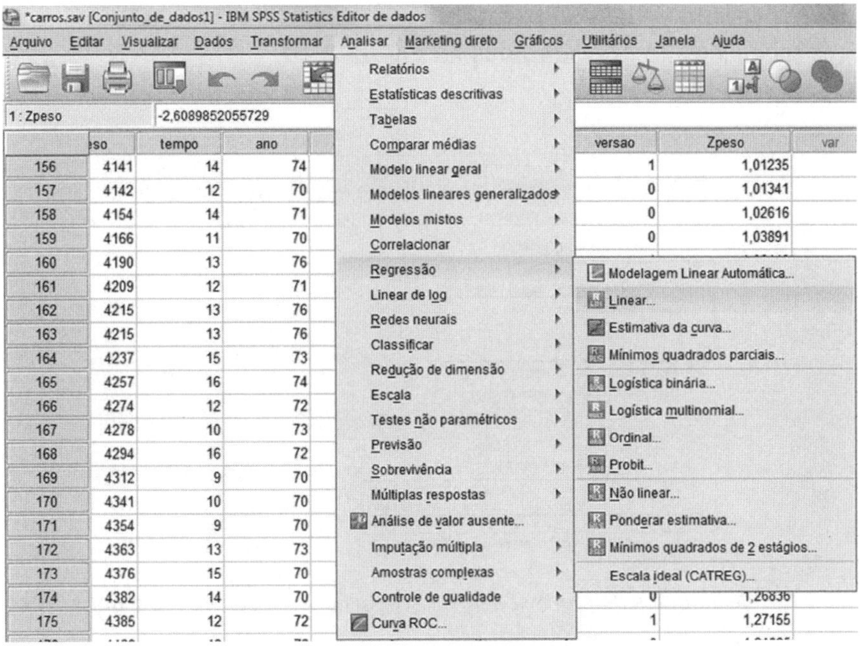

Figura 8.12   *Calculando regressão linear.*

A configuração no SPSS pode ser vista na Figura 8.13. Em linhas gerais, se deseja construir um modelo linear que explique a potência (variável dependente ou *Y*) com base nas cilindradas (variável independente ou *X*). Note que o método selecionado para uso foi o método Enter.

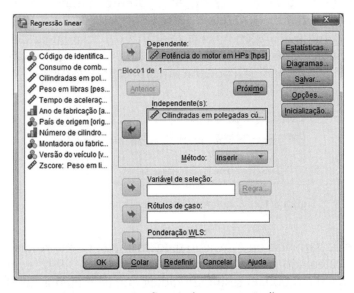

Figura 8.13   *Configurando a regressão linear.*

248 SPSS: Guia Prático para Pesquisadores • Bruni

O *output* gerado pelo SPSS apresenta quatro tabelas como resultados. As duas primeiras tabelas estão apresentadas na Figura 8.14.

Regression

[DataSet1] D:\dados\slides\estatistica\copia_de_bases\bases_spss\carros.sav

Variables Entered/Removed[b]

Model	Variables Entered	Variables Removed	Method
1	Cilindradas em polegadas cúbicas[a]		Enter

a. All requested variables entered.

b. Dependent Variable: Potência do motor em HPs

Model Summary

Model	R	R Square	Adjusted R Square	Std. Error of the Estimate
1	,903[a]	,816	,815	18,614

a. Predictors: (Constant), Cilindradas em polegadas cúbicas

Figura 8.14 *Resultados da regressão linear: coeficiente de correlação e determinação.*

A primeira tabela da Figura 8.14 apresenta uma síntese no modelo criado. No caso, desejou-se criar um modelo para explicar a variável dependente potência com base na variável independente cilindradas.

A segunda tabela da Figura 8.14 traz os coeficientes de correlação (r), de determinação (r^2 ou *R Square*), de determinação ajustado (r^2 ajustado ou *Adjusted R Square*) e o erro padrão da estimação (*Std. Error of the Estimate*). O valor positivo encontrado para R indica uma associação crescente, quanto maior o número de cilindradas maior a potência. O fato de este valor positivo ter sido alto, próximo a 1, indica a proximidade dos pontos em relação à equação linear de ajuste. O alto valor do coeficiente de determinação (r^2) igual a 0,816 indica que aproximadamente 82% da variância da potência poderia ser explicada pelo número de cilindradas.

ANOVA[b]

Model		Sum of Squares	df	Mean Square	F	Sig.
1	Regression	301765,1	1	301765,101	870,902	,000[a]
	Residual	67913,484	196	346,497		
	Total	369678,6	197			

a. Predictors: (Constant), Cilindradas em polegadas cúbicas

b. Dependent Variable: Potência do motor em HPs

Figura 8.15 *Resultados da regressão linear: Anova.*

A Análise de Variância ou Anova do modelo criado está apresentada na Figura 8.15. O valor calculado para a estatística F foi igual a 870,902, com um nível de significância igual a 0,000. O resultado indica que pelo menos um dos coeficientes do modelo é significativamente diferente de zero.

Coefficients[a]

Model		Unstandardized Coefficients		Standardized Coefficients	t	Sig.
		B	Std. Error	Beta		
1	(Constant)	41,704	2,895		14,407	,000
	Cilindradas em polegadas cúbicas	,335	,011	,903	29,511	,000

a. Dependent Variable: Potência do motor em HPs

Figura 8.16 *Resultados da regressão linear: coeficientes.*

A quarta e última tabela do *output* pode ser vista na Figura 8.16. Ela apresenta na segunda e na terceira coluna os coeficientes não padronizados (*Unstandardized Coefficients*) os valores dos coeficientes (B) e dos erros padrões (Std. Error). No caso, o coeficiente da constante foi igual a 41,704 e o coeficiente do volume de cilindradas foi igual a 0,335. Ou seja, o modelo linear calculado pelo SPSS poderia ser apresentado como:

$$Y = 41,704 + 0,335.X$$

Onde Y representa a potência do motor em HPs e X representa o volume de cilindradas em polegadas cúbicas. A interpretação do modelo indica que existe uma parte da potência (o coeficiente igual a 41,704) não associada ao volume e outra parte que é função da potência (o coeficiente que multiplica X, igual a 0,335). Assim, 33,5% do número associado ao volume de cilindradas em polegadas cúbicas é incorporado ao número da potência do motor em HPs.

EXERCÍCIOS

[1] Carregue a base de dados **filmes.sav**.

[a] Construa um diagrama de dispersão tentando explicar o lucro médio (é preciso usar o menu *Transformar > Calcular variável* e calcular uma variável nova chamada lucro, lucro = faturamento – gasto) com base na nota do filme. Neste caso, lucro médio é a variável dependente Y e a nota é a variável independente X.

Use o menu *Analisar > Regressão > Linear* para tentar explicar o comportamento de Y (lucro) com base em X (nota do público). Construa um modelo de regressão linear e responda ao que se pede a seguir.

[b] Qual o valor do R quadrado do modelo? O que isso quer dizer?

[c] O que a Anova quer dizer?

[d] Qual a equação criada para a regressão?

[e] Qual o coeficiente de X na reta da regressão?

[f] Qual o nível de significância deste coeficiente? O que isso quer dizer?

Agora, mude a variável independente para duração do filme. Tente explicar o comportamento de Y (lucro) com base em X (duração). Construa um modelo de regressão linear e responda ao que se pede a seguir.

[g] Qual o valor do R quadrado do modelo? Qual a sua interpretação desse valor?

[h] Qual a equação criada para a regressão?

[i] Qual o coeficiente de X na reta da regressão?

[j] Qual o nível de significância deste coeficiente? O que isso quer dizer?

[2] Carregue a base de dados **atividades_fisicas.sav**.

Execute uma regressão linear entre altura (x) e peso (y).

[a] Qual o R^2 do modelo construído? O que isso quer dizer?

[b] Qual o nível de significância da análise de variância feita para o modelo? O que isso quer dizer?

[c] Qual a equação construída na análise de regressão?

[d] De acordo com a equação construída na análise de regressão, quanto deveria pesar um indivíduo com 1,76 m?

[e] Qual o coeficiente de X? Qual o seu nível de significância? O que isso quer dizer?

Execute uma regressão linear entre altura (x) e salário (y).

[f] Qual o R^2 do modelo construído? O que isso quer dizer?

[g] Qual o nível de significância da análise de variância feita para o modelo? O que isso quer dizer?

[h] Qual a equação construída na análise de regressão?

[i] De acordo com a equação construída na análise de regressão, quanto deveria ganhar um indivíduo com 1,70 m?

[j] Qual o coeficiente de X? Qual o seu nível de significância? O que isso quer dizer?

[3] Carregue a base de dados **atividades_fisicas.sav**.

Construa a matriz dos coeficientes de Pearson para a correlação cruzada de todas as variáveis quantitativas: idade, altura, peso, nota e salário. Use o menu *Analisar > Correlacionar > Bivariável*.

[a] Qual o coeficiente para o cruzamento entre idade e altura?

[b] O sinal é positivo ou negativo? O que isso quer dizer?

[c] Este coeficiente é significativamente diferente de zero? O que isso quer dizer?

[d] Qual o coeficiente para o cruzamento entre idade e peso?

[e] O sinal é positivo ou negativo? O que isso quer dizer?

[f] Este coeficiente é significativamente diferente de zero? O que isso quer dizer?

Aplicando Análise de Correlação e Regressão   251

[g] Quais os coeficientes negativos encontrados? Interprete-os.

[h] Quais os coeficientes negativos e significativamente diferentes de zero? O que isso quer dizer?

[i] Quais os coeficientes positivos encontrados? Interprete-os.

[j] Quais os coeficientes positivos e significativamente diferentes de zero? O que isso quer dizer?

[4] Carregue a base de dados **vestibularIES.sav**.

Construa a matriz dos coeficientes de Pearson para a correlação cruzada de todas as variáveis quantitativas associadas às seis notas presentes na base de dados. Use o menu *Analisar > Correlacionar > Bivariável*.

[a] Quais os coeficientes positivos encontrados?

[b] Quais os coeficientes significativos encontrados?

[c] O que os resultados anteriores indicam?

[d] Construa um diagrama de dispersão para nota em matemática (X) *versus* pontos (Y). O que é possível concluir?

Construa um modelo de regressão, tentando explicar a variável pontos com base na nota em matemática.

[e] Qual o R^2 do modelo?

[f] O que o R^2 significa?

[g] Qual o coeficiente de X?

[h] Para o coeficiente de X, qual o valor do teste t?

[i] Para o coeficiente de X, qual o seu respectivo nível de significância?

[j] Qual o nível de significância da Anova?

[5] Carregue a base de dados **jardim_de_infancia.sav**.

Construa uma matriz de correlação cruzada (*Analisar > Correlacionar > Bivariável* selecionando a opção para os coeficientes de Pearson) para as variáveis Idade em meses, Resultado do teste de definição verbal e Resultado do teste de nomeação.

[a] Qual o coeficiente entre idade e definição verbal?

[b] Qual o nível de significância do resultado anterior?

[c] Qual o coeficiente entre o resultado do teste de definição verbal e de nomeação?

[d] Qual o nível de significância do resultado anterior?

Construa um modelo para explicar o comportamento do resultado do teste de nomeação com base na idade.

[e] Qual o R^2 do modelo?

[f] Qual a equação linear do modelo?

[g] Qual o teste t e o nível de significância do coeficiente de X?

Construa um modelo para explicar o comportamento do resultado do teste de nomeação com base no teste de definição verbal.

[h] Qual o R^2 do modelo?

[i] Qual a equação linear do modelo?

[j] Qual o teste t e o nível de significância do coeficiente de X?

Respostas

Capítulo 1

[1]
[a] Qualitativa nominal.
[b] Quantitativa escalar.
[c] Qualitativa nominal.
[d] 1,56 m.
[e] Ana.
[f] 1,83 m.
[g] José.
[h] 80.
[i] Luiz.
[j] 1,61.

[2]
[a] Qualitativa nominal.
[b] Qualitativa nominal.
[c] Quantitativa escalar.
[d] 78.
[e] Bom Som.
[f] Rock.
É preciso usar o Data Select If.

[g] 9.
[h] Musical.
[i] MPB.

[j] MPB.

[3]
[a] 7.
[b] 3.

[c] Média.
[d] 2 (binária, 0 ou 1).
[e] Não frequentou jardim de infância.
[f] Escalar (quantitativa).
[g] Nominal.
[h] Ordinal.
[i] Três.
[j] Três.

[4]
[a] Cinco: idade, altura, peso, nota e salário.
[b] Duas: gênero e fumo.
[c] Duas: condição e prática.
[d] 5.
[e] Regular.
[f] 4.
[g] 3 a 4 vezes por semana.
[h] 19 anos.
[i] 50.
[j] 3.

[5]
[a] 17.
[b] 8.
[c] 8.
[d] Uma.
[e] 5.
[f] Psicologia.
[g] 3.
[h] Vespertino.
[i] 36,3095.
[j] 72,4924.

Capítulo 2

[1]
[a] 2.
[b] Ana.
[c] Luiz.
[d] Não existem dados duplicados.
[e] Um.

[f] Nenhuma. Existe apenas um homem com altura maior que 1,76.
[g] Um.
[h] Um.
[i] Um.
[j] Dois.

[2]
[a] 12.
[b] 20.
[c] 28.
[d] 59.
[e] 20.

[f] 239.
[g] 442.
[h] 225.
[i] 1.210.
[j] 153.

[3]
[a] Não existem valores ausentes.
[b] 5.
[c] 8%.
[d] 74%.
[e] 75 com frequência igual a 6.
[f] 34%.
[g] 66%.
[h] 42,4%.
[i] 76%.
[j] 38%.

[4]
[a] 368.
[b] 68,3%.
[c] 40.
[d] 100%.
[e] 10,9%.

[f] Direito.
[g] Ciência da Computação.
[h] 37,08.
[i] 40,85.
[j] 59,90.

[5]
[a] 25.
[b] 75%.
[c] 54,5%.
[d] 0%.
[e] 13%.
[f] 30.
[g] 28,4%.
[h] 31,1%.
[i] 70,4%.
[j] 4,2%.

[6]
[a] 6 e 7,5.
[b] 0.
[c] 0,950.
[d] 2,5889.
[e] 6,89.
[f] 2,74.
[g] 1,17.
[h] 0.
[i] 1.
[j] 0,4627.

[7]
[a] 6.
[b] 2,637.
[c] 5,3333.
[d] 6,67.
[e] 6.
[f] 5.

Capítulo 3

[1]
[a] Para a variável Faturamento, é possível constatar que muitos filmes faturam pouco e poucos filmes faturam muito.

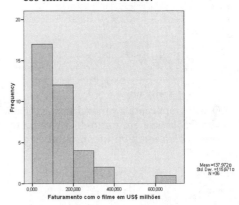

O histograma para a variável Gasto apresenta comportamento similar, com muitos filmes com poucos gastos e poucos filmes com muitos gastos.

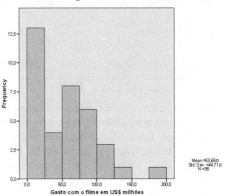

A variável Nota apresenta distribuição de frequência com forma mais ou menos similar a um sino, com maior frequência em torno de uma nota central e frequências menores para notas maiores e menores.

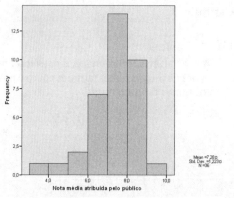

O histograma para a variável apresenta uma alta frequência em torno de 130 minutos, com forma mais ou menos similar a um sino.

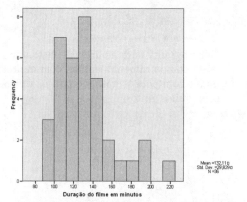

[b] O faturamento oscila muito ao longo dos anos. Em vários anos, apenas um caso foi analisado, fazendo com que apenas a mediana do *boxplot* fosse apresentada. Para o ano de 1997, é possível notar a presença de um valor extremo (caso 34).

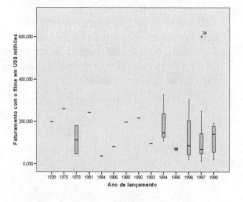

[c] Os gastos com os filmes crescem com o passar dos anos, bem como a sua dispersão. São identificados valores extremos no ano de 1997 (*outlier*, caso 34) e no ano de 1998 (*extremes*, casos 2 e 33).

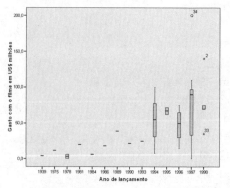

[d] As notas médias oscilam em torno do valor 8, sem uma tendência claramente identificável. É possível perceber o aumento da dispersão ao longo dos anos e valores extremos associados aos anos de 1997 e 1998.

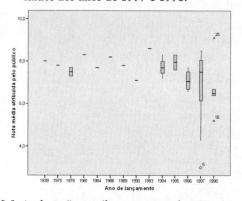

[e] As durações oscilam em torno de 120 minutos, sem nenhuma tendência clara. É possível perceber uma elevação da dispersão, com um valor extremo no ano de 1997.

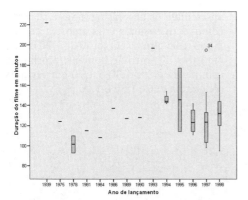

[f] É difícil perceber um bom ajuste linear para os pontos que, aparentemente, apresentam um comportamento crescente: quanto maiores os gastos, maior o faturamento.

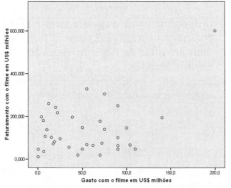

[g] Não existe um ajuste linear aceitável para os pontos. As duas variáveis analisadas aparentemente apresentam um comportamento crescente: quanto maior a duração, maior o faturamento.

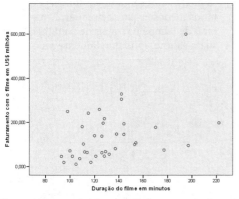

[h] Não existe um ajuste linear aceitável para os pontos. As duas variáveis analisadas aparentemente apresentam um comportamento crescente: quanto maior a nota, maior o faturamento.

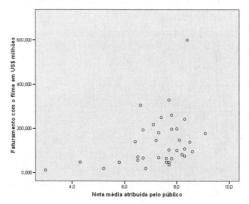

[i] Existe um número muito maior de filmes no ano de 1997. Para vários outros anos, existe apenas um filme na amostra.

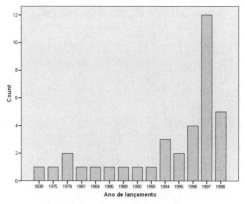

[j] O diagrama de setores ressalta a grande quantidade de filmes do ano de 1997.

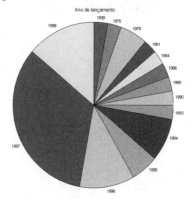

[2]

[a] O histograma apresenta dois grupos distintos de idades, em torno de 20 anos e em torno de 40 anos.

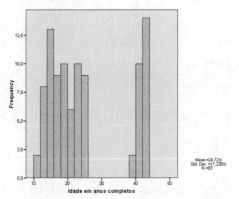

[b] Existem três grandes concentrações de frequências percebíveis: em torno de 155, em torno de 165 e em torno de 185 cm.

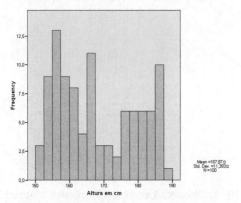

[c] Existem duas grandes concentrações de peso: logo após 60 kg e logo após 80 kg.

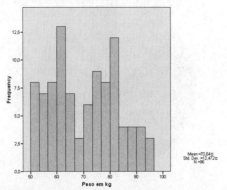

[d] Os comportamentos de homens e mulheres são completamente distintos, conforme apresentam os dois histogramas a seguir. É como se tivéssemos uma amostra de mulheres, com alturas em torno de 1,70 e duas amostras distintas de homens: a primeira com altura entre 1,50 e 1,70 e a segunda com altura entre 1,80 e 1,90 m.

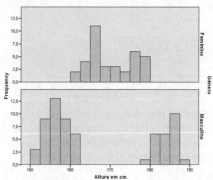

[e] O comportamento do peso é similar ao comportamento da altura. É como se tivéssemos duas amostras de homens, com comportamentos distintos.

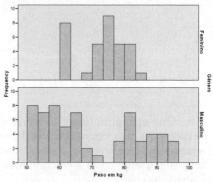

[f] Mulheres apresentam, em linhas gerais, salários menores que os homens. Nota-se que mais de 5 homens e mais de 5 mulheres possuem salário aproximadamente nulo.

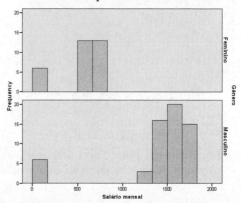

[g] As notas dos homens são substancialmente maiores que as notas das mulheres.

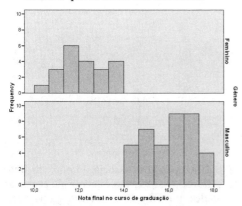

[h] Homens possuem menor mediana e maior dispersão.

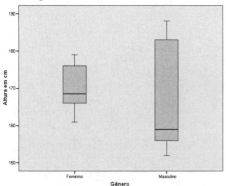

[i] Homens possuem menor mediana e maior dispersão.

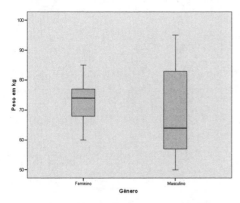

[j] O salário das mulheres é substancialmente menor que o salário dos homens. Existem diversos valores extremos nulos para homens e mulheres.

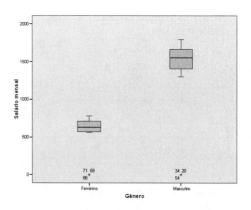

[3]

[a] Nota-se a existência de dois conjuntos distintos de pontos, separados pela idade de 30 anos. Não é possível nenhuma associação entre idade e peso.

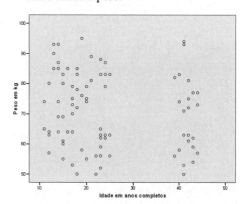

[b] Existe uma relação aproximadamente linear e crescente entre altura e peso. Quanto mais alto o indivíduo, maior o seu peso.

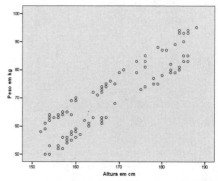

[c] Nota-se a existência de seis grupos distintos no diagrama de dispersão. Não é possível ver

nenhuma relação clara da associação entre idade e salário.

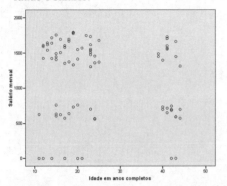

[d] O diagrama de dispersão entre altura e salário revela um comportamento estranho. É como se existissem quatro grupos diferentes, com diferentes relações entre altura e salário.

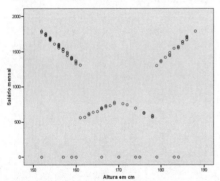

[e] Existem dois grupos diferentes, separados pela idade igual a 30 anos. É difícil perceber a existência de qualquer relação entre nota e idade.

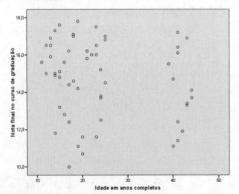

[f] É difícil perceber associação entre as duas variáveis.

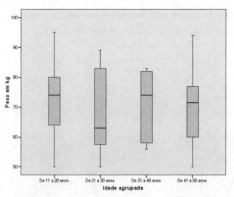

[g] É difícil perceber associação entre as duas variáveis. A dispersão é menor no grupo de idades entre 21 e 30 anos. Neste grupo, nota-se a presença de valores extremos (*outliers* e *extreme values*).

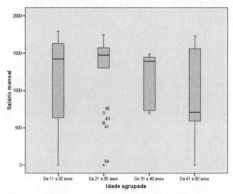

[h] É difícil perceber associação entre as duas variáveis.

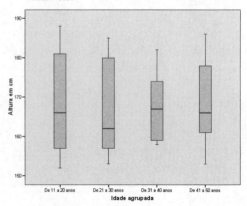

[i] É difícil perceber associação entre as duas variáveis.

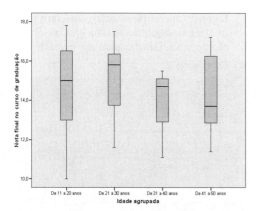

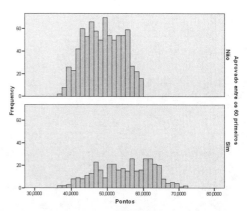

[j] A constatação é óbvia: à medida que aumenta a idade agrupada, aumenta a idade em anos completos.

[c] Os aprovados notadamente em Direito e Psicologia apresentam pontuação maior que os reprovados. Não existem reprovados em Ciência da Computação.

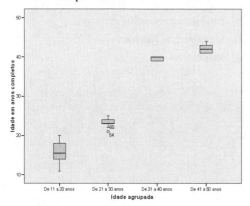

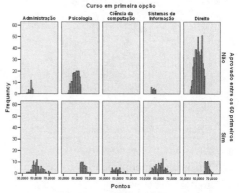

[d] As mulheres apresentaram um comportamento ligeiramente superior.

[4]

[a] Aproximadamente 50.

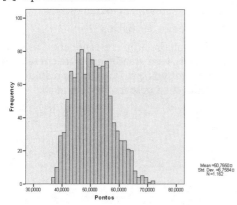

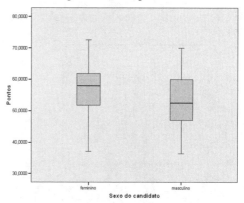

[b] Os aprovados apresentam um comportamento ligeiramente superior.

[e] As mulheres apresentaram melhor mediana.

[f] Os optantes por inglês apresentaram comportamento ligeiramente superior.

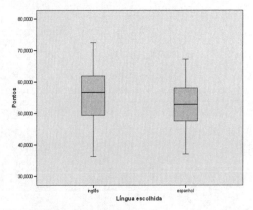

[g] O curso de Direito.

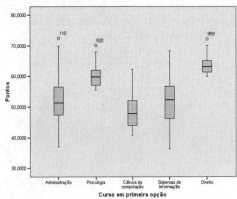

[h] Ciência da computação.
[i] Direito.
[j] 110 (Administração), 920 (Psicologia) e 959 (Direito).

[5]
[a] 6.

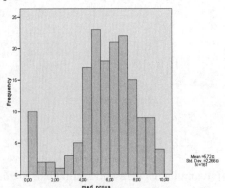

[b] Aproximadamente igual a 5.

[c] O gráfico apresenta-se configurado em forma de sino, destacando-se uma alta concentração de zeros, fora da curva em forma de sino.
[d] Estatística 2.

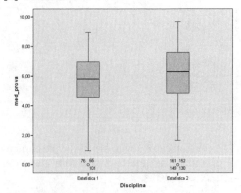

[e] As duas apresentam extremos.
[f] Os extremos são baixos.
[g] Vespertino.

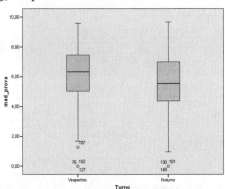

[h] As duas apresentam extremos.
[i] Os extremos são baixos.
[j] Existe uma relação crescente entre as duas variáveis, com grande dispersão em relação a um ajuste linear. Dois grupos distintos de pontos são apresentados no gráfico.

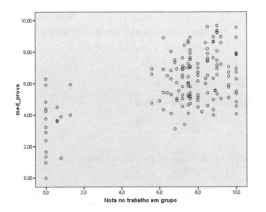

Capítulo 4

[1]
[a] 79,2 minutos.
[b] 79 minutos.
[c] A média (57,44) é maior que a mediana (5,5). Valores mais altos poderiam estar afetando a média, tornando-a maior que a mediana. Uma sugestão para a confirmação dessa suposição envolveria a análise do *boxplot*.
[d] 4400,988.
[e] 66,34.
[f] O desvio (66,34) é muito menor que a variância (4400,988). A explicação seria simples, já que a variância apresenta a grandeza elevada ao quadrado.
[g] MGM com média igual a 91,75 segundos.
[h] MGM com mediana igual a 36 segundos.
[i] A mais homogênea seria a Universal, com menor desvio padrão (4,622).
[j] A mais heterogênea seria a 20th Century Fox, com maior desvio padrão (16,263 minutos).

[2]
[a] 53,649 milhões.
[b] 69,687 milhões.
[c] A média (133,02908) foi maior que a mediana (69,68700). Talvez, valores extremos altos tenham afetado o cálculo da média.
[d] Variância igual a 1,495.
[e] Desvio padrão igual a 1,2227.
[f] No ano de 1997, com desvio padrão igual a 1,71.
[g] Considerando apenas a média, no ano de 1975, que apresentou a maior média (248,0000).
[h] O ano de 1975 apresentou o maior lucro mediano (248,0000).
[i] O ano de 1995, com menor desvio padrão (0,42426).
[j] O ano de 1997, com maior desvio padrão, igual a 128,97261.

[3]
[a] 133,0291.
[b] 69,6870.
[c] Não existe moda. A série é amodal.
[d] 25.725,688.
[e] 160,3923.
[f] A interferência de valores extremos altos.
[g] O desvio padrão é a raiz quadrada da variância.
[h] Média igual a 7,28, mediana igual a 7,65 e desvio padrão igual a 1,22. Grande concentração de preferências no entorno da média.
[i] Média, mediana e desvio padrão oscilam muito ao longo dos anos, sem comportamento padrão.
[j] 132,11 minutos.

[4]
[a] MGM.
[b] MGM.
[c] Disney: 75 e 83, MGM: 82. Disney tem duas modas.
[d] Disney.
[e] Disney.
[f] Os filmes da Disney são em média mais curtos. Porém, são mais dispersos. Ou seja, apresentam durações mais heterogêneas.
[g] A Disney apresenta menor média com maior dispersão.
[h] A Disney apresenta maior média e maior dispersão.
[i] 20th Century Fox.

[j] MGM.

[5]

[a] 47,5.

[b] 15.

[c] 23,50.

[d] 2098,091.

[e] 45,805.

[f] 72,50.

[g] 35,66.

[h] 63,20.

[i] Não existe. A série é amodal.

[j] 22,00.

Capítulo 5

[1]

[a] 79,2 minutos.

[b] 8,963 minutos.

[c] 50.

[d] O erro padrão da média é igual a 1,27 minuto. O intervalo de confiança para a média apresenta limite inferior igual a 76,65 e superior a 81,75.

[e] O intervalo de confiança para a média apresenta limite inferior igual a 75,80 e superior a 82,60.

[f] O intervalo de confiança para a média apresenta limite inferior igual a 77,07 e superior a 81,33.

[g] Na distribuição normal os limites de Z para um nível de confiança igual a 95% são iguais a $-1,96$ e $+1,96$. O único *outiler* verificado seria a duração do filme Fantasia, com $Z = 4,5523$.

[h] Para um intervalo de confiança igual a 90%, os limites de Z são iguais a $-1,64$ e $+1,64$. Os extremos seriam os filmes 101 Dalmations e Three Caballeros, com valores para Z respectivamente iguais a 2,3228 e 4,7171.

[i] H_0: $\mu = 80$ minutos e H_1: $\mu \neq 80$ minutos. A afirmação do *expert* estaria apresentada em H_0.

[j] H_0: $\mu = 78$ minutos e H_1: $\mu > 78$ minutos. A afirmação do *expert* estaria apresentada em H_1.

[2]

[a] $ 137,9716 milhões.

[b] $ 115,6712 milhões.

[c] 36.

[d] O intervalo de confiança seria (98,8341; 177,1091).

[e] O intervalo de confiança seria (94,35996; 181,58327).

[f] O intervalo de confiança seria (112,78977; 163,15345).

[g] A variável padronizada indica o afastamento em número de desvios padrão em relação à média. Os limites de Z seriam iguais a $-1,96$ e $+1,96$. O único *outlier* seria o filme Titanic, com Z igual a 4,0008.

[h] Os limites para Z seriam iguais a $-1,64$ e $+1,64$. Os *outliers* seriam o filme Titanic, com Z igual a 3,2734, e Armagedon com Z igual a 1,93136.

[i] H_0: $\mu = 58$ milhões e H_1: $\mu \neq 58$ milhões. A afirmação do *expert* estaria apresentada em H_0.

[j] H_0: $\mu = 140$ milhões e H_1: $\mu > 140$ milhões. A afirmação do *expert* estaria apresentada em H_1.

[3]

[a] 50,7650.

[b] 50,4189.

[c] Não existe moda. A série é amodal.

[d] 6,7584.

[e] 51,3630.

[f] Direito.

[g] 5,3763.

[h] Ciência da computação.

[i] H_1: Média de pontos dos optantes por língua inglesa > Média de pontos dos optantes por língua espanhola.

[j] H_0: Média de pontos dos optantes por língua inglesa = Média de pontos dos optantes por língua espanhola.

[4]

[a] H_0: Média $= 168$ e H_1: Média $\neq 168$.

[b] H_0: Média $= 168$ e H_1: Média > 168.

[c] H_0: Média $= 168$ e H_1: Média < 168.

[d] H_0: Média $= 168$ e H_1: Média < 168.

[e] H_0: Média $= 168$ e H_1: Média > 168.

[f] Mulheres.

[g] Não fumante.

[h] 63,95.

[i] Os que estão em Fraca condição física.

[j] Os que estão em Ótima condição física.

[5]

[a] H_0: Média $= 25$ e H_1: Média < 25.

[b] H_0: Média $= 25$ e H_1: Média $\neq 25$.

[c] H_0: Média $= 25$ e H_1: Média > 25.

[d] H_0: Média $= 25$ e H_1: Média < 25.

[e] H_0: Média $= 25$ e H_1: Média > 25.

[f] Os que frequentaram jardim de infância.

[g] 29,2931.

[h] Os que não frequentaram jardim de infância.

[i] 38,2917.

[j] 51,7414.

Capítulo 6

[1]

[a] H_0: $\mu = 7,0$.

[b] H_1: $\mu > 6,9$.

[c] H_0: $\mu \geq 7,3$.

[d] O teste t obtido foi igual a 1,363, com um nível de significância igual a 0,182. Logo, é possível concordar com a hipótese nula que afirma que a média é igual a 7.

[e] O teste t calculado foi igual a 1,854 com um nível de significância bicaudal igual a 0,072/2. Como se deseja uma análise unicaudal, basta dividir o valor da significância por 2. Assim, para uma análise unicaudal, o nível de significância do SPSS seria igual a 0,072/2 = 0,036. Como sig < 0,05, rejeita-se a hipótese de igualdade e aceita-se a hipó-

tese da desigualdade, sendo possível supor que a nota média seja significativamente maior que 6,9.

[f] O teste t calculado foi igual a $-0,109$, com um nível de significância bicaudal igual a 0,914. Como o crítico afirmou que a nota média do público para todos os filmes seria igual ou maior que 7,3, a hipótese alternativa estabelece uma média significativamente menor que 7,3.

Em uma análise unicaudal, é preciso dividir o nível de significância da análise bicaudal por dois: 0,914/2 = 0,457. Como sig > 0,05, aceita-se a hipótese de igualdade e rejeita-se a hipótese alternativa da desigualdade. É possível concordar com o crítico de cinema a um nível de confiança de 95%. A nota média do público para todos os filmes seria igual ou maior que 7,3. Não seria significativamente menor que 7,3.

[g] 127,35 minutos.

[h] A média dos filmes feitos em 1997 ou depois (127,35) é menor que a média dos filmes anteriores a 1997 (136,37).

[i] O desvio dos filmes feitos em 1997 ou depois (26,923) é menor que o desvio dos filmes anteriores a 1997 (32,330).

[j] O teste t calculado foi igual a $-0,903$, com um nível de significância igual a 0,373. Logo, como sig > 0,05, a diferença não é significativa. Logo, é possível supor que as médias nas populações são iguais.

[2]

[a] 80,06.

[b] 77,53.

[c] De acordo com o teste de Levene, é possível supor que as variâncias dos dois grupos sejam iguais. Assim, assumindo variâncias iguais, temos um teste t igual a $-0,945$, com um nível de significância igual a 0,349. Como sig > 0,05, não é possível supor que a diferença entre os dois grupos seja significativa. É possível supor que as duas amostras tenham sido extraídas de universos com mesma média da variável duração.

[d] 61,64.

[e] 49,29.

266 SPSS: Guia Prático para Pesquisadores • Bruni

[f] Assumindo variâncias iguais (F igual a 1,311, com nível de significância igual a 0,258), temos um valor de t igual a –0,394, com nível de significância igual a 0,695. Não é possível verificar a existência de diferenças significativas entre as duas médias.

[g] 40,36.

[h] 17,12.

[i] É possível assumir variâncias iguais (F igual a 2,234, com nível de significância igual a 0,142).

[j] Temos teste t igual a –1,178 e nível de significância igual a 0,244. Não existem diferenças significativas entre as duas médias.

[3]

[a] 50,952.

[b] Candidatos do sexo feminino apresentaram maior média.

[c] H_0: $\mu_{masc} = \mu_{fem}$ e H_1: $\mu_{masc} \neq \mu_{fem}$.

[d] Teste F igual a 0,147, com sig igual a 0,701. É possível assumir que as variâncias são iguais nos dois grupos.

[e] Teste t igual a 1,229.

[f] Sig igual a 0,219. Como sig > 0,05, não é possível evidenciar a existência de diferenças significativas.

[g] 54,817.

[h] Naturalmente, os candidatos aprovados apresentaram maior média (54,817) em relação aos não aprovados (48,887).

[i] Estatística F igual a 94,349, com nível de significância igual a 0,000. Como sig < 0,05, não é possível supor que as duas amostras tenham a mesma variância. Logo, é preciso ler a segunda linha do teste t no PASW.

[j] Teste t igual a –13,391, com nível de significância igual a 0,000. Existem diferenças significativas entre os dois grupos.

[4]

[a] Redação, com diferença igual a 0,654.

[b] A média das mulheres (4,108) foi maior que a média dos homens (3,455).

[c] Naturais, com diferença igual a –0,002.

[d] Redação, com teste t igual a 7,944 e sig igual a 0,000.

[e] Naturais, com teste t igual a –0,011 e sig igual a 0,991.

[f] Em nenhuma. Em todas as provas é possível supor a igualdade das variâncias.

[g] Ciência da computação.

[h] Psicologia.

[i] Direito (sig = 0,055).

[j] Psicologia (sig = 1).

[5]

[a] 71,375.

[b] 70,389.

[c] (0,986).

[d] Aplicando o teste de Levene, encontramos uma estatística F igual a 21,568, com um nível de significância igual a 0,000. Existem diferenças significativas entre as variâncias dos dois grupos.

[e] Teste t igual a –0,273, com nível de significância igual a 0,786. Não é possível verificar a existência de diferenças significativas.

[f] 57,818.

[g] 71,444.

[h] 13,626.

[i] Sim. Valor de F e nível de significância respectivamente iguais a 26,063 e 0,000.

[j] Sim. Valor de t e nível de significância respectivamente iguais a 3,030 e 0,012.

Capítulo 7

[1]

[a] Kolmogorov-Smirnov.

[b] Qui-quadrado.

[c] Mann-Whitney.

[d] Kruskal-Wallis.

[e] Teste da mediana.

[f] Teste de Wilcoxon ou teste dos sinais.

[g] H_0: Média da primeira metade = Média da segunda metade.

[h] H_1: Média da primeira metade $\neq$ Média da segunda metade.

[i] H_1..

[j] Como sig < 0,05, aceita-se a hipótese alternativa. Existem diferenças significativas entre as médias das duas metades da amostra.

[2]

[a] Considerando as variáveis Duração do filme em minutos, Uso de fumo no filme em segundos e Uso de álcool no filme em segundos, encontramos estatísticas Z do teste de Kolmogorov-Smirnov iguais a 0,960, 2,053 e 2,208 e níveis de significância iguais a 0,315, 0,000 e 0,000. Logo, é possível supor que apenas a variável Duração do filme em minutos segue uma distribuição normal.

[b] O valor obtido para o qui-quadrado de Pearson foi igual a 0,2303, com um nível de significância igual a 0,9939. Não é possível supor que exista associação entre as variáveis. Logo, não é possível supor que uma produtora apresente uma concentração significativamente diferente de frequências no grupo Pouco uso de fumo ou Muito uso de fumo.

[c] A média da Disney (61,636) é menor que a da MGM (91,750). Quando analisamos os resultados do teste não paramétrico, o posto médio da Disney (18,82) é menor que o da MGM (20,50). O Z teste calculado foi igual a –0,31, com um nível de significância bicaudal igual a 0,76. Não é possível supor a existência de diferenças significativas entre os dois grupos.

[d] Os postos médios calculados no teste não paramétrico foram calculados para Disney (24,9), MGM (28,0), Warner Bross (30,7), Universal (24,3), 20th Century Fox (21,3). A estatística do qui-quadrado foi igual a 1,12, com um nível de significância igual a 0,89. Assim, como sig > 0,05, não é possível supor que existam diferenças significativas entre as médias.

[e] A estatística do qui-quadrado apresentou um valor igual a 0,230, com um nível de significância igual a 0,994. Não é possível supor a existência de diferenças significativas entre as medianas.

[f] Qui-quadrado igual a 0,223, com nível de significância igual a 0,637. Não é possível

supor a existência de diferença significativa entre as medianas.

[g] O valor do qui-quadrado foi igual a 9,68, com um nível de significância igual a 0,0019. Logo, existe associação entre as variáveis. A análise da tabulação cruzada das frequências revela que empresas com pouco uso de álcool também costumam apresentar pouco uso de fumo. Por outro lado, empresas com muito uso de álcool também costumam apresentar muito uso de fumo.

[h] O posto médio para Pouco uso de álcool foi igual a 19,64 e para Muito uso de álcool foi igual a 31,36. O valor da estatística Z foi igual a –2,972, com nível de significância igual a 0,003. Logo a diferença é significativa. Filmes com Muito uso de álcool apresentam maior uso de fumo.

[i] Considerando o grupo Pouco uso de álcool, encontramos 7 casos maiores que a mediana e 18 casos menores. Considerando o grupo Muito uso de álcool, a situação se inverte: são 18 casos maiores que a mediana e 7 menores. A estatística do qui-quadrado foi igual a 8, com um nível de significância igual a 0,005. Logo, é possível concluir que quem apresenta maior uso de álcool também apresenta maior uso de fumo.

[j] A estatística do qui-quadrado apresentou um valor igual a 3,224, com um nível de significância igual a 0,521. Não foi possível verificar a existência de associação entre as duas variáveis.

[3]

[a] H_0: Distribuição normal e H_1: Distribuição não normal.

[b] Considerando as variáveis Gasto com o filme em US$ milhões, Faturamento com o filme em US$ milhões, Duração do filme em minutos e Nota média atribuída pelo público, obtiveram níveis de significância respectivamente iguais a 0,596, 0,330, 0,371 e 0,319. Como sig > 0,05, podem-se assumir todas as variáveis como normalmente distribuídas.

[c] O nível de significância da variável Nota média atribuída pelo público cai para 0,000. Logo, passamos a não mais poder aceitar o fato de a variável ser normalmente distribuída.

[d] H_0: Não existe associação e H_1: Existe associação.

[e] A estatística do qui-quadrado apresentou um valor igual a 23,225, com um nível de significância igual a 0,620. Não existe associação significativa entre as variáveis. Não existem mudanças significativas no faturamento com a evolução dos anos.

[f] H_0: Média de 1996 = Média de 1997 e H_1: Média de 1996 ≠ Média de 1997.

[g] Teste Z igual a –0,243, com nível de significância igual a 0,808. Não existem diferenças significativas.

[h] Estatística do qui-quadrado igual a 10,384, com nível de significância igual a 0,662. Não existe associação entre as variáveis.

[i] Estatística do qui-quadrado igual a 14,400, com nível de significância igual a 0,346. Não existe associação entre as variáveis.

[j] H_0: As medianas são iguais e H_1: Existe pelo menos uma mediana diferente.

[4]

[a] Os níveis de significância para Idade em anos completos, Altura em cm, Peso em kg e Salário mensal foram respectivamente iguais a 0,000, 0,030, 0,079 e 0,000. Assim, é possível supor apenas que o peso é normalmente distribuído.

[b] Qui-quadrado igual a 18,75, com nível de significância igual a 0,000. Homens fumam mais que mulheres, conforme apresenta a tabulação cruzada das frequências.

[c] Qui-quadrado igual a 20,984, com nível de significância igual a 0,000. Fumantes apresentam piores condições físicas.

[d] Qui-quadrado igual a 17,235, com nível de significância igual a 0,141. Não existe associação significativa entre as variáveis.

[e] Qui-quadrado igual a 4,2735, com nível de significância igual a 0,2334. Não existe associação significativa entre as variáveis.

[f] Z igual a –1,380, com nível de significância igual a 0,168. Não existe diferença significativa entre as médias.

[g] Os postos médios para cada classe foram: Má = 30,38, Fraca = 52,23, Regular = 51,15, Boa = 45,59 e Ótima = 28,50. Indivíduos

com condição Fraca, Regular e Boa apresentam pesos médios maiores. As diferenças são significativas, com qui-quadrado igual a 12,021 e nível de significância igual a 0,017.

[h] Indivíduos com condição Fraca, Regular e Boa apresentaram maiores frequências de pesos acima da mediana. As diferenças entre as medianas são significativas, com qui-quadrado igual a 12,509 e nível de significância igual a 0,014.

[i] Os postos médios foram iguais a 48,097 e 49,708. Teste Z igual a –0,246, com sig igual a 0,806. Não existem diferenças significativas entre as médias.

[j] Qui-quadrado igual a 47,465, com nível de significância igual a 0,000. Indivíduos com condição fraca e regular são mais jovens.

[5]

[a] H_0: Média de antes = Média de depois.

[b] H_1: Média de antes < Média de depois.

[c] 40,30 kg.

[d] 45,85 kg.

[e] Os resultados do teste de Wilcoxon indicam Z igual a –2,8282 e nível de significância igual a 0,0047. Assim, é possível supor que as médias são diferentes. Existiu efeito da ração sobre a média dos pesos.

[f] O nível de significância do teste dos sinais foi igual a 0,0026, o que evidencia uma diferença significativa entre as médias e confirma o fato de a ração ter provocado diferenças sobre a média dos pesos.

[g] 42,05.

[h] 42,15.

[i] Os resultados do teste de Wilcoxon indicam Z igual a –0,170 e nível de significância igual a 0,865. Assim, é possível supor que as médias são iguais, não existindo efeito da ração sobre a média dos pesos.

[j] O nível de significância do teste dos sinais foi igual a 1, aproximadamente, o que evidencia a não existência de diferença significativa entre as médias, confirmando o fato de a ração não ter provocado diferenças sobre a média dos pesos.

Capítulo 8

[1]

[a] Existe uma relação crescente, porém com grande dispersão.

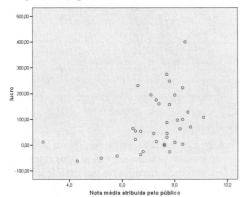

[b] 0,178, indicando que aproximadamente 17,8% da variância de Y poderia ser explicada por X.

[c] A Anova apresentou uma estatística F igual a 7,378, com um nível de significância igual a 0,010, o que indica que pelo menos um dos coeficientes da equação linear é significativamente diferente de zero.

[d] $Y = -182,273 + 36,631.X$.

[e] 36,631.

[f] Teste t igual a +2,716, nível de significância igual a 0,010. Como sig < 0,05, não é possível supor que o coeficiente seja igual a zero. Assim, o coeficiente é significativamente diferente de zero, o que sugere a existência de associação entre as duas variáveis.

[g] 0,139. Aproximadamente, 13,9% da variância do lucro pode ser explicada com base na variância da duração.

[h] $-90,568 + 1,324.X$.

[i] 1,324.

[j] Teste t igual a 2,339, com nível de significância igual a 0,025. Como sig < 0,05, o coeficiente é estatisticamente diferente de zero. Existe uma associação significativa entre as variáveis.

[2]

[a] 0,827, indicando que aproximadamente 82,7% da variância de Y poderia ser explicada por X. Ou seja, um percentual muito alto da variância de Y pode ser explicada por X.

[b] A Anova apresentou uma estatística F igual a 450,020, com nível de significância igual a 0,000. Pelo menos um dos coeficientes do modelo linear é estatisticamente diferente de zero.

[c] $Y = -96,297 + 0,993.X$.

[d] Bastaria substituir o valor na equação, lembrando de apresentar a altura em centímetros: $Y = -96,297 + 0,993.X = -96,297 + 0,993.(176) = 78,4$.

[e] 0,993, com teste t igual a 21,214 e nível de significância igual a 0,000. O coeficiente é significativamente diferente de zero. Logo, existe uma relação significativa entre altura e peso. O peso poderia ser explicado com base na altura do indivíduo. Quanto mais alto, mais pesado.

[f] 0,014. Apenas 1,4% da variância do salário poderia ser explicada com base na altura. Ou seja, praticamente não existe relação entre altura e salário.

[g] Anova com estatística F igual a 1,254 e nível de significância igual a 0,266. Ou seja, não é possível supor que exista associação entre as variáveis do modelo.

[h] $Y = 2.116,246 - 6,057.X$.

[i] $Y = 2.116,246 - 6,057.(170) = \$ 1.086,558$.

[j] $-6,057$, com teste t igual a $-1,120$ e nível de significância igual a 0,266.

[3]

[a] 0,014.

[b] Positivo, quanto maior a idade, maior a altura.

[c] O nível de significância dos resultados é igual a 0,897, como o nível de significância foi maior que 0,05, não é possível supor que o coeficiente de correlação seja significativamente diferente de zero. Aparentemente, não existe associação entre as duas variáveis.

[d] $-0,078$.

[e] Negativo, o que indica que, quanto maior a idade, menor o peso na amostra.

[f] O nível de significância dos resultados foi igual a 0,466. Como sig. > 0,05, não é possível supor que o coeficiente seja significativamente diferente de zero. Logo, não aparenta existir relação entre idade e peso.

[g] Um coeficiente negativo indica que, quanto maior uma variável for, menor a outra será. Existem coeficientes negativos para as associações entre idade e peso, idade e nota e idade e salário. Também são negativos os coeficientes entre altura e nota e altura e salário, bem como entre peso e nota e peso e salário.

[h] Nenhum dos coeficientes negativos foi significativo. Ou seja, seria possível supor que, no universo, seus valores poderiam ser iguais a zero, sugerindo a inexistência de associação entre as variáveis.

[i] Um coeficiente positivo indica que, quanto maior uma variável for, maior a outra será. Existem coeficientes positivos para a associação entre idade e altura, altura e peso e nota e salário.

[j] Coeficiente positivo e significativo foi calculado para a associação entre peso e altura, com r igual a 0,910 e nível de significância igual a 0,000. A relação entre nota e salário também mostrou-se positiva e significativa.

[4]
[a] Todos.
[b] Todos.
[c] Indicam que um candidato que obtém uma boa nota em uma disciplina costuma obter boas notas nas outras disciplinas também.
[d] Existe uma relação aproximadamente linear e crescente entre nota em matemática e pontos.

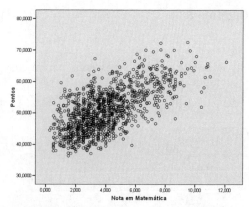

[e] 0,419.
[f] Que aproximadamente 41,9% da variância de pontos podem ser explicados com base na variância da nota de matemática.
[g] 2,120.
[h] 28,931.
[i] 0,000.
[j] 0,000.

[5]
[a] 0,119.
[b] 0,394.
[c] 0,683.
[d] 0,000.
[e] 0,016.
[f] $Y = 12,588 + 0,425X$.
[g] Teste t igual a 0,902, com nível de significância igual a 0,371.
[h] 0,467.
[i] $Y = 22,773 + 0,931X$.
[j] Teste t igual a 6,684, com nível de significância igual a 0,000.

Referências

ANDERSON, D. R.; SWEENEY, D. J.; WILLIAMS, T. A. *Statistics for business and economics.* Cincinnati (EUA): International Thomson Publishing, 1999.

ARNOT, A. C. *Estatística fácil.* 6. ed. São Paulo: Saraiva, 1989.

BERNSTEIN, P. L. *Desafio aos deuses:* a fascinante história do risco. Rio de Janeiro: Campus, 1997.

BUNCHAFT, G.; KELLNER, S. R. O. K. *Estatística sem mistérios.* Petrópolis (RJ): Vozes, 1997. v. I, II, III e IV

COSTA, S. F. *Introdução ilustrada à estatística.* 3. ed. São Paulo: Harbra, 1992.

COSTA NETO, P. L. de O. *Estatística.* 2. ed. São Paulo: Edgard Blucher, 2002.

DOWNING, D.; CLARK, J. *Estatística aplicada.* São Paulo: Saraiva, 1998.

FONSECA, J. S.; MARTINS, G. A. *Curso de estatística.* 6. ed. São Paulo: Atlas, 1996.

FREUND, J. E.; SIMON, G. A. *Estatística aplicada.* Porto Alegre: Bookman, 2000.

HILL, C.; GRIFFITHS, W.; JUDGE, G. *Econometria.* São Paulo: Saraiva, 1999.

HOFFMANN, R.; VIEIRA, S. *Análise de regressão:* uma introdução à econometria. 3. ed. São Paulo: Hucitec, 1998.

JOHNSTON, J. *Métodos econométricos.* São Paulo: Atlas, 1971.

JORION, P. *Value at risk.* São Paulo: Cultura, 1998.

KAZMIER, L. J. *Estatística aplicada a economia e administração.* São Paulo: McGraw-Hill, 1982.

KLIMBER. *Cases in business statistics.* New York: Prentice Hall, 1997.

LAPPONI, J. C. *Estatística usando Excel 5 e 7.* São Paulo: Lapponi, 1996.

_____. *Estatística usando Excel.* São Paulo: Lapponi, 2000.

LEVINE, D. M.; BERENSON, M. L. *Basic business statistics*. New York: Prentice Hall, 1997.

LOPES, P. A. *Probabilidade e estatística*. Rio de Janeiro: Reichmann & Affonso, 1999.

MAGALHÃES, M. N.; LIMA, A. C. P. *Noções de probabilidade e estatística*. São Paulo: Instituto de Matemática e Estatística da Universidade de São Paulo, 1999.

MICHAELIS. *Moderno dicionário da língua portuguesa*. São Paulo: Melhoramentos, 1998.

MOORE, D. *A estatística básica:* a sua prática. Rio de Janeiro: LTC, 2000.

NORUSIS, M. J. *SPSS 8.0 guide to data analysis*. New York: Prentice Hall, 1998.

PEREIRA, W.; KIRSTEN, J. T.; ALVES, Walter. *Estatística para as ciências sociais*. São Paulo: Saraiva, 1980.

SILVER, M. *Estatística para administração*. São Paulo: Atlas, 2000.

SPIEGEL, M. R. *Estatística*. 3. ed. São Paulo: Makron Books, 1993.

STEVENSON, W. J. *Estatística aplicada à administração*. São Paulo: Harbra, 1986.

TOLEDO, G. L.; OVALLE, I. I. *Estatística básica*. São Paulo: Atlas, 1985.

VIEIRA, S. *Princípios de estatística*. São Paulo: Pioneira, 1999.

WONNACOTT, T. H.; WONNACOTT, R. J. *Fundamentos de estatística*. Rio de Janeiro: LTC, 1980.

Referências bibliográficas complementares foram extraídas de:

IEZZI, G.; MURAKAMI, C; MACHADO, N. J. *Fundamentos de matemática elementar*. 5. ed. São Paulo: Atual, 1998. v. 2 e 8.

MOORE, D. *A estatística básica:* a sua prática. Rio de Janeiro: LTC, 2000.

Livros de Adriano Leal Bruni

O autor possui oito livros publicados pela Editora Atlas. Para saber mais sobre os livros, visite www.MinhasAulas.com.br.

SÉRIE DESVENDANDO AS FINANÇAS

Os livros da série abordam da forma mais clara e didática possível os principais conceitos associados às finanças empresariais. Os volumes contêm grande diversidade de exemplos, exercícios e estudos de casos, integralmente resolvidos. Outros recursos importantes dos textos consistem em aplicações na calculadora HP 12C e na planilha eletrônica Excel.

A ADMINISTRAÇÃO DE CUSTOS, PREÇOS E LUCROS

Apresenta os principais conceitos associados ao processo de registro e apuração de custos e formação de preços, enfatizando os aspectos gerenciais, relativos à tomada de decisão sobre custos e preços. Fornece uma ampla visão da contabilidade financeira dos custos, explorando com maior profundidade a contabilidade gerencial dos lucros e ganhos. Discute os efeitos dos impostos sobre custos, preços e lucros. Por fim, estabelece a relação do preço com o marketing e a estratégia do negócio. Para facilitar a aplicação dos conteúdos, apresenta inúmeros exemplos com o auxílio da calculadora HP 12C e da planilha eletrônica Microsoft Excel.

Capítulos: 1. Os custos, a contabilidade e as finanças; 2. Os custos e a contabilidade financeira; 3. Os custos e a contabilidade gerencial; 4. Os custos e seus componentes; 5. Os custos e a margem de contribuição; 6. Tributos, custos e preços; 7. Os custos, os preços e os lucros; 8. Os preços, o marketing e a estratégia; 9. O modelo Custofacil.xls.

A CONTABILIDADE EMPRESARIAL

Ilustra os conceitos associados à Contabilidade, seus principais demonstrativos e informações relevantes no processo de tomada de decisões. Fornece uma visão geral nos números registrados pela Contabilidade e suas relações com o processo de Administração Financeira. Em capítulos específicos, discute o Balanço Patrimonial e a Demonstração de Resultado do Exercício. Traz uma grande variedade de exemplos e exercícios, com muitas questões objetivas. No último capítulo, ilustra alguns usos e aplicações da Contabilidade na planilha eletrônica Microsoft Excel.

Capítulos: 1. Conceitos; 2. O balanço patrimonial; 3. A demonstração do resultado do exercício; 4. Outros demonstrativos contábeis; 5. Contas, livros e registros; 6. Operações com mercadorias; 7. O modelo CONTAFACIL.XLS.

AS DECISÕES DE INVESTIMENTOS

Apresenta e discute os conceitos básicos associados ao processo de avaliação de investimentos em Finanças. Começa com a definição do problema de tomada de decisões em Finanças, e avança pela construção do fluxo de caixa livre e da estimativa do custo médio ponderado de capital. Mostra as principais técnicas de avaliação disponíveis, incluindo *payback*, valor presente, futuro e uniforme líquido, e as taxas interna e externa de retorno e a taxa interna de juros. Para facilitar a leitura e o processo de aprendizagem, diversos exercícios apresentam solução completa na HP 12C. Muitos exercícios também apresentam resolução com o apoio da planilha eletrônica Microsoft Excel. O final do livro traz o *software* Investfacil.xls, que simplifica as operações com o auxílio da planilha eletrônica Microsoft Excel.

Capítulos: 1. Conceitos iniciais, HP 12C, Excel e o modelo Investfacil.xls; 2. A estimativa dos fluxos futuros; 3. Custo de capital; 4. O processo de avaliação e análise dos prazos de recuperação do capital investido; 5. A análise de valores; 6. A análise de taxas; 7. A seleção de projetos de investimento; 8. O modelo Investfacil.xls.

A MATEMÁTICA DAS FINANÇAS

Apresenta de forma simples e clara os principais conceitos da Matemática Financeira. Inicia com a definição dos diagramas de fluxo de caixa e avança pelos regimes de capitalização simples e composta. Discute, com muitos exemplos, as séries uniformes e não uniformes e os sistemas de amortização. Para tornar o aprendizado mais fácil, explica o uso da calculadora HP 12C, mostrando quase todos os exercícios solucionados com seu auxílio. Também aborda o uso da planilha eletrônica Microsoft Excel em Matemática Financeira, apresentando o *software* Matemágica.xls – que torna ainda mais simples as operações algébricas em finanças.

Capítulos: 1. Conceitos iniciais e diagramas de fluxo de caixa; 2. A HP 12C e o Excel; 3. Juros simples; 4. Desconto comercial e bancário; 5. Juros compostos; 6. Taxas nominais e unificadas; 7. Anuidades ou séries; 8. Sistemas de amortização; 9. Séries não uniformes; 10. A planilha Matemagica.xls.

SÉRIE FINANÇAS NA PRÁTICA

Oferece uma ideia geral das Finanças, desmistificando as eventuais dificuldades da área. Aborda de forma prática, com muitos exemplos e exercícios, as principais tarefas associadas às Finanças.

GESTÃO DE CUSTOS E FORMAÇÃO DE PREÇOS

Fornece ao leitor elementos de gestão de custos, com o objetivo de, principalmente, demonstrar como administrá-los. Além de identificar os componentes dos custos empresariais, os sistemas de custeio, o efeito dos tributos sobre preços e custos, focaliza os aspectos estratégicos que determinam a existência de custos em condições de minimizá-los e obter deles, quando controlados, os melhores benefícios. Dividido em 20 capítulos, inclui 150 exercícios resolvidos e apresenta a planilha CUSTOS.XLS e o conjunto de apresentações CUSTOS.PPT.

Capítulos: 1. Introdução à gestão de custos; 2. Material direto; 3. Mão de obra direta; 4. Custos indiretos de fabricação; 5. Custeio por departamentos; 6. Custeio por processos; 7. Custeio por ordens de produção; 8. Custeio-padrão; 9. Custeio baseado em atividades; 10.

Custos da produção conjunta; 11. Custeio variável; 12. Custos para decisão; 13. Efeito dos tributos sobre custos e preços; 14. Formação de preços: aspectos quantitativos; 15. Formação de preços: aspectos qualitativos; 16. Custos e estratégia; 17. Métodos quantitativos aplicados a custos; 18. Aplicações da calculadora HP 12C; 19. Aplicações do Excel: usos genéricos; 20. Aplicações do Excel: usos em custos e preços.

MATEMÁTICA FINANCEIRA COM HP 12C E EXCEL

Traz os principais conceitos de Matemática Financeira. Aborda tópicos referentes às operações com juros simples, compostos, descontos, equivalência de capitais e taxas, séries uniformes e não uniformes e sistemas de pagamento. Para facilitar o aprendizado, traz exercícios propostos, todos com respostas e vários com soluções integrais. Apresenta e discute ainda ferramentas aplicadas à Matemática Financeira, como a calculadora HP 12C e a planilha eletrônica Excel. Em relação ao Excel, diversos modelos prontos, com fácil utilização e aplicabilidade prática, estão apresentados na planilha MATFIN.XLS. Todos os modelos e as instruções para serem utilizados também estão disponíveis no decorrer do texto. Destaca-se também a apresentação do MATFIN.PPT, elaborado no Microsoft PowerPoint, e que ilustra com recursos audiovisuais alguns dos conceitos abordados no livro. Docentes poderão empregá-lo como material adicional das atividades de classe e estudantes poderão aplicá-lo na revisão dos conteúdos da obra.

Capítulos: 1. Matemática financeira e diagrama de fluxo de caixa; 2. Revisão de matemática elementar; 3. A calculadora HP 12C; 4. O Excel e a planilha Matfin.xls; 5. Juros simples; 6. Juros compostos; 7. Operações com taxas de juros; 8. Séries uniformes; 9. Sistemas de amortização; 10. Séries não uniformes; 11. Capitalização contínua.

AVALIAÇÃO DE INVESTIMENTOS COM HP 12C E EXCEL

Apresenta o processo de avaliação de investimentos de forma simples, com muitos exemplos e exercícios, facilitados por meio do uso da calculadora HP 12C e da planilha eletrônica Microsoft Excel. O texto discute inicialmente o papel e as decisões usuais em Finanças, apresentando em seguida a importância da projeção dos fluxos de caixa livres e do cálculo do custo de capital. Posteriormente, aborda o uso das diferentes técnicas, como as técnicas de avaliação contábil e as técnicas

financeiras mais usuais, como o *payback*, o VPL e a TIR. Mais adiante, discute aspectos relativos à avaliação de empresa e ao estudo das decisões sob incerteza e risco. Ao final, o texto discute o processo de modelagem financeira no Excel, apresentando tópicos avançados, como o uso do método de Monte Carlo ou o uso de opções reais em avaliação de investimentos. Para tornar o aprendizado mais efetivo, diversos modelos prontos estão apresentados.

Capítulos: 1. Finanças, decisões e objetivos. 2. Entendendo o valor do dinheiro no tempo. 3. Estimativa dos fluxos futuros. 4. Custo de capital da empresa e taxa mínima de atratividade do projeto. 5. Técnicas de avaliação contábil. 6. Processo de avaliação e análise dos prazos de recuperação do capital investido. 7. Análise de valores. 8. Análise de taxas. 9. Seleção de projetos de investimentos. 10. Valor econômico adicionado. 11. O valor da empresa. 12. Incerteza e risco na avaliação de investimentos.

OUTROS LIVROS

ESTATÍSTICA APLICADA À GESTÃO EMPRESARIAL – SÉRIE MÉTODOS QUANTITATIVOS

Apresenta de forma clara e simples os principais conceitos de Estatística aplicada à gestão empresarial. Ilustra seus conceitos e usos com muitos exemplos fáceis e didáticos. Inicia com a apresentação da Estatística, suas definições e classificações. Avança pela tabulação dos dados e construção de gráficos. Discute as probabilidades e as distribuições binomial, de Poisson e normal com grande variedade de aplicações. Aborda inferências, estimações, intervalos de confiança e testes paramétricos e não paramétricos de hipóteses. Traz as análises de regressão e correlação, com muitas aplicações práticas. Por fim, discute os números índices e as séries temporais. Ao todo, propõe e responde mais de 650 exercícios.

Capítulos: 1. Estatística e análise exploratória de dados; 2. Gráficos; 3. Medidas de posição central; 4. Medidas de dispersão; 5. Medidas de ordenamento e forma; 6. Probabilidade; 7. Variáveis aleatórias e distribuições de probabilidades; 8. Amostragem; 9. Estimação; 10. Testes paramétricos; 11. Testes não paramétricos; 12. Correlação e regressão linear; 13. Números índices; 14. Séries e previsões temporais.

EXCEL APLICADO À GESTÃO EMPRESARIAL

O livro apresenta o uso da planilha eletrônica Microsoft Excel aplicado à gestão empresarial, com muitos exemplos e aplicações práticas, incluindo uma grande variedade de exemplos prontos, construídos no Excel e disponíveis com os arquivos eletrônicos que acompanham o texto. O Excel se consolidou nos últimos anos como uma das mais importantes ferramentas quantitativas aplicadas aos negócios, oferecendo a possibilidade da realização de tarefas e procedimentos mais rápidos e eficientes. O bom uso da planilha nos permite economizar tempo e dinheiro. Os tópicos abordados e as aplicações ilustradas ao longo de todo o livro permitem que o leitor amplie seus conhecimentos sobre a planilha e melhore o seu desempenho profissional. Para  ampliar as possibilidades de uso na empresa, são fornecidos diferentes exemplos, com aplicações em Finanças, Marketing, Logística e Gestão de Pessoas.

Capítulos: 1. Conhecendo o Excel. 2. Entendendo o básico. 3. Conhecendo os principais menus. 4. Trabalhando com fórmulas simples. 5. Inserindo gráficos. 6. Usando as funções matemáticas. 7. Trabalhando com funções de texto e de informação. 8. Empregando funções estatísticas. 9. Inserindo funções de data e hora. 10. Trabalhando com funções lógicas. 11. Usando funções de pesquisa e referência. 12. Operando as funções financeiras. 13. Aplicando formatação condicional. 14. Usando as opções do menu de dados. 15. Construindo tabelas e gráficos dinâmicos. 16. Facilitando os cálculos com o Atingir Meta e o Solver.

LIVROS PARA CONCURSOS

MATEMÁTICA FINANCEIRA PARA CONCURSOS

Ensina os principais conceitos relevantes de Matemática Financeira para Concursos, solucionando mais de 1.000 questões, boa parte especialmente selecionada a partir de questões de provas importantes anteriores, elaboradas pelas principais bancas selecionadoras. São propostas e solucionadas questões de importantes concursos, como os da Receita Federal, da Comissão de Valores Mobiliários, do Ministério Público da União, da Secretaria do Tesouro Nacional, do Ministério do Planejamento, Orçamento e Gestão, do Banco do Brasil, da Caixa Econômica Federal e de tantos outros. Muitas das questões apresentadas e resolvidas ao longo do livro foram elaboradas por importantes instituições, como CESPE, ESAF, CESGRANRIO e Fundação Carlos Chagas.

Capítulos: 1. Dinheiro, tempo e matemática financeira. 2. Juros simples. 3. Desconto comercial. 4. Juros compostos. 5. Operações com taxas. 6. Séries uniformes. 7. Sistemas de amortização. 8. Séries não uniformes.

ESTATÍSTICA PARA CONCURSOS

O livro foi escrito com o cuidado e o propósito de ajudar o leitor a compreender a aplicação da estatística em concursos públicos. Buscando tornar o aprendizado seguro e tranquilo, todas as suas mais de 400 questões foram classificadas por assunto e estilo de solução. Todas elas são apresentadas com a sua respectiva resposta representada sob a forma de um código numérico presente no enunciado da questão. Para reforçar a qualidade do aprendizado, eliminando as eventuais dúvidas, além das respostas, o livro apresenta todas as soluções quantitativas de todas as questões. Todos os cálculos necessários para a obtenção das respostas estão apresentados no final do livro.

Capítulos: 1. Analisando dados e tabelas. 2. Gráficos. 3. Medidas de posição central. 4. Medidas de dispersão. 5. Medidas de ordenamento e forma. 6. Correlação e regressão linear. 7. Números índices.

LIVROS PARA CERTIFICAÇÃO ANBIMA

CERTIFICAÇÃO PROFISSIONAL ANBIMA SÉRIE 10 (CPA-10)

O livro apresenta de forma clara, didática e simples o conteúdo exigido pela Certificação Profissional Anbima 10, CPA 10. Sete dos oito capítulos discutem os conceitos exigidos pela prova, incluindo uma descrição do sistema financeiro nacional, conceitos de ética e regulamentação, noções de economia e finanças, tópicos relativos aos princípios de investimentos, aspectos de fundos de investimentos e conceitos relativos a outros produtos de investimentos e sobre tributação de produtos de investimento. A leitura e o aprendizado tornam-se fáceis graças às trezentas questões inspiradas na prova, todas com suas respectivas respostas, distribuídas em pré-testes, pós-testes e simulado.

Capítulos: 1. Sistema Financeiro Nacional. 2. Ética e Regulamentação. 3. Noções de Economia e Finanças. 4. Princípios de Investimento. 5. Fundos de Investimento. 6. Demais Produtos de Investimento. 7. Tributos. 8. Simulado geral.

EXAME ANBIMA CPA-10

Apresenta atividades de aprendizagem que cobrem o conteúdo exigido pela Certificação Profissional Anbima 10, CPA 10, sob a forma de 400 questões respondidas. As questões estão apresentadas em seis capítulos que discutem os conceitos da prova, incluindo a descrição do Sistema Financeiro Nacional, os aspectos relativos à ética e à regulamentação dos mercados, as noções de economia e finanças, os princípios de investimentos, os fundos de investimentos, e por fim, os outros produtos de investimentos.

Capítulos: 1. Sistema Financeiro Nacional. 2. Ética e Regulamentação. 3. Noções de Economia e Finanças. 4. Princípios de Investimento. 5. Fundos de Investimento. 6. Demais Produtos de Investimento.

Formato	17 x 24 cm
Tipografia	Charter 11/13
Papel	Offset 75 g/m² (miolo)
	Cartão Supremo 250 g/m² (capa)
Número de páginas	296
Impressão	Lis Gráfica e Editora